Leitfäden der angewandten Informatik

K. Bauknecht / C. A. Zehnder
Grundzüge der Datenverarbeitung
Methoden und Konzepte für die Anwendungen
2. Aufl. 344 Seiten. Kart. DM 26,80

H. Hultzsch
Prozeßdatenverarbeitung
216 Seiten. Kart. DM 22,80

H. Kästner
Architektur und Organisation digitaler Rechenanlagen
224 Seiten. Kart. DM 23,80

G. Lausen / G. Schlageter / W. Stucky
Datenbanksysteme: Eine Einführung
In Vorbereitung

G. Mußtopf / H. Winter
Mikroprozessor-Systeme
Trends in Hardware und Software
302 Seiten. Kart. DM 28,80

V. Schmidt et al.
Digitalschaltungen mit Mikroprozessoren
2. Aufl. 208 Seiten. Kart. DM 23,80

H. J. Schneider
Problemorientierte Programmiersprachen
226 Seiten. Kart. DM 23,80

F. Singer
Programmieren in der Praxis
176 Seiten. Kart. DM 19,80

M. Vetter
Aufbau betrieblicher Informationssysteme
300 Seiten. Kart. DM 28,80

F. Wingert
Medizinische Informatik
272 Seiten. Kart. DM 23,80

Preisänderungen vorbehalten

B. G. Teubner Stuttgart

Leitfäden der angewandten Informatik

K. Bauknecht / C. A. Zehnder
Grundzüge der Datenverarbeitung

Leitfäden der angewandten Informatik

Herausgegeben von

Prof. Dr. L. Richter, Dortmund
Prof. Dr. W. Stucky, Karlsruhe

Die Bände dieser Reihe sind allen Methoden und Ergebnissen der Informatik gewidmet, die für die praktische Anwendung von Bedeutung sind. Besonderer Wert wird dabei auf die Darstellung dieser Methoden und Ergebnisse in einer allgemein verständlichen, dennoch exakten und präzisen Form gelegt. Die Reihe soll einerseits dem Fachmann eines anderen Gebietes, der sich mit Problemen der Datenverarbeitung beschäftigen muß, selbst aber keine Fachinformatik-Ausbildung besitzt, das für seine Praxis relevante Informatikwissen vermitteln; andererseits soll dem Informatiker, der auf einem dieser Anwendungsgebiete tätig werden will, ein Überblick über die Anwendungen der Informatikmethoden in diesem Gebiet gegeben werden. Für Praktiker, wie Programmierer, Systemanalytiker, Organisatoren und andere, stellen die Bände Hilfsmittel zur Lösung von Problemen der täglichen Praxis bereit; darüber hinaus sind die Veröffentlichungen zur Weiterbildung gedacht.

Grundzüge der Datenverarbeitung

Methoden und Konzepte für die Anwendungen

Von Dr. sc. techn. Kurt Bauknecht
o. Professor an der Universität Zürich

und Dr. sc. math. Carl August Zehnder
o. Professor an der Eidg. Technischen Hochschule Zürich

2., überarbeitete und erweiterte Auflage
Mit 123 Figuren und 14 Tabellen

Springer Fachmedien Wiesbaden GmbH 1983

Prof. Dr. sc. techn. Kurt Bauknecht

1936 geboren in Zürich. Von 1956 bis 1960 Studium der Elektrotechnik an der Eidgenössischen Technischen Hochschule (ETH) in Zürich. Von 1961 bis 1964 Entwicklungsingenieur in der Computerindustrie. 1966 Promotion an der ETH Zürich. Von 1965 bis 1970 Oberassistent am Institut für Operations Research und Elektronische Datenverarbeitung der Universität Zürich bei Prof. Dr. H. P. Künzi. 1970 Habilitation und a. o. Professor für elektronische Datenverarbeitung, seit 1973 o. Professor für Informatik an der Universität Zürich. Direktor des Instituts für Informatik und des Rechenzentrums der Universität.

Prof. Dr. sc. math. Carl August Zehnder

1937 geboren in Baden (Aargau). Von 1957 bis 1962 Studium der Mathematik an der Eidgenössischen Technischen Hochschule (ETH) Zürich, anschließend Assistent am Institut für angewandte Mathematik bei Prof. Dr. E. Stiefel, Promotion 1965. Von 1966 bis 1967 Studienaufenthalt am Massachusetts Institute of Technology in Cambridge (USA) und Industrieberatungen. Seit 1967 wieder an der ETH Zürich tätig, zuerst Geschäftsführer im Institut für Operations Research, von 1969 bis 1974 Leiter der Koordinationsgruppe für Datenverarbeitung, von 1973 bis 1977 Delegierter des Rektors für Studienorganisation. 1970 Ass. Professor, 1973 a. o. Professor und 1979 o. Professor für Informatik, mit Schwergewicht auf Datenbanken und Anwendungen.

CIP-Kurztitelaufnahme der Deutschen Bibliothek

Bauknecht, Kurt:
Grundzüge der Datenverarbeitung : Methoden u.
Konzepte für d. Anwendungen / von Kurt Bauknecht
u. Carl August Zehnder. – 2., überarb. u. erw.
Aufl. – Stuttgart : Teubner, 1983.
   (Leitfäden der angewandten Informatik)

ISBN 978-3-519-12450-4   ISBN 978-3-663-14096-2 (eBook)
DOI 10.1007/978-3-663-14096-2

NE: Zehnder, Carl August:

Gesamtherstellung: Beltz Offsetdruck, Hemsbach/Bergstraße
Umschlaggestaltung: W. Koch, Sindelfingen

VORWORT

Die Datenverarbeitung spielt seit vielen Jahren eine wesentliche
Rolle in einer Vielzahl von Anwendungen in Dienstleistung, Verwaltung und Industrie; in der Forschung ist die Verwendung des Computers nicht mehr wegzudenken. Es ist daher erstaunlich, wie schmal
dennoch vielerorts die Kenntnisse über die Computerwelt sind: Anwender sind froh, dass der Computer produktiv für sie arbeitet, und
sie wahren vorsichtige Distanz zur "geheimnisvollen" und sich rasch
ändernden Computertechnik. Die Computer-Fachleute ihrerseits leben
in der Welt der Spezialisten und pflegen ihre technische Sprache,
erhaben über die Alltagsprobleme des Anwenders.

Die beiden Autoren erleben diese Einseitigkeiten seit Jahren in
ihrer Tätigkeit als Dozenten einerseits, als engagierte Praktiker
anderseits. Dennoch hoffen sie, dass es gerade mit diesem neuen
Einführungsbuch gelingt, die einseitigen Positionen abzubauen.
Denn auch hinter der schnellen technischen Entwicklung des Computers stecken <u>bleibende und einfache Prinzipien</u> der Informatik, die
es darzustellen und zu verstehen gilt. Zwei Interessentenkreise
sind damit primär angesprochen:

- Studenten verschiedenster Richtungen (Ingenieure, Oekonomen,
  Fachinformatiker) sollen erkennen, welche Konzepte des Computers und der Datentechnik für die Anwendung eine direkte Rolle
  spielen.
- Anwender (aus kommerzieller oder technisch-wissenschaftlicher
  Umgebung) sollen die grundsätzlichen Methoden und Strukturen
  sehen, welche hinter ihren täglichen Computer-Anwendungen
  stehen.

Aus diesem Grunde nimmt der vorliegende Text sehr oft Bezug auf
<u>Beispiele aus der Praxis</u>, wo die Datenprobleme schon vor der
Computerzeit existierten, aber seither noch viel aktueller geworden sind. Die Beispiele sind oft erstaunlich "einfach", vom
Telefonbuch bis zur Vereinsadministration. Doch wird daraus sichtbar, dass Datenverarbeitung <u>praktische Probleme</u> systematisch lösen

will, wozu keine Elektronikkenntnisse nötig sind. Das vorliegende
Buch geht auf technische Hintergründe nur soweit ein, als dies für
die Anwendung von Bedeutung ist.

Ein Problem eigener Art im Bereich des Computers bildet die <u>Sprache</u>.
Die vielen Begriffe aus den englischen Gebrauchsanweisungen der
verschiedensten Hersteller erschweren den Verkehr schon mit Kolle-
gen anderer Rechenzentren, noch viel mehr aber mit dem Anwender.
Wenn daher in diesem Buch meist deutsche Begriffe (unter Beifügung
der englischen!) verwendet werden, so ist dies nicht eine Marotte
von Fremdwörter-Jägern, denn nur eine möglichst einfache Sprache
kann die elektronische Datenverarbeitung vom Podest des Unverständ-
lichen herunterholen und dem Anwender näherbringen.

Diese Bemühung um die verständliche Verbindung zwischen Fachwissen
und Anwendung soll auch dem Andenken an einen Lehrer der beiden
Autoren gelten. <u>Eduard Stiefel</u> (1909-1978), Professor für angewandte Mathematik an der ETH Zürich und einer der ersten bedeu-
tenden Förderer des elektronischen Rechnens, war ein Meister im
Darstellen des Wesentlichen.

Zum Abschluss noch ein Wort des Dankes. Dieser gehört Herrn
Hans M. Bächler für hilfreiche Kommentare zu einem Grossteil des
Textes, Fräulein Käthi Scheuber für die sorgfältige Reinschrift
und dem Verlag für Geduld und gute Ausstattung dieses Bandes.

Zürich, im April 1980

<u>Zur zweiten Auflage</u>
Die anhaltend schnelle Entwicklung der Informatik verlangte schon
nach kurzer Zeit nicht bloss eine Neuauflage, sondern zusätzliche
Kapitel auf zwei wichtigen Wachstumsgebieten, nämlich zu Datenkom-
munikation (Kap. 8) und Textverarbeitung (Kap. 9). Die übrigen
Neuerungen umfassen ein Verzeichnis der Masseinheiten sowie Klei-
nigkeiten. Wir hoffen damit, dem Studenten wie dem Praktiker jene
praktischen Mittel und Methoden der Datenverarbeitung nahe zu bringen, welche in Programmierkursen und allgemeinen Einführungen zu
kurz kommen müssen.

Zürich, im November 1982   Kurt Bauknecht
                             Carl August Zehnder

INHALTSVERZEICHNIS

1 DATENVERARBEITUNG IN DER PRAXIS

1.1 Sammlung und Auswertung von Daten

Der fremde Besucher, der Abteilungsleiter, der Kunde, der Bürger - sie alle brauchen gelegentlich Auskünfte, damit sie sich zurechtfinden, ihre Aufgaben erledigen, ihren Kauf vorbereiten, den demokratischen Staat funktionieren lassen können.

Dafür wenden sie sich an eine Informationsstelle, welche entweder
- die gewünschte Auskunft aufgrund von Unterlagen oder anderen direkten Kenntnissen sofort erteilen kann, oder
- solche Unterlagen zuerst beschaffen muss (z.B. über telefonische Rückfragen, Auswertung von vorhandenem Material etc.).

Die Datenverarbeitung dient dieser "Auskunftserteilung" im weitesten Sinn, indem sie das Zusammentragen und Aufbereiten der Unterlagen als technischen Prozess versteht und unterstützt. Dabei werden normalerweise viele, kleine Angaben und Hinweise - die Daten - nach festgelegten Regeln gesammelt, geprüft, zusammengeführt, gespeichert, ausgedruckt; dieses Buch soll zeigen, von welcher Art und Bedeutung diese elementaren Operationen für die "Auskunftserteilung" sind.

Auf der Ebene der eigentlichen Daten-Verarbeitung und -speicherung geht es normalerweise darum, ganz bestimmte Fragestellungen zu beantworten; dafür müssen natürlich die entsprechenden Unterlagen, Meldungen und Anweisungen zur Verfügung stehen. Zwischen diesen Ausgangsdaten (Daten-Eingabe) und der verlangten Auskunft (Daten-Ausgabe) steht meist ein bestimmter Prozess; einige Beispiele zeigen das:

Eingabe-Daten:	P r o z e s s :	Ausgabe-Daten:
7 x 8	Ausrechnen	56
"Kind"	Uebersetzen auf Englisch	"child"
Lift-Knopf drücken	Lift-Steuerung	Lift kommt
Name, Adresse	Telefon-Auskunft	Telefon-Nummer
Materialbezüge	Rechnung schreiben	Rechnung

Bei der genauen Betrachtung eines Datenverarbeitungsproblems ist es meist zweckmässig, zuerst das <u>gesuchte Ergebnis</u> zu betrachten und dann daraus abzuleiten, welche <u>Unterlagen - Eingabe-Daten - dafür notwendig sind</u>.

Allerdings sind diese "notwendigen Unterlagen" oft nicht in einer Form vorhanden, wie es vom Produkt aus gesehen wünschbar wäre. In diesem Fall besteht das Problem darin, unsere Antwort aus den <u>verfügbaren</u> Informationen, d.h. aus Daten aller Art, welche vielleicht für ganz andere Zwecke erzeugt wurden, herauszuarbeiten. Beispiel:

<u>Verfügbare Daten:</u>	<u>P r o z e s s :</u>	<u>Gesuchte Daten:</u>
Zivilstandsnachrichten in der Zeitung	Sammeln von Geburts-anzeigen	potentielle Kunden für Kinderwagen-geschäft

Die Datenverarbeitung wird damit zu einer oft recht langen Kette von Umformungen von Datenmaterial mit dem Zweck, als Ergebnis ganz bestimmte Datenbedürfnisse zu befriedigen. Dabei können wirtschaftliche, soziale, administrative oder andere Gründe hinter diesen Datenbedürfnissen stehen.

Bis hieher haben wir übrigens die "Datenverarbeitung" nicht bloss auf den Computer bezogen, sondern wesentlich allgemeiner verstanden. In diesem <u>weiteren Sinn</u> existiert sie auch von alters her und ist im öffentlichen und privaten Verwaltungsbereich schon längst als bedeutungsvoll erkannt worden. Hier einige Beispiele:

- Steueramt: Steuerrechnungen aus Taxationsunterlagen.

- Heiratsvermittlung: Partnerfindung aus Kenntnis der Verhältnisse und aktiver Vermittlertätigkeit.

- Eisenbahnfahrplan: Plan-Erstellung aus Passagierbedürfnissen und Leistungsdaten der Bahn.

- Kreditauskunftei: Angaben über die "Kreditwürdigkeit" eines Kreditkunden aufgrund seines bisherigen wirtschaftlichen Verhaltens und entsprechender Hinweise.

Gerade solche Beispiele zeigen, dass komplizierte Datenverarbei-
tungsprobleme weit über das direkte Ausrechnen (7x8=56) oder Umset-
zen ("Kind" - "child") hinausgehen. Die verschiedensten Daten müssen dazu vorerst langfristig gesammelt und dann richtig miteinander
in Zusammenhang gebracht werden. Damit haben wir aber auch die beiden Hauptfunktionen von Datensystemen erkannt:

- Daten verarbeiten und übermitteln: Umsetzung von Daten und Datengruppen in eine gewünschte neue Form und an einen gewünschten
  Ort.

- Daten permanent speichern: Die gesammelten Daten müssen systematisch gegliedert für eine künftige Auswertung bereitgehalten werden.

Wenn im folgenden die technischen Mittel der elektronischen Datenverarbeitung und -speicherung (EDV) beigezogen, erläutert und benützt werden, dann können dabei oft und grundsätzlich dieselben
Verfahren verwendet werden, wie sie in grossen Verwaltungen schon
immer benützt wurden. Die Grundprinzipien der Datenverarbeitung
sind leichtverständlich. Es ist allerdings im Gestrüpp der vielen
Spezialmöglichkeiten moderner EDV-Anlagen oft nicht leicht, sie zu
erkennen. Dies veranlasst viele, die Welt des Computers - weitgehend zu Unrecht - dem sogenannten Spezialisten zu überlassen.

1.2 Denkmodell einer einfachen Datenverarbeitungsanlage

Die Beispiele des vorangehenden Abschnittes haben gezeigt, dass
Datenverarbeitung durchaus auch mit den herkömmlichen Büro-Metho-
den einer Kanzlei, Registratur oder Buchhaltung betrieben werden
konnte. Anderseits sind für einfache Prozesse (Kopieren, Rechnen
in den Grundoperationen etc.) seit 1891 Lochkartengeräte und seit
den Vierziger-Jahren programmierbare Rechenautomaten im Einsatz.
Und diese Automaten - Computer - wollen wir nun für unsere Zwecke
einsetzen. Der Computer ist sehr flexibel, er verlangt aber auch
ganz bestimmte Voraussetzungen für den zweckmässigen Einsatz:

- Der Computer erlaubt die Automatisierung vieler Büroprozesse
   und damit den Verzicht auf menschliche Routinearbeiten, wofür

oft keine qualifizierten Arbeitskräfte mehr verfügbar wären.

- Der Computer als Automat zwingt uns, unsere Automationsvorstellungen viel _präziser_ (und fehlerfrei!) zu _formulieren_, als wenn menschliche Bürogehilfen einzusetzen wären.

- Der wirtschaftliche und sichere Einsatz des Computers ist nur gewährleistet, wenn auf _technische und organisatorische Randbedingungen_ Rücksicht genommen wird (z.B. Hierarchien von Speichermedien unterschiedlicher Leistungsfähigkeit).

Wenn wir imstande sind, den Computer für unsere Datenverarbeitungsbedürfnisse richtig einzusetzen, dann haben wir somit wohl auch unsere Probleme in einer viel umfassenderen Art "verstanden", als dies bei rein manuellen Lösungen üblicherweise der Fall wäre.

Viele Leser dieses Buches werden an dieser Stelle allerdings ganz unterschiedliche Vorstellungen über den "Computer" mitbringen, abhängig von ihren bisherigen Kontakten und Erfahrungen. Diese reichen wohl vom Programmieren eines Grossrechners über Einsätze von Prozessrechnern und Mikroprozessoren im technischen Bereich bis zur reinen Datenverarbeitung und zum Tischcomputer im Büro.
Daher ist es für diese wie auch für den Neuling sinnvoll, sich für unsere Grundsatzüberlegungen ein bestimmtes, einfaches Denkmodell für den Computer vor Augen zu halten, das uns fortan dienen soll.
Die Einfachheit dieses Modells ist dabei aber _keine_ Einschränkung der Verwendbarkeit; im Kapitel 4 werden dann Erweiterungen vorgestellt, die über unser Modell nur quantitativ, nicht aber qualitativ hinausgehen.

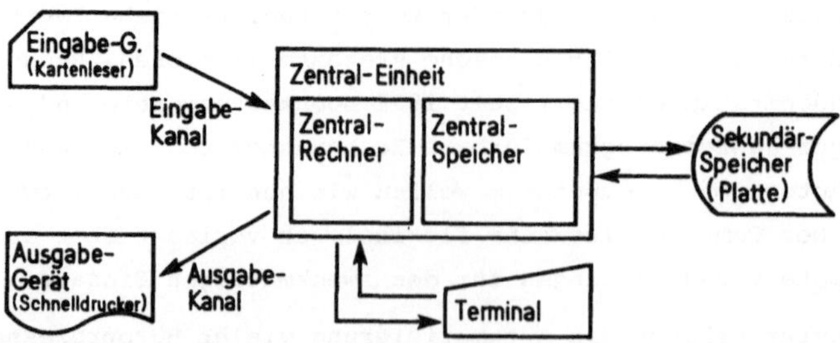

Fig. 1.1: Einfache EDV-Anlage

Unser einfaches Modell (Fig. 1.1) umfasst die Zentraleinheit, Sekundärspeicher und verschiedene Ein- und Ausgabegeräte:

<u>Zentraleinheit, bestehend aus Zentralrechner und Zentralspeicher</u>. Der <u>Zentralrechner</u> ist imstande, gemäss einer Befehlsfolge (<u>Programm</u>) viele einfache Operationen hintereinander auszuführen. Die Operationen (Arbeitsschritte) dienen dabei dem arithmetischen Rechnen (+-*/), dem Lesen und Schreiben, aber auch zum Unterscheiden von Fällen; wir kennen solche Operationen vom Taschenrechner. Im Gegensatz zum Taschenrechner verfügt jedoch die Zentraleinheit insbesondere über einen grösseren <u>Zentralspeicher</u> (oder <u>Arbeitsspeicher</u>), welcher für den Zentralrechner gleichsam als schneller Notizblock dient, dies aber für zwei verschiedene Bereiche gleichzeitig: Der Zentralspeicher enthält die <u>Daten</u> für Rechnen, Schreiben etc., er enthält aber auch das <u>Programm</u> für seine Tätigkeit. Damit kann innerhalb der Zentraleinheit sehr rasch und sehr flexibel abgelesen werden, <u>was</u> zu tun ist (Programm), und <u>auf was</u> diese Anweisungen <u>ausgeführt</u> werden (Verarbeitung von zentral gespeicherten Daten). Die Arbeitsgeschwindigkeit innerhalb der vollelektronisch arbeitenden Zentraleinheit ist in der Grössenordnung von 1 Mikrosekunde (μs) pro Operation, oder anders gesagt, die Zentraleinheit kann etwa 1 Mio Operationen pro Sekunde ausführen.

<u>Eingabe-Geräte</u> dienen zur sequentiellen Eingabe von extern in maschinenlesbarer Form vorbereiteten Daten; dazu gehören die Leser für Lochkarten, Lochstreifen, Magnetbänder oder auch optisch lesbare Belege. Die Lesegeschwindigkeit ist um einige Grössenordnungen kleiner als im Arbeitsspeicher (z.B. Lesen von 10 Lochkarten pro Sekunde).

<u>Ausgabe-Geräte</u> ermöglichen sequentielle Ausgabe von Daten des Arbeitsspeichers auf andere Medien, entweder in für den Menschen nutzbarer, <u>lesbarer Form</u>, z.B. auf Schnelldrucker oder Mikrofilm, oder in einer Form, welche später wiederum ein <u>maschinelles Lesen</u> gestattet, z.B. auf Magnetbänder. Die Schreibgeschwindigkeit ist kleiner als im Arbeitsspeicher, variiert aber stark je nach Gerätetyp (z.B. für schnelle Magnetbänder und langsame Schreibmaschinen).

<u>Sekundärspeicher</u> dienen zur Aufnahme von grösseren Datenmengen, Registern, Tabellen etc., welche im Arbeitsspeicher nicht Platz finden und dennoch zur Verfügung stehen müssen. Ihr Speichervolumen ist ein Vielfaches der Kapazität des Arbeitsspeichers, diese Vergrösserung trifft aber ebenfalls für die Zugriffszeit zu. Für gewisse Fälle können ein Ausgabe-Gerät und ein gleichartiges Eingabegerät (z.B. Magnetbandstation, Lochkartenstanzer und -leser) gemeinsam die Funktion eines Sekundärspeichers übernehmen.

<u>Terminal</u> für direkte Interaktion mit dem Menschen. Da auch hier eine Daten-Ausgabe- und eine Daten-Eingabe-Funktion kombiniert sind, liesse sich das einfache Computer-Modell logisch auch ohne Terminal organisieren. Die speziellen Eigenschaften des Terminals werden erst in Kapitel 4 und 5 benützt.

Das einfache Computer-Modell lässt sich somit für die Daten<u>verar</u><u>beitung</u> auf Zentraleinheit plus Eingabe und Ausgabe reduzieren; die Funktion der permanenten <u>Datenspeicherung</u> wird vom Sekundärspeicher übernommen.

An einigen Beispielen soll unser Computer-Denkmodell jetzt seine Tauglichkeit beweisen. Als Daten stellen wir uns Angaben vor, wie sie in einem Telefonverzeichnis stehen; die zusammengehörenden Daten über je einen Telefonteilnehmer nennen wir <u>Datensatz</u>. Unsere Rohdaten sind also eine Menge von Datensätzen.

<u>Beispiel</u>: <u>Erstellen eines Telefonverzeichnisses</u>
Sequentielle Eingabe der Telefonabonnenten als Datensätze von Lochkarten; jede Lochkarte enthält Name, Adresse und Telefonnummer je eines Abonnenten. Die Zentraleinheit <u>kopiert</u> nun jeden Lochkarteninhalt direkt auf den Schnelldrucker, nachdem vielleicht noch gewisse Zeilenumbrüche (= Verarbeitung) stattgefunden haben:

    Eingabe: MUELLER HANS, EIBENWEG 6, 52 74 38
    Ausgabe: MUELLER HANS,
             EIBENWEG 6   52 74 38

Beispiel: <u>Erstellen eines alphabetischen Telefonverzeichnisses</u>
Sequentielle Eingabe der Telefonabonnenten als Datensätze von Lochkarten wie vorstehend. Da aber die eingegebenen Datensätze nicht
notwendigerweise schon alphabetisch sortiert sind, kann man sie
nicht unmittelbar ausdrucken; man muss sie daher auf dem Sekundärspeicher zwischenspeichern. Mittels vorbereiteter <u>Sortierverfahren</u>
(siehe 4.3.2   ) kann nun die Zentraleinheit unter Verwendung des
Sekundärspeichers die Gesamtheit der Datensätze so umgruppieren,
dass sie sortiert abgerufen werden können. In dieser neuen Reihenfolge werden sie wie oben <u>verarbeitet</u> und als Telefonverzeichnis
auf den Schnelldrucker ausgeschrieben.

Beispiel: <u>Suchen des Telefonabonnenten mit der Nummer X</u>
Vorerst erfolgt über eine erste Lochkarte als Fragestellung die
Eingabe der Telefonnummer X, z.B. X = 52 74 38. Anschliessend erfolgt das Einlesen der Telefonabonnenten als Datensätze von Lochkarten. Die Zentraleinheit <u>vergleicht</u> nun die Telefonnummer in
jedem gelesenen Datensatz mit der Nummer X, bis sie einen entsprechenden Datensatz gefunden oder alle Datensätze durchgelesen hat.
Die Datenausgabe umfasst in diesem Fall <u>nur eine Zeile</u> mit dem gefundenen Namen oder "Keine solche Telefonnummer gefunden" auf dem
Schnelldrucker. (Bei diosem Beispiel könnten wir auch andere Medien
einsetzen. So könnten die Eingabe der Telefonnummer X und die Ausgabe des Ergebnisses auf einem Terminal erfolgen, während die Sammlung der Telefonabonnenten auf einem Magnetband stünde. Die Logik
unserer Modellüberlegung wäre dabei genau gleich!)

In den voranstehenden Beispielen wurde im wesentlichen ein <u>grösse-
rer Datenbestand sequentiell</u> durchgearbeitet (aufgelistet, gesucht
etc). Dabei wurden drei Prinzipien verwendet, die noch einmal etwas
deutlicher formuliert seien:

- Die Daten (hier: Angaben über die Telefonabonnenten) wurden
  nicht einfach als Gesamtmenge betrachtet, sondern sofort <u>in
  viele ähnliche Teile gegliedert</u> (hier: <u>Datensätze</u> mit den Daten
  zu je einem Telefonabonnenten.

- Nach Möglichkeit wird jeweils <u>nur ein Datensatz</u> (oder eine
  kleine Gruppe davon) auf einmal in den Arbeitsspeicher genommen

und verarbeitet. Dieser Verarbeitungsschritt wird für alle Datensätze _repetiert_, bis die Gesamtheit der Daten verarbeitet ist.

- Die _Reihenfolge_ (Sequenz) dieser Verarbeitung ist _wesentlich_. Sind Datensätze ursprünglich in einer unzweckmässigen Reihenfolge, wird _umsortiert_. Nachher kann normal sequentiell und repetitiv verarbeitet werden.

Diese Prinzipien - Gliederung in Datensätze, repetierbare Arbeitsschritte, Sortierung - sind die wichtigsten der _sequentiellen Datenverarbeitung_. Die sequentielle Denkweise beherrscht die automatische Datenverarbeitung. Man sucht ein Problem so zu strukturieren, dass man _Einzelarbeiten_ erkennt, welche bei Bedarf _immer wieder_ auf dieselbe Art ausgeführt werden können. Nur so lässt sich auch die ungeheure Leistungsfähigkeit der Zentraleinheit (ca. 10^6 Operationen pro Sekunde) ausnützen, weil die Arbeitsanweisungen (Programm) nur für _eine_ Einzelarbeit formuliert werden müssen; damit kann der Rechenautomat die Wiederholungen nach dem gleichen Programm durchführen und er ist somit trotz seiner Geschwindigkeit längere Zeit beschäftigt.

1.3 Was leistet ein Computerprogramm?

Wenn der Leser unser Computermodell aus Abschnitt 1.2 geistig "in Betrieb genommen" hat, dann fühlt er sich beispielsweise bereits imstande, grosse Datenmengen vom Lochkartenleser auf den Schnelldrucker zu kopieren und damit aufzulisten. Im Grunde genommen sind das aber eigentlich sehr primitive Arbeiten, die sich auf Lesen und Umspeichern zwischen den verschiedenen Speicher- und Ein- und Ausgabe-Medien beschränken. Kann der Computer nicht mehr?

Zur Beantwortung dieser Frage steigen wir in unserem Computer-Modell der Fig. 1.1 ganz in die _Zentraleinheit_ hinein. Das Problem lautet dann:

   Von welcher Art sind die Prozesse, die ein Computer intern ausführen kann?

Die Antwort auf diese Frage lautet: "Der Computer kann alle Prozesse ausführen, die aus einer endlichen Folge von Einzeloperationen (Arithmetik, Fallunterscheidung, Ein- und Ausgabe, etc.) bestehen, wie sie im Befehlssortiment des Computers vorgesehen sind." Diese sehr allgemeine Antwort hilft aber kaum, um eine Vorstellung von der Art dieser Prozesse zu erhalten. Wir wollen das Bild daher noch etwas ausmalen.

Der Computer besteht, wie wir gesehen haben, vorerst aus einer Reihe von Geräten (<u>Hardware</u>), welche für die Durchführung von verschiedenen <u>Operationen</u> eingerichtet sind. Die Ausführung einer Operationsfolge wird durch ein Programm vorgeschrieben; die Gesamtheit der Programme bildet die <u>Software</u> eines Computers. Jedes Programm erhöht dabei die speziellen Fähigkeiten eines Computers:

- <u>Hardware ohne Programm:</u> Rechengerät, das für verschiedene Zwecke eingesetzt werden <u>kann</u>; höchste Flexibilität, aber nur im Sinne einer Bereitschaft. Die Maschine "steht zur Verfügung", hat aber noch keine Problembeziehung.

- <u>Hardware mit Programm:</u> Maschine, welche für die Lösung einer <u>bestimmten Aufgabe</u> vorbereitet ist.

Unsere Frage kann daher auch so gestellt werden:

    Zu welchen Spezialaufgaben lässt sich die Hardware eines Computers einsetzen?

Die verfügbaren Einzeloperationen sind dabei jedem technisch oder administrativ Interessierten seit Mitte der 70-er Jahre sehr wohl bekannt, da auch die Taschenrechner die wichtigsten dieser Operationen augenfällig anbieten. Die wichtigsten Gruppen von Operationen sind folgende:

- <u>Rechenoperationen:</u> Arithmetische Operationen, inklusive die Berechnung gewisser Funktionen (Prozente, Wurzeln, Sinus, Rundung etc.). Allgemein: <u>Ausrechnen</u> von arithmetischen <u>Formel-Ausdrücken</u>. Beispiel:

$$y := 3.1416 + z * \sin (x-2.0)$$

    (gelesen als "y wird berechnet aus .....")

- <u>Zeichenmanipulationen</u>: Operationen an Zeilen, Wörtern, Texten. (Ersetzen von "ö" durch "oe", Zählen aller "a", Verschieben von "...hans" zu "hans...", etc.)

- <u>Vergleichen, Prüfen von Bedingungen</u>: Bedingte Operationen dürfen nur dann ausgeführt werden, wenn gewisse Voraussetzungen, Bedingungen, erfüllt sind. (<u>Wenn</u> NAME = "hans", <u>dann</u> soll der NAME gedruckt werden).

- <u>Steuerung des Arbeitsablaufs</u>: Wir haben schon oben festgestellt, dass die sehr hohe interne Arbeitsgeschwindigkeit des Computers nicht ausgeschöpft werden könnte, wenn mit einem Befehl nur genau eine Operation ausgelöst würde. Man muss solche Operationen gruppieren und wiederholen können. Dazu sind "Organisationsbefehle" nötig. (<u>Repetiere</u> Befehlsfolge .... <u>bis</u> Bedingung erfüllt; <u>wenn</u> Bedingung erfüllt, <u>dann</u> mach das, <u>sonst</u> mach dies; <u>Stopp</u> der Verarbeitung; <u>Unterbruch</u>; etc.).

- <u>Daten Ein- und Ausgabe</u>: Transfer-Operationen für Daten oder ganze Datensätze zwischen Arbeitsspeicher und externen Speichermedien. (<u>Lesen,</u> <u>Schreiben</u>).

Aus diesen Elementaroperationen können nun kompliziertere Abläufe zusammengesetzt werden, genau wie man dies auch bei physikalischen und anderen Operationen des täglichen Lebens tut: Der "Spaziergang" setzt sich aus Schritten und Richtungsentscheiden zusammen, das "Kochen" aber aus einer grossen Zahl von Einzeltätigkeiten vom Kartoffelschälen bis zum Würzen.

Die Operationen des Computers beziehen sich natürlich nur auf Daten, also auf immaterielle Elemente. Dennoch lassen sich damit keineswegs nur "Rechnungen" im traditionellen Sinn durchführen, wie folgende Beispiele zeigen:

- Auflösung von numerisch-mathematischen Problemen (speziell, aber nicht ausschliesslich, im Ingenieurbereich);
- Datenorganisation, Speichern und Wiederaufsuchen von Daten, Unterstützung von Registratur-Systemen und Datenbanken;
- Umformung von Daten, Codierung, Chiffrierung, Uebersetzung, Textverarbeitung mit Korrekturmöglichkeiten;
- Planungsarbeiten, Simulation von geplanten Systemen (Verkehr,

Naturwissenschaften, Oekonomie).

Soll der Computer solche <u>speziellen Aufgaben</u> lösen, so benötigt er dafür jeweils ein entsprechendes - gelegentlich aus vielen tausend Zeilen bestehendes - <u>Programm</u>, das den Computer zur entsprechenden <u>Spezialmaschine</u> macht. Es ist nun eine der wichtigsten Eigenschaften eines guten Programms, dass es nicht nur ein einziges Mal brauchbar ist, sondern je nach Bedarf verschiedene <u>ähnliche</u> Probleme lösen kann. Allerdings darf diese <u>Flexibilität</u> nicht zu weit getrieben werden, da sonst der Gebrauch des Programms allzu kompliziert wird.

Beispiele:

- Ein Berechnungsprogramm für Spannungsverteilungen in Brückenplatten soll zwar verschiedene geometrische Plattenformen akzeptieren, aber keine Hohlträger; für diese braucht es ein separates Programm.

- Ein Programm für das Erstellen von Personallisten soll zwar für verschiedene Anzahlen von Personen und für verschiedene Arten von Personen geeignet sein, aber nicht für Materiallisten in einem Lager.

Der Einsatzbereich eines bestimmten Computerprogramms ist heute weniger durch die Leistungsfähigkeit des Computers an sich beschränkt, als durch die bewusst gewählte, sinnvolle Grenze der Flexibilität. Das Programm, das "alles kann", würde nämlich nicht nur gross und unhandlich, sondern auch kompliziert und damit fehleranfällig sein.

1.4 <u>Datenelemente, Datenbestände</u>

<u>Datenverarbeitung</u>, Programme, Operationen stellen nur die eine, dynamische Seite unseres Problemkreises dar; die andere Seite befasst sich mit den <u>Daten</u>.

Daten sind Grundlagen, Material, Objekt, Substanz der Datenverarbeitung. In diesem Abschnitt sollen daher die Daten nach verschie-

denen Gesichtspunkten betrachtet und klassiert werden. Dabei mag
der Leser Beispiele, die ihm aus seiner Praxis naheliegen, selber
analog analysieren.

Es liegt auf der Hand, Begriffe der Datenorganisation vorerst nach
der <u>Grössenordnung</u> zu gliedern:

Begriff deutsch:	Begriff englisch:	ähnliche Begriffe der gleichen Ebene:
- Bit	bit	Binärziffer (0/1, ja/nein, wahr/falsch)
- Zeichen	character	Byte, Ziffer, Buchstaben
- Datenelement, Datenfeld	data field, item	Wort, Zahl, Variable, Merkmal
- Datensatz	record	Segment
- Block	block	page ("Seite"), physische Speichereinheit
- Datei	file	Datenmenge

Zur Illustration seien aus zwei bekannten Bereichen <u>Beispiele</u> zu
jeder Ebene angedeutet:

Begriff:	Lochkartenverarbeitung	Telefonbuch:
Bit	Lochposition (Loch/Nichtloch)	-
Zeichen	Kolonne, Lochkombination	Schriftzeichen
Datenelement	mehrere Kolonnen, Feld	Telefonnummer
Datensatz	Lochkarte	Angaben für 1 Abonnent
Block	Lochkartenschachtel	Spalte, Seite
Datei	alle gleichartigen zusammengehörigen Lochkarten	alle Angaben der Abonnenten einer Ortschaft

Es ist offensichtlich, dass die Begriffe Bit und Block primär <u>tech-
nisch-physische</u> Bedeutung haben, während für die Anwendung vor allem die übrigen Begriffe, - nämlich Zeichen, Datenelement, Datensatz und Datei - wichtig sind. Dennoch kommen alle sechs Begriffe
in unseren Datenüberlegungen vor; sie sollen daher eingehender beschrieben werden.

<u>Bit</u> (von <u>b</u>inary dig<u>it</u>, Binärziffer): Grundeinheit der Datendarstellung; entspricht dem kleinstmöglichen Datenspeicher, welcher nur 2 Werte annehmen kann. Da die einfachsten elektronischen Schaltelemente ebenfalls auf der Darstellung von 2 Zuständen (z.B. Magnetisierungsrichtungen, Stromrichtungen, Impuls ja/nein etc.) beruhen, ist das Bit auch elementares Mass für die technische Speichergrösse. Der Benutzer des Computers muss sich aber im allgemeinen nicht um die Bits und das zugehörige Binär-System kümmern, da das Computersystem die Bits selbständig zu höheren Datenorganisationsformen (Byte, Wort) zusammenfasst.

<u>Zeichen</u>: Unsere Schrift basiert auf Schrift-Zeichen; diese sind aus einem bestimmten Satz von unter sich unterscheidbaren Symbolen ausgewählt, z.B. aus den 26 Buchstaben (des grossen englischen Alphabets), den 10 Dezimalziffern und mehreren Satz- und Sonderzeichen. Man spricht daher von 48-Zeichen-Satz, 64-Zeichen-Satz (häufig bei Computern verwendet), 96-Zeichen-Satz (mit Gross- und Kleinbuchstaben) etc. (siehe Fig. 1.2).

Zeichen	Code	Zeichen	Code	Zeichen	Code	Zeichen	Code
Blank	32	0	48	@	64	P	80
!	33	1	49	A	65	Q	81
"	34	2	50	B	66	R	82
#	35	3	51	C	67	S	83
$	36	4	52	D	68	T	84
%	37	5	53	E	69	U	85
&	38	6	54	F	70	V	86
'	39	7	55	G	71	W	87
(	40	8	56	H	72	X	88
)	41	9	57	I	73	Y	89
*	42	:	58	J	74	Z	90
+	43	;	59	K	75	[	91
,	44	<	60	L	76	\	92
-	45	=	61	M	77	]	93
.	46	>	62	N	78	^	94
/	47	?	63	O	79	_	95

<u>Fig. 1.2:</u> Beispiel eines 64-Zeichen-Satzes (ASCII-Code)

Da der Computer diese Zeichen intern binär, also bitweise, speichert, stellt sich die Frage, wieviele Bits zur Speicherung eines Zeichens nötig sind. Nun können z.B. 6 Bits zu genau $2^6=64$ verschiedenen Bit-Mustern zusammengefügt werden: 000000, 000001, 000010, 00011, 000100, .. , 111111. Wir können also mit 6 Bits

64 Zeichen unterscheiden und damit ein beliebiges Zeichen im 64-Zeichensatz durch 6 Bits darstellen. Ein <u>Byte</u> ist eine Gruppe von Bits, die zur Speicherung eines Zeichens dienen kann. Viele Computer haben Speicher, die in Bytes organisiert sind. Dabei umfasst ein Byte (z.B. bei IBM-Maschinen) aus technischen Gründen generell 8 oder 9 Bits (vgl. Abschn. 2.2). Speichergrössen werden meist in Bytes oder Megabytes angegeben (s. Verzeichnis der Masseinheiten).

<u>Datenelement, Datenfeld:</u> Wer mit Daten zu tun hat, und sei es auch nur im Bereich manuell geführter Registraturen, kennt den Begriff des Datenfeldes oder Datenelements: "Name", "Adresse", "Postleitzahl", "Jahrgang" müssen in allen Formularen an fester Stelle eingefügt werden, wobei meist der Platz beschränkt und die Anzahl der einzusetzenden Zeichen limitiert ist. (Wir schreiben dann "66" für "1966" und unschön "NDHELFENSCHW" für "Niederhelfenschwil".) Wer immer ein bestimmtes <u>Merkmal</u> über eine Person, einen Gegenstand etc. festhalten will, muss dafür ein Datenfeld bereitstellen. Die <u>Merkmalsbezeichnung</u> (z.B. "Jahrgang") und der <u>Merkmalswert</u> (z.B. "66") bilden dann zusammen eine bestimmte Angabe, ein <u>Datenelement</u>. Die Datenelemente des Mathematikers heissen meist <u>Variable</u>, ihre Werte sind <u>Zahlen</u> (z.B. "-25.438"). Ein <u>Wort</u> ist ein Speicherbereich fester Grösse, der zur Speicherung einer Zahl oder eines kleineren Datenfeldes geeignet ist. Bei manchen Computern ist der Speicher in Worten organisiert.

<u>Datensatz:</u> Ein Datenelement ("Jahrgang=66") stellt allein noch keine Information dar, erst die Kombination solcher Datenelemente sagt etwas aus. Eine Gruppe von Datenelementen, welche sich auf einen bestimmten, genau umgrenzten Sachverhalt (Person, Sache, Hinweis etc.) bezieht, heisst Datensatz. Ein Datensatz drückt beispielsweise folgende Angaben zu einer Person aus:
   "HANS MEIER wohnt in 5400 BADEN und ist 1966 geboren."
Technisch wird dies meist tabellenähnlich formuliert und dargestellt.

Name:	Vorname:	PLZ:	Wohnort:	Jahrgang:
MEIER	HANS	5400	BADEN	66

Der eingerahmte Bereich bildet einen Datensatz, wobei die darübergesetzten Merkmalsbezeichnungen explizit geschrieben oder implizit verstanden werden können.

<u>Block:</u> Der Block ist eine <u>physische</u> Speichereinheit; seine Grösse ist vom Speichermedium abhängig; für die logische Organisation ist der Block ohne Bedeutung. Beispiele für Blöcke: Eine grosse Registratur wird in viele Schubladen eingereiht (Schublade=Block); auf ein Magnetband werden in einem Schreibvorgang (von Start bis Stopp der Magnetbandbewegung) mehrere Datensätze auf einmal geschrieben oder gelesen (Datenmenge pro Schreibvorgang=Block); ein Buch ist in Seiten gegliedert (Seite = Block).

<u>Datei:</u> Die Datei ist die logische Gesamtheit vieler zusammengehöriger und ähnlich aufgebauter Datensätze (Bsp.: Telefonverzeichnis vieler Abonnenten). Häufig versteht man unter "Datei" eine <u>sequentielle</u> Datei, also eine Folge der Datensätze. Eine Datei kann logisch in Unterdateien gegliedert sein (Bsp.: Telefonverzeichnis bestehend aus mehreren Ortsverzeichnissen). Die Datei ist im allgemeinen die oberste einheitliche physische Datenstruktur; eine beliebige Datensammlung besteht organisatorisch meist aus mehreren Dateien, welche auf verschiedene Arten miteinander in Beziehung stehen. (Für Datenstrukturen siehe Kapitel 2 und 6).

Nach der Gliederung der Datenstrukturen in bezug auf ihre Grösse wenden wir uns anderen wichtigen Unterscheidungen zu, zunächst der <u>Formatierung</u> der Daten:

- <u>Formatierte Daten:</u> Daten in <u>festen Datenfeldern</u> für bestimmte Merkmale, wie dies in Tabellen üblich ist.

- <u>Unformatierte Daten:</u> Daten als fortlaufender <u>Text</u> geschrieben; die Bedeutung (Merkmale) der Daten geht aus dem Kontext hervor, Trennzeichen trennen die einzelnen Werte voneinander.

An einem Beispiel sei gezeigt, dass <u>formatiert</u> vor allem die überall vorkommenden, einheitlich geschriebenen Daten dargestellt werden, während <u>unformatiert</u> insbesondere freie Bemerkungen, Texte unterschiedlicher Länge und eher gelegentliche Eintragungen zur Darstellung gelangen. Formatierte Daten sind meist einfacher aufzufinden:

- formatiert: MEIER......HANS......5400.BADEN......66
- unformatiert: SEHR SCHLANK, NARBE AM RECHTEN AUGE

Gelegentlich erlauben Mischungen eine möglichst kompakte Speicherung, da dann <u>Reserveplätze</u> nur einmal bereitgestellt werden müssen:

Name und Vorname in 2 Feldern:

SCHAUFELBERGER........	JONATHAN..........

Name (30 Zeichen)   Vorname (20 Zeichen)

Name, Vorname in 1 Feld:

SCHAUFELBERGER,JONATHAN.......

Name, Vorname (40 Zeichen)

Nach diesen sehr generellen Hinweisen auf die Eigenschaften und Darstellungsformen von Daten stellt sich natürlich die Frage, ob alle Daten, unabhängig von ihrem späteren Verwendungszweck, auf die gleiche Weise behandelt werden müssen. Nun,

<u>Daten sind Beschreibungen bestimmter Sachverhalte,</u>

und diese Beschreibungen können durchaus nach ihrer Art und nach ihrer vorgesehenen Verwendung Unterschiede aufweisen.

<u>Beispiele:</u>

- <u>Namen:</u> "RENE MUELLER" genügt für eine Postadresse, für ein Zeugnis wäre "René Müller" angemessener.

- <u>Alter:</u> Für persönliche Papiere wird das Geburts<u>datum</u> "6.10.66" exakt benötigt; für Statistiken genügt aber das Geburts<u>jahr</u> "1966".

Diese Liste könnte beliebig fortgesetzt werden; wir wollen vom Verwendungszweck her nur folgende <u>Hauptgruppen</u> von Daten festhalten:

- <u>Verwaltungsdaten</u> für die individuelle Kontrollführung (staatliche Verwaltungen, Schulen, Personaldienste, Buchhaltungen etc.) benötigen eine hohe Präzision und Fehlersicherheit. Die Anzahl benötigter Merkmale ist meist durch die Verwaltungsaufgabe festgelegt und recht begrenzt.

- <u>Allgemeine Datensammlungen</u>, Statistikdaten, Messdaten etc.:
  Hier werden die Daten mit jener Genauigkeit übernommen, wie sie
  erhältlich sind; nachträgliche Korrekturen sind selten möglich.
  Die Datenbestände sind oft sehr allgemein für einen noch wenig
  festgelegten späteren Gebrauch (vgl. Informationssysteme, Kap.
  6) bereitzuhalten.

1.5 <u>Der Weg zu einem automatischen Datensystem</u>

Bevor irgend ein Problem aus der Praxis mit den Hilfsmitteln der
elektronischen Datenverarbeitung gelöst werden kann, müssen diese
Hilfsmittel selber bereitgestellt werden. Die Vorbereitungs- und
Entwicklungsphase bietet ihre eigenen Schwierigkeiten, z.B. dadurch, dass durch das neue Arbeitsmittel bisherige liebgewordene
Verfahren überflüssig werden können, während einer Uebergangszeit
aber noch parallel durchgeführt werden müssen. Es lohnt sich somit,
dieser Entwicklungsphase besondere Aufmerksamkeit zu schenken.

Wir benützen die zwei Begriffe <u>Projekt</u> und <u>Anwendung</u> (auch "EDV-
Projekt" und "EDV-Anwendung").

- <u>Projekt:</u> Die Gesamtheit aller Tätigkeiten und Massnahmen zur
  <u>Entwicklung und Einführung</u> neuer Verwaltungs- oder Rechenverfahren bildet ein Projekt. Ein Projekt <u>beginnt</u> mit der Problem-
  oder Aufgabenstellung und <u>endet</u> entweder mit dem Uebergang in
  die Produktionsphase (Anwendung) oder mit dem Abbruch des Projektes.

- <u>Anwendung</u> oder <u>Applikation:</u> Die Gesamtheit der computertechni-
  schen, organisatorischen und weiteren Mittel zur <u>Durchführung</u>
  <u>und Sicherstellung</u> von Verwaltungs- oder wissenschaftlich-
  technischen Computerarbeiten. Die Anwendung ist nicht zum vorneherein zeitlich beschränkt.

An zwei Beispielen soll dies verdeutlicht werden.

<u>Beispiel Vereinsmitgliederkartei</u>: Ein Verein überlegt, Mitglieder-
listen, Beitragsrechnungen und -zahlungen sowie Adressetiketten
mit EDV zu erstellen (= Problemstellung). Alle Verhandlungen, das
Erarbeiten von Lösungsvorschlägen, die genaue Beschreibung der gewünschten Produkte und die Programmierung bilden Teil des Projektes. <u>Nach</u> der Inbetriebnahme der Programme, also in der Produktionsphase, sprechen wir von einer Anwendung; das Projekt ist dann
abgeschlossen.

<u>Beispiel Dialog-Verarbeitung</u>: In einem Unternehmen, das bereits
bisher ziemlich intensiv, aber mittels Lochkarten mit Computern
gearbeitet hat, sollen einige Arbeitsplätze direkt über Bildschirm-
stationen mit dem Computer verbunden werden (= Problemstellung).
Als "Projekt" bezeichnet man alle Tätigkeiten, die mit der Vorbereitung der Umstellung zu tun haben, als "Anwendung" die neue Arbeitsform nach der Umstellung.

Im 10. Kapitel werden wir detailliert auf die Probleme der Projekt-
Organisation zu sprechen kommen. Doch seien schon an dieser Stelle
die wichtigsten Schritte im Projektablauf angedeutet, wobei die in
der Praxis verbreitete Terminologie sehr uneinheitlich ist:

<u>Vorstudien:</u>
   Ueberlegungen, die zur Formulierung einer Problemstellung
   für ein Projekt führen können, Ideen.

<u>Projekt:</u>
   - <u>Projektumriss:</u>   Aufnahme und Analyse des Ist-Zustands;
     Formulierung der Ziele für eine Neuerung.
   - <u>Konzept:</u>   Skizzen möglicher Lösungen, Abschätzungen des
     Aufwandes verschiedener Varianten; Entscheid über weiter zu
     verfolgende Varianten.
   - <u>Detailspezifikation:</u>   Ausarbeitung der neuen Lösung, in-
     klusive organisatorische Teile (Bsp.: Formulare, Betriebsab-
     läufe); Aufträge für die Programmierung.
   - <u>Programmierung:</u> Eigentliche Computer-Vorbereitung für die
     künftige Lösung.

- <u>Test-Arbeiten, Parallelverarbeitung, Vorbereitung der Uebergabe:</u> Arbeiten zur Sicherstellung eines reibungslosen Betriebes der zukünftigen Anwendung. Dazu gehören Fehlerprüfungen,
  parallele Arbeiten mit den bisherigen (oft manuellen) Verfahren und dem neuen EDV-System und das Bereitstellen aller Unterlagen und Erfahrungswerte, damit das Projekt abgeschlossen und
  als Anwendung in den Betrieb genommen werden kann.

<u>Anwendung:</u>

In dieser Phase gelangen die vorbereiteten Neuerungen zum Einsatz. Daran sind meist ganz verschiedene Personenkreise beteiligt; als wichtigste seien hier erwähnt:
- <u>Benutzer:</u> Eigentliche Beteiligte an den Ereignissen (z.B. Ver-
  waltungsangestellte, Oekonomen, Ingenieure, aber auch Kunden);
  auf diese Benutzer sind alle Computer-Ergebnisse in Darstellung, Arbeitsrhythmus etc. auszurichten.
- <u>Datenerfassungspersonal</u>:
  Personen, welche die Uebertragung von Daten in maschinenlesbare Form nach ganz bestimmten Vorschriften besorgen. Diese
  Funktion wird heute in zunehmendem Masse nach Möglichkeit direkt dem speziell ausgerüsteten Benutzer oder Spezialgeräten
  übertragen (Bsp.: Bank-Schalterbeamte am Terminal, computeri-
  sierte Registrierkassen, optische Leser).
- <u>Computer-Betriebspersonal:</u> Operatoren und andere Mitarbeiter,
  welche das generelle Funktionieren der Computeranlagen sicherstellen; die einzelne Anwendung ist für sie nur eine unter
  vielen. Für sie ist das Funktionieren der Computer-Programme
  von Bedeutung, nicht aber, was damit gemacht wird.

Diese Zusammenstellung zeigt bereits, dass diese zukünftigen Partner in der Projektphase recht wenig an der Anwendungsentwicklung
beteiligt sind, sie müssen aber alle rechtzeitig für den Betrieb
einer Anwendung eingeplant werden.

Eines der wichtigsten Mittel, um das künftige Zusammenspiel sicherzustellen, ist dabei nebst der guten EDV-Lösung selber deren <u>Doku-
mentation</u>. Benutzerfreundliche, den gewohnten guten Arbeitsablauf
möglichst weiterführende, gut dokumentierte EDV-Anwendungen sind

Voraussetzungen für einen reibungslosen Einsatz des Computers in
jedem Bereich.

Zum Abschluss dieses Ueberblicks über EDV-Projekte sei noch auf
eine grundsätzliche Eigenschaft automatisierter Lösungen hingewiesen: Ihre Einführung verlangt präzise, bewusste Entscheide, und
auch der Uebergang zur neuen Lösung ist nicht so fliessend möglich,
wie dies bei manuellen Systemen gangbar ist, wo die beteiligten
Menschen oft laufend praktische Erfahrungen verwerten und kleine
Verbesserungen vornehmen. Ein Automatisierungsschritt braucht mehr
Vorbereitung und auch klarere Zielsetzungen; schwankende Bedürfnis-
Formulierungen erschweren alle Automatisierungsarbeiten ungemein.

Es ist auch unerlässlich, jedes Projekt in seinem zeitlichen Ablauf zu sehen und immer wieder klare Zwischenentscheide vorzusehen.
Diese Zwischenentscheide können Varianten innerhalb eines Projekts
auswählen oder auch überhaupt den Verzicht auf ein unzweckmässiges
Projekt bedeuten. Bis zum Ende der Projektentwicklung und vor dem
Uebergang in die Anwendungsphase muss ein grundsätzliches Nein
noch möglich sein; häufiger ist jedoch eine zeitliche Verschiebung
der Inbetriebsetzung, weil z.B. noch Fehler aufgetaucht sind oder
das Personal für die Umstellung noch gar nicht bereit ist. Die an
einer Entwicklung Beteiligten beurteilen ein Projekt gerne allein
in bezug auf seine Machbarkeit, welche während der Projektphase
zum Ausdruck kommt. Die wirkliche Zweckmässigkeit erweist sich
aber oft erst in der Anwendungsphase; welche ja sowieso das End-
ziel der Entwicklung sein soll. Ein sofortiger Abbruch einer Entwicklung, auch wenn diese schon recht fortgeschritten ist, ist
überall dort angebracht, wo Grob- und Fein-Analyse oder gar erst
der Parallelbetrieb die Unzweckmässigkeit des Projekts klar aufzeigen. Die Zweckmässigkeit richtet sich dabei ausser nach ökonomischen auch nach anderen Massstäben, insbesondere auch nach dem
Stand der personellen und organisatorischen Voraussetzungen. Diese
Einbettung einer Computer-Anwendung in ihre Umgebung ist bei jeder
Projektentwicklung von zentraler Bedeutung. Wird diese unterlas-
sen, dann wird die schönste technische Lösung zur teuren Spiele-
rei.

2 Datenstrukturen und Speichermedien

2.1 Speicherung und Wiederauffinden von Daten

2.1.1 Sequentielle und direkt adressierbare Speicher

Jedermann, der Notizen macht, kennt das Problem: Die besten Notizen nützen nichts, wenn wir sie nicht mehr finden! Spezielle Notizblöcke erlauben daher, schon beim Schreiben die zukünftige Verwendung vorzubereiten:

- <u>Taschenkalender:</u> Eintragungen für feste zeitliche Daten; damit werden auch mögliche Doppelbelegungen sichtbar und vermeidbar.

- <u>alphabetisches Adressverzeichnis:</u> Eintragung von wichtigen Adressen (auch Adressänderungen lassen sich so sofort am richtigen Ort vermerken).

Eine solche Notizblock-Vorbereitung (Kalendertage, alphabetisches Register) ist überall dort angezeigt, wo wir ein <u>eindeutiges Suchkriterium ("Schlüssel")</u> haben und wo sich der Gesamtumfang der Einträge (Jahr, Alphabet) zum vorneherein etwa überblicken lässt. Sind diese Voraussetzungen nicht erfüllt, wird man Notizen zwar trotzdem ablegen, aber dabei in Kauf nehmen, dass das Wiederauffinden gewisser Dinge wesentlich aufwendiger wird, weil man unter Umständen sämtliche Belege durchsuchen muss.

<u>Beispiele:</u> (Fig. 2.1)

- <u>Chronologische Briefablage:</u> Alle Briefe und Kopien werden fortlaufend in einem Ordner abgelegt. (Wer dann - ausnahmsweise - das Datum eines zu suchenden Dokuments weiss, findet das Papier sofort, sonst muss er den ganzen Stoss durchblättern.)

- <u>Check-Listen:</u> Da man kaum alles in der gleichen Reihenfolge aufschreiben kann, wie die Dinge erledigt werden müssen, wird die Liste laufend abgehakt, das Unerledigte bleibt so sichtbar.

Die erwähnten Notizverfahren zeigen prinzipielle Unterschiede, und zwar bezüglich der Form der Datenablage - der <u>Speicherung</u> - wie auch bezüglich der Datenrückgewinnung - der <u>Abfrage</u>.

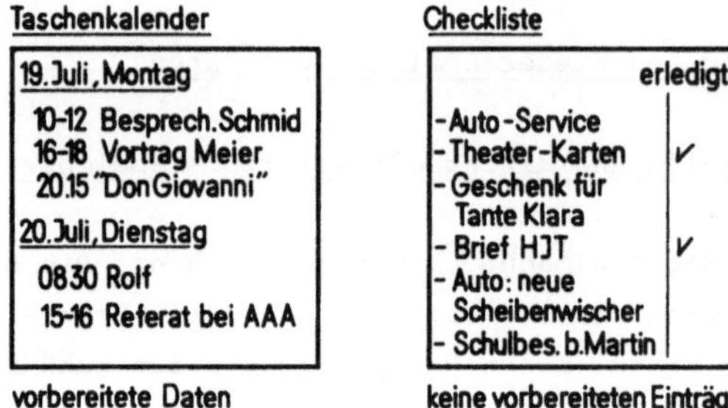

Fig. 2.1 Taschenkalender und Check-Liste

<u>Speicherformen</u>

- <u>direkt adressierbare Speicher</u>: Die abzuspeichernden Daten werden gemäss einem Schlüsselbegriff an reservierte Stellen versorgt, vorläufig nicht benützte Speicherplätze bleiben reserviert (Bsp. Taschenkalender).

- <u>sequentielle Speicher</u>: Die abzuspeichernden Daten werden sequentiell nacheinander eingetragen; der Platz wird dabei maximal ausgenützt (Bsp. Check-Liste).

<u>Abfrage-Methoden:</u>

- <u>direkt adressierte Abfrage:</u> (Bsp. "Was habe ich am 19. Juli um
  10.00 vor?"). Aus dem adressierbaren Speicher, der für diese
  Abfrage vorbereitet ist, kann diese Frage direkt beantwortet
  werden.

- <u>sequentielle Abfrage:</u> (Bsp. "Was muss ich bei der Autogarage
  alles melden?"). Im sequentiellen Speicher sucht man der Reihe nach alle Eintragungen durch.

Die vorstehenden Beispiele lassen auf den ersten Blick vermuten,
dass direkt adressierbare Speicher und direkt adressierte Abfrage
einerseits und sequentielle Speicher und sequentielle Abfrage anderseits paarweise zusammengehören. Dieser Schluss ist nur teilweise richtig:

- <u>direkt adressierte Abfrage in sequentiellem Speicher:</u>
  (Bsp.: "Autoprobleme auf Check-Liste"). Eine solche Abfrage

wäre ohne Suchen, also adressiert, tatsächlich nicht möglich, da keine Adressorganisation vorhanden ist.

- sequentielle Abfrage in direkt adressierbarem Speicher: (Bsp.: "Kommt nächstens Peter zu einer Besprechung?"). Ein direkt adressierbarer Speicher, der nach einem anderen als seinem eigenen Ordnungsbegriff abgefragt wird, muss dafür sequentiell durchsucht werden, er verhält sich also diesbezüglich wie ein sequentieller Speicher. Die sequentielle Suche ist also durchaus möglich.

Somit ergeben sich folgende Kombinationen (Tab. 2.1):

	direkt adressierbare Speicher	sequentielle Speicher
direkt adressierte Abfrage	gut; nur für vorbereiteten Schlüssel	nicht möglich
sequentielle Abfrage	möglich	möglich

<u>Tab. 2.1</u> Mögliche und unzulässige Speicher-Abfrage-Kombinationen

2.1.2 <u>Schlüssel</u>

In unseren bisherigen Ueberlegungen haben wir einander gegenübergestellt:

- <u>die gespeicherten Daten:</u> eine Menge von Datensätzen, auf eine bestimmte Art organisiert;
- <u>eine Suchfrage:</u> eine Auswahl-Vorschrift für einen Teil der gespeicherten Datensätze.

Die <u>Verbindung</u> zwischen gespeicherten Daten und Suchfrage geschieht nun über bestimmte Merkmale oder Merkmalskombinationen, welche wir <u>Schlüssel</u> nennen.

Ein <u>Schlüssel</u> ist ein <u>Merkmal oder eine Kombination von Merkmalen</u>, welche einen Datensatz in einer Menge von gleichartigen Datensätzen auszeichnen.

(Bsp.: Bei Personendaten kann einerseits die Kombination

"Name", "Vorname" und "Geburtsdatum", anderseits die "Sozialver-
sicherungsnummer" allein je die Bedeutung eines Schlüssels haben.)

Wenn nun viele Datensätze gespeichert sind und diese ein bestimmtes
Merkmal enthalten (z.B. "Geburtsdatum"), kann eine Suchfrage "Geburtsdatum = 6.10.66" jene Datensätze beschreiben, welche gesucht
sind, d.h. deren Merkmalswert für Geburtsdatum den Wert "6.10.66"
aufweist.

Nun werden aber in der Datenverarbeitungspraxis mehrere Schlüsselbegriffe nebeneinander gebraucht. Da diese durch ihre Verwendung
charakterisiert werden, entsteht daraus jedoch kaum ein Problem.
Die Tab. 2.2 zeigt die verschiedenen Begriffe nebeneinander.

Art des Schlüssels	Zweck des Schlüssel-begriffs	Ist dieser Schlüssel immer eindeutig (nur 1 Datensatz)?
Identifikations-schlüssel	identifiziert jeden Da-tensatz einzeln in der Datei	ja
Suchschlüssel	grenzt die Menge der ge-suchten Datensätze bei einer Abfrage ab; ge-sucht sind alle Daten-sätze, die mit den Wer-ten des Suchschlüssels übereinstimmen (Bsp. "Alle Personen namens "SCHMID")	nein
Sortierschlüssel	bestimmt die physische Reihenfolge der Daten-sätze innerhalb der ge-speicherten Datei	nein
Primärschlüssel	Schlüsselbegriff, der sowohl die Speicheror-ganisation bestimmt, wie auch als Abfrage-kriterium (Suchschlüs-sel) erwartet wird	meist ja
Sekundärschlüssel	für Abfragen nach die-sem (Such-)Schlüssel ist eine Abfragehilfsorga-nisation vorhanden	nein

Tab. 2.2 Verschiedene gebräuchliche Schlüsselbegriffe

Somit betreffen

- <u>Identifikationsschlüssel</u>: die inneren Eigenschaften der Daten
  und ihre Merkmale;

- <u>Suchschlüssel:</u> die Abfrage;

- <u>Sortierschlüssel</u>: die gegenseitige Anordnung der Datensätze;

- <u>Primärschlüssel, Sekundärschlüssel</u>: Massnahmen, durch geeignete
  Speicherorganisationen die Abfrage zu erleichtern.

Diese Begriffe werden im folgenden anhand von Beispielen weitere
Substanz erhalten.

2.1.3 <u>Optimierungsüberlegungen, binäres Suchen</u>

Die bisherigen Grundspeichertypen wurden sehr absolut eingeführt:
- direkt adressierbar: erlaubt schnellen adressierten Zugriff;
- sequentiell: erlaubt nur sequentiellen Zugriff.

Leider hat aber die direkt adressierte Speicherung einen Haken, der
sie in reiner Form in den meisten Fällen untauglich macht. Wir wollen dieses Problem am Beispiel des oben erwähnten Adressregisters
genauer unter die Lupe nehmen (da wir im Unterabschnitt 2.1.1 darüber grosszügig hinweggegangen sind).

In einem adressierbaren Speicher muss nämlich für jeden möglichen
Identifikations-Schlüsselbegriff der Speicherplatz für den entsprechenden Datensatz reserviert werden. Bei einer <u>alphabetischen</u> direkt adressierten Speicherung heisst das, dass wohl für jeden Buchstaben, ja für jede Buchstabenkombination (!), ein fixer Platz vorgesehen werden muss. Nehmen wir vereinfachend einmal an, dass Namen
nur aus 5 Buchstaben beständen, dann würde sich folgendes Adressre-
gister ergeben:

    AAAAA
    AAAAB
    AAAAC
    .
    .
    .
    ZZZZZ

Mit nur 5 Buchstaben müsste man auf diese Weise aber schon 26^5 =
11'881'376 Speicherplätze zur Verfügung haben. Abgesehen davon,
dass dies unmöglich viel Platz bedeutet, ist das Verfahren aber
auch aus zwei Gründen schlecht:

- Es gibt sehr viele für Namen unmögliche oder wenigstens unwahrscheinliche Kombinationen (QXXXY und AEIOU); diese werden nie
  gebraucht, belegen aber Speicherplatz.
- Für gewisse Kombinationen (Bsp. MEIER) sollten wohl mehrere
  Plätze vorgesehen werden; 5 Buchstaben bilden noch keine eindeutige Identifikation.

Damit scheidet die reine direkte Adressierung als Speicherungstechnik für ein alphabetisches Register bereits aus. Zum Glück gibt
es eine leichte Modifikation dieser Speicherungsform, welche alle
obigen Nachteile vermeidet, aber dennoch den Hauptvorteil der direkt adressierten Speicherung - den schnellen Zugriff - im wesentlichen beibehält. Wir betrachten diese Speicherungstechnik am Beispiel des Telefonbuchs (Fig. 2.2).

Im Telefonbuch sind alle Namen <u>alphabetisch sortiert fortlaufend</u>
gespeichert. In diesem Namenregister suchen wir nun <u>nicht</u> direkt
<u>adressiert</u> ("Seite 231") und auch <u>nicht sequentiell</u> ("alle Namen
durchlesen"), sondern mit einer Suchtechnik, die wir vorläufig als
"Intervall-Schachteltechnik" bezeichnen wollen. Dabei macht der ge-
neigte Benützer einen ersten Griff ins Telefonbuch etwa dort, wo
er den Namen vermutet. Anschliessend sucht er durch anfänglich
<u>grosszügiges, später feines</u> Vor- und Zurückblättern schnell die
richtige Seite. Auf der gefundenen Seite geht diese Intervall-
Schachteltechnik weiter (vgl. Fig. 2.2), so dass das Ziel rasch erreicht wird. Wie rasch?

Wir wollen diese Intervall-Such-Technik nun etwas formalisieren und
nennen das neue Verfahren <u>Binäres Suchen</u>. Dabei gehen wir wie folgt
vor: Ausgangspunkt ist die sortierte Datei.

Wir springen zuerst in deren Mitte und stellen dort fest, ob das
gesuchte Element in der ersten oder zweiten Hälfte liegt. In der gefundenen Hälfte setzen wir das Verfahren fort, bis wir nach mehreren Halbierungen das gesuchte Element gefunden haben.

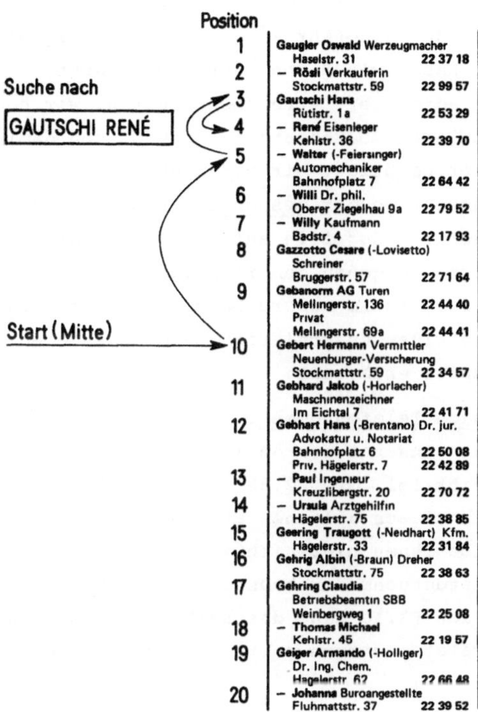

<u>Fig. 2.2</u>   Telefonbuch und binäres Suchen

So können wir in 1 Schritt eine Datei von 2 Elementen absuchen, in 2 Schritten eine Datei von 4 Elementen und in m Schritten eine Datei von 2^m Elementen. Oder umgekehrt brauchen wir für

eine Datei von n Elementen $_2\log n$ Schritte.

Beispiel:

Am Telefonbuch der Stadt Zürich heisst das: 800 Seiten zu 260 Abonnenten = total 208'000 Abonnenten; mit n = 208'000 beträgt die Schrittzahl $_2\log n \sim 18$.

Wir werden dieses Beispiel im Abschnitt 2.4 wieder antreffen.

(Uebrigens ein Hinweis für das Rechnen mit Zweier-Potenzen, wie es
für diese Ueberlegungen immer wieder auftritt: Man sollte die Beziehung $2^{10}=1024$ oder ungefähr $2^{10} \sim 10^3$ auswendig wissen.)
In unserer Datei haben wir davon Gebrauch gemacht, dass wir jeden
Datensatz direkt adressiert erreichen konnten. Wir haben nämlich
jeweils "den mittleren" Datensatz aufgesucht und damit einen adressierbaren Speicher benötigt. Wir haben aber <u>nicht</u> zum vorneherein wissen müssen, <u>wo</u> der <u>gesuchte</u> Datensatz steht. Dennoch
genügen 18 adressierte Zugriffe auf die grosse Datei von über
200'000 Abonnenten, um genau den richtigen Abonnenten zu finden,
dies allerdings nur, falls unsere Datei nach dem Suchbegriff sortiert war. Was in einer unsortierten Datei passieren könnte, sei
am gleichen Beispiel erläutert:

<u>Beispiel Suche nach Telefonnummer:</u>
Sie haben in einem Inserat für antike Autos gesehen "Oldsmobile
1923, Auskunft gibt Tel. Nr. 22 38 85"; nun möchten Sie gerne wissen, wer Besitzer dieses seltenen Stückes ist. Mit dem normalen
Telefonbuch bleibt Ihnen hier nichts anderes, als sequentiell alle
Einträge des Telefonbuchs durchzusuchen, bis Sie Erfolg haben....
im Durchschnitt der Fälle wohl das halbe Buch! Denn das Telefonbuch
ist <u>nicht</u> nach Telefonnummern sortiert. Der Vergleich der Verfahren
liefert somit

	allgemein	Bsp. bei 200'000 Daten-sätzen
Sequentielles Suchen	n/2 Zugriffe	100'000 Zugriffe
Binäres Suchen	$_2\log n$ Zugriffe	18 Zugriffe
Direkt adressierte Abfrage	1 Zugriff	1 Zugriff

Daraus geht deutlich hervor, dass mit einem aufgefüllten adressierbaren Speicher und einem binären Suchverfahren

- die <u>Speicherausnützung</u> sehr gut (nämlich dicht wie auf dem sequentiellen Speicher) und
- die Zahl der <u>Suchschritte</u> ebenfalls sehr gut (nämlich eine sehr
  kleine zweistellige Zahl) wird.

Allerdings funktioniert dieses binäre Suchen (übrigens genau gleich
wie die direkt adressierte Abfrage) nur für <u>einen</u> ausgezeichneten

Schlüssel, nach welchem die ganze Datei organisiert ist; für binäres Suchen muss diese sortiert sein. Wir nennen diesen ausgezeichneten Schlüssel auch Primärschlüssel.

Das zweite Beispiel von oben ("Wer ist Tel. Nr. 22 38 85?") fragt nach einem Merkmal, das nicht Primärschlüssel ist. Tritt eine solche Frage häufig genug auf, wird man sich überlegen, wie eine raschere Antwort als mit sequentiellem Suchen möglich wäre. Für diese Frage hat natürlich jedes Telefonamt eine Lösung: Es verfügt über eine Hilfsdatei, welche ebenfalls die Abonnentendaten, aber sortiert nach Telefonnummern, enthält. Selbstverständlich muss diese umsortierte Datei (wir nennen sie auch invertierte Datei) zusätzlich vorbereitet und gespeichert werden. Für relativ häufige Abfragen lohnt sich aber dieser Aufwand. Schlüsselmerkmale, für welche Hilfsorganisationen zur Erleichterung der Abfrage aufgebaut werden, heissen auch Sekundärschlüssel.

Alle diese Ueberlegungen über direkt adressierbare oder sequentielle Speicher sowie über direkt adressierte Abfrage und binäres oder sequentielles Suchen und über die verschiedenen Schlüsselbegriffe gelten ganz allgemein, keineswegs nur für elektronische Datengeräte. Bis jetzt haben wir für unsere Beispiele einfach angenommen, wir könnten über genügend grosse Speicher ohne Kapazitätsgrenzen verfügen; in der Praxis werden wir aber solche Begrenzungen zweifellos berücksichtigen müssen. Im folgenden Abschnitt gelangen daher technische Eigenschaften der Speichergeräte mit ihren typischen Grenzen und Eigenheiten zur Darstellung. Gleichzeitig wird sich aber zeigen, dass die soeben beschriebenen grundsätzlichen Speicher- und Abfragekonzepte sehr elegant mit den üblichen Speichergeräten realisiert werden können.

2.2 Speichermedien (Hardware)

2.2.1 Masstäbe für Speichergeräte

Als Datenspeicher oder kurz Speicher seien alle Einrichtungen bezeichnet, in denen Daten aufgezeichnet und aus denen diese auch abgerufen werden können. Dazu gehören verschiedenartige technische Lösungen:

- <u>optische Datenträger</u>: Bücher, Notizen, Briefkopien in Archiven, Mikrofilme etc.

- <u>magnetisch-elektronische Datenträger</u>: Magnetbänder, Magnetplatten, Magnetschriften auf Papier (Checks), elektronische Halbleiter-Bauelemente (Mikroelektronik) etc.

- <u>andere Datenträger</u>: Lochkarten, Lochstreifen, akustische Geräte etc.

Für den Benutzer ist die technische Realisierung der Speicher meistens nebensächlich, ihn interessiert vor allem die Leistungsfähigkeit der einzelnen Medien. Diese äussert sich quantitativ in der Grösse des Speichers, der Zugriffsgeschwindigkeit und der Uebertragungsrate. Den typischen Werten für diese Leistungsgrössen stehen die dafür erforderlichen Kosten gegenüber. In der Folge werden die hauptsächlichen charakteristischen Eigenschaften kurz genannt:

<u>Grösse des Speichers:</u> Angabe der maximalen Speicherkapazität einer Speichereinheit, meist angegeben in Anzahl Zeichen oder Bytes (ausnahmsweise in Bits oder in Wörtern). Vom Anwender aus gesehen ist einzig die Angabe in Anzahl Zeichen relevant und auch vergleichbar. Die maximale Speichergrösse ist nicht identisch mit der durch den Anwender für seine Zwecke direkt nutzbaren Speichergrösse, da die Speicher meistens aus verschiedenen Gründen (organisatorische Daten, Trennbereiche etc.) nicht zu 100% ausgenützt werden können. Speicher sind verfügbar in Grössen von ganz klein (einige Zeichen für interne Register) bis zu ganz gross (Grossbibliotheken zu 10^{14} Zeichen).

<u>Zugriffszeit:</u> Zwischen der Anforderung für das Ablesen eines Datenträgers an einer ganz bestimmten (direkt adressierbaren) Stelle eines Speichers und der Auslieferung durch den Speicher vergeht eine für das Speichermedium charakteristische Zeit, die Zugriffszeit. Sie schwankt zwischen Teilen von Mikrosekunden für Halbleiter- und Magnetspeicher bis zu Stunden und Tagen in Bibliotheken und Archiven, Bei nicht direkt adressierbaren Speichermedien ist die Zugriffszeit zusätzlich abhängig vom Standort der Daten innerhalb

der Datei.

<u>Uebertragungsrate:</u> Daten können in sehr unterschiedlichen Mengen
pro Zeiteinheit in einen Speicher geschrieben oder daraus abgerufen
werden. Gemessen wird diese Grösse in Zeichen pro Sekunde (oder als
Messgrösse für Uebertragungsleitungen in Bits pro Sekunde), sie
schwankt zwischen einigen Dutzend Zeichen/s (bei mechanischen
Speichern) und Millionen Zeichen/s (innerhalb einer Computer-Zen-
traleinheit).

<u>Kosten:</u> Die Kosten sind wesentlich von der Grösse und der Zugriffs-
zeit der Speicher abhängig. Sie zwingen den Computerarchitekten zur
Zurückhaltung beim Einsatz von sehr schnellen und sehr grossen
Speichern (vgl. Unterabschnitt 2.2.6).

Weitere Unterscheidungen sind nicht mehr quantitativer, sondern
qualitativer Art.

<u>Speichertyp:</u> Direkt adressierbarer oder sequentieller Speicher
(vgl. Abschnitt 2.1). Der echt direkt adressierbare Speicher hat
die Eigenschaft, dass der Zugang zu allen seinen Speicherplätzen
im allgemeinen gleich schnell und unabhängig von der Speicherstel-
le ist und er sich somit für zufällig verteilte Abfragen eignet.
Daher hat sich im englischen Sprachgebrauch die Bezeichnung RAM =
Random Access Memory (Zufallszugriffspeicher) dafür eingebürgert.
Neben rein direkt adressierbaren und rein sequentiellen gibt es
auch viele gemischte Speichertypen.

<u>Wechselspeicher und Festspeicher:</u> In gewissen Speichergeräten kön-
nen die eigentlichen Datenträger (Bsp.: Magnetbänder, Magnetplatten) gegen gleichartige Träger <u>ausgewechselt</u> werden. Damit lassen
sich ganze Datenbestände kurzfristig auslagern und wieder einsetzen. Anderseits gibt es - besonders innerhalb der Zentraleinheit -
Speicher, welche <u>fest</u> eingebaut sind und bei jedem Neugebrauch den
alten Inhalt überschreiben; diese Festspeicher werden vor allem
als schnelle Zwischenspeicher eingesetzt.

<u>Schutz vor Ueberschreiben:</u> Der Wert von Speichern besteht primär
darin, dass Daten darin sicher aufbewahrt werden können. Da aber
anderseits Daten vorgängig auf die Speicher aufgezeichnet werden

müssen, ergibt sich ein Dilemma, denn jedes neue Aufzeichnen
löscht möglicherweise wertvollen bisherigen Inhalt. Daher wurden
verschiedene Methoden entwickelt, um Ueberschreibungen generell zu
verhindern (z.B. durch die Wahl der Speichertechnik wie Photo-
graphie, Holographie, Lochkarte) oder wenigstens durch besondere
Schalterfunktionen zu verbieten (z.B. Schreibring bei Magnetbändern). Der englische Begriff ROM = Read Only Memory (Nur-Lese-
Speicher) bezieht sich üblicherweise auf elektronische Bauteile,
welche nach einem erstmaligen Beschreiben nur noch gelesen werden
können und für den Dauergebrauch bestimmt sind.

Die nächsten Abschnitte erläutern technische Aspekte wichtiger
Speichergeräte. Diese Hinweise erlauben dem Leser selbstverständlich noch nicht, selbst solche Geräte von Grund auf zu organisieren. Sie gestatten jedoch die Abschätzung von Grössenordnungen, was
für die Benützung grösserer Datenspeichersysteme von zentraler Bedeutung ist.

2.2.2 Direkt adressierbare Arbeitsspeicher

Arbeitsspeicher, Zentralspeicher, Primärspeicher oder ähnlich
heisst jener Speicher, der als Teil der Zentraleinheit in engster
Zusammenarbeit mit dem zentralen Prozessor steht und ihm dabei sowohl seine eigenen Arbeitsanweisungen in Form von Programmschritten
bereithält, als auch als "Notizblock" für alle Arbeiten dient. In
diesem Speicher werden Programme und Arbeitsdaten parallel nebeneinander bereitgestellt, bearbeitet, wieder abgespeichert und ta-
belliert. Die Grösse und die Geschwindigkeit des Arbeitsspeichers
müssen auf die Arbeitsgeschwindigkeit des Zentralrechners im Mikrosekundenbereich abgestimmt sein; die Zentralspeicher können je nach
Leistungsklasse des Computers zwischen 10^5 und in Extremfällen bis
zu 10^7 Zeichen aufnehmen, wobei alle Zeichen direkt adressierbar
sind.

Dem Elektronik-Ingenieur, der diese Anforderungen erfüllen und
entsprechende Geräte entwickeln muss, stellen sich mehrere zentrale
Probleme:

- <u>Wie speichert man ein Bit?</u> Gibt es dafür geeignete physikalische Phänomene, welche das Schreiben oder Lesen im Mikrosekundenbereich erlauben?

- <u>Wie kombiniert man Millionen von Bit-Speichern?</u> Braucht es dazu auch Millionen von Drähten oder geht es einfacher (vor allem auch billiger)?

Dazu kommt natürlich eine ganze Menge von Zusatz-Problemen, von denen nur einige angedeutet seien:

- Die Lichtgeschwindigkeit als Grenzwert der elektronischen Signalgeschwindigkeit spielt im Computer bereits eine Rolle, da sich das Licht in einer Nanosekunde (10^{-9} s) nur 30 cm weit bewegt. Das ist übrigens <u>ein</u> wichtiger Grund für die Miniaturisierung der Computer-Bauteile.

- Die benützte Speichertechnik sollte mit möglichst geringen Energien arbeiten. Diese Erkenntnis ist aus zwei Gründen typisch für die Computer-Elektronik. Erstens ist der zu speichernde Informationsgehalt nicht materieller Art und somit qualitativ unabhängig von der Speicher-Energie, und zweitens sind Speicher mit grösserem Energieaufwand stärkere Wärmeproduzenten, wobei diese Wärme durch die Klimaanlage wieder abgeführt werden muss.

- Die technische Fertigung der Speicherteile sollte aus Kosten- und Miniaturisierungsgründen möglichst maschinell möglich sein.

Wir wollen uns nun kurz den beiden Hauptfragen zuwenden, weil damit anschaulich gezeigt werden kann, welche Ideen den Speicherkonstruktionen zugrunde liegen.

<u>Speicherung eines Bits:</u> Dafür gibt es (nach dem "Loch" in der Lochkarte) viele geeignete physikalische Phänomene, wobei der Magnetkern(-ring) in den 50-er Jahren erstmals den Sprung in den Mikrosekundenbereich erlaubte. Seine Arbeitsweise ist auch leicht verständlich, leichter als diejenige der modernen Halbleiterspeicher. Wir verwenden ihn deshalb anschliessend als Beispiel für die Realisierung eines Zentralspeichers (Fig. 2.4), obwohl heute in der

Praxis fast ausschliesslich die Halbleitertechnik Anwendung findet.
Diese gestattet,mehrere tausend Bit-Speicherpositionen auf einem
einzigen Plättchen von Millimetergrösse (Chip) zu plazieren (Fig.
2.3).

<u>Fig. 2.3</u> Halbleiterspeicher, Chip

Die für die Speicherung benützten bistationären Zustände können dabei in 50-200 Nanosekunden erreicht werden. Neue technologische
Entwicklungen werden diese Zeiten zweifellos mit einigem technischen Aufwand (Supraleitung etc.) noch beträchtlich reduzieren können. Bei Diskussionen um die Geschwindigkeit von Arbeitsspeichern
kann man als <u>Grössenordnung</u> jedoch auch in Zukunft die <u>Mikrosekunde</u>
verwenden. Typisch für beinahe alle elektronischen und magnetischen
Speichermedien ist die Eigenschaft, dass eine Speicherung durch
Stromstösse von bestimmter Grösse ausgelöst und angezeigt werden
kann

<u>Kombination von Millionen von Bits:</u> Um die erforderlichen Strom-
stösse direkt an ganz bestimmte Speicherplätze zu führen, braucht
es entsprechende Leitungen. Nun sind aber für grössere Speicher
Millionen von Leitungen aus verschiedensten Gründen unerwünscht, so
dass nach einer Vereinfachung gesucht werden muss. Da hilft das sogenannte Matrix-Prinzip (Matrix bedeutet hier eine Rechtecks-Anord-
nung). Wenn wir nämlich 1000 parallele Leitungen horizontal legen
und (isoliert) weitere 1000 Leitungen vertikal dazu (Fig. 2.4),

erhalten wir mit diesen 2000 Leitungen 1 Million Kreuzungspunkte.
Wird nun (in Fig. 2.4) in der 2. horizontalen und in der 3. verti-
kalen Leitung je ein Stromstoss von der halben benötigten Stärke
angelegt, so ist einzig am Kreuzungspunkt 23 ein Stromstoss von der
ganzen benötigten Stärke vorhanden; dies ist genau der gesuchte
Effekt für den Speicher- oder Lesevorgang.

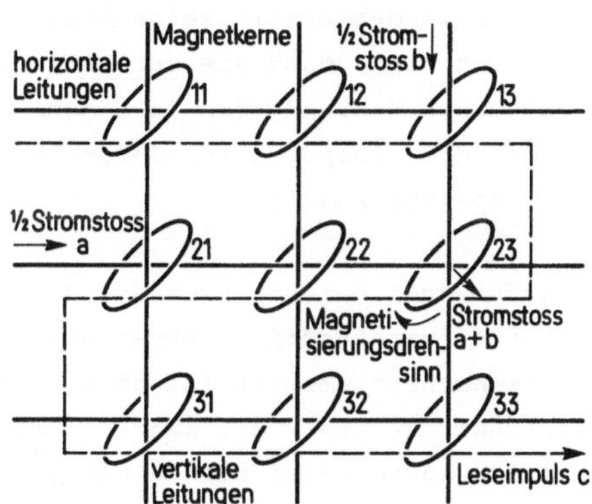

Fig. 2.4 Magnetkernspeicher

<u>Magnetkernspeicher (Kernspeicher, Core Memory)</u>: Speicherprinzip ist
hier die Magnetisierungsrichtung, "rechts" oder "links" herum.
Jeder Bitspeicher besteht aus einem kleinen magnetisierbaren Eisen-
ring (= Magnetkern), durch welchen ein elektrischer Leiter führt.
Ein Stromstoss in einer Richtung löst eine Magnetisierung des Mag-
netkerns in einem bestimmten Drehsinn aus, ein Stromstoss in der
Gegenrichtung kehrt den Magnetisierungsdrehsinn um. Zu kleine
Stromstösse haben keine Wirkung, übergrosse Stromstösse sind ohne
zusätzliche Folgen. Durch geeignete Kombinationen von je einem
halben Stromstoss über die beiden Leitergruppen von Fig. 2.4 lassen sich alle Magnetkerne einer Speichermatrix nach Wunsch rechts-
oder linksdrehend magnetisieren. Das ist das Prinzip der Speicherung, es bleibt noch das Problem des Ablesens. Dazu benützt man
einen Induktionseffekt. Erfolgt nämlich beim "Schreiben" eine Um-
magnetisierung des Kerns, so wird in einem weiteren durch den Kern
geführten Leiter ein Stromstoss ausgelöst; erfolgt keine Ummagne-
tisierung, d.h. "bestätigt" der Schreibbefehl bloss den schon ein-

gespeicherten Magnetisierungszustand, so fehlt der induzierte Stromstoss. Diesen Stromstoss erhalten wir in einem einzigen zusätzlichen und durch alle Magnetkerne geführten Draht (in Fig. 2.4 ge-
strichelt gezeichnet) als <u>Leseimpuls</u> c; durch einen Standard-
schreibbefehl können wir somit den Speicherinhalt wieder ablesen.
Der aufmerksame Leser wird hier allerdings mit Schreck einwenden,
dass dieser Lesevorgang laufend den Speicherinhalt wieder zerstö-
re. Das stimmt, hat aber in der Praxis keine Folgen, weil die Kern-
speichersysteme so gebaut sind, dass sie <u>automatisch</u> nach <u>jedem</u>
Lesevorgang den abgelesenen Zustand (der in diesem Moment ja dem
Rechner bekannt ist) wieder einspeichern. Jeder Lesebefehl braucht
somit eigentlich zwei Speicherzugriffe.

Die vorstehenden Ausführungen bezogen sich auf den Kernspeicher,
eine mögliche und einfach verständliche physikalisch-technische
Lösung des Zentralspeicherproblems. Es ist aber nicht zulässig,
den Begriff "Kernspeicher" generell mit Zentralspeicher gleichzu-
setzen, da diese nämlich heute meist als Halbleiterspeicher ausgebildet sind.

Es soll hier nun nicht weiter auf Einzelheiten von schnellen Di-
rekt-Zugriff-Speichern eingegangen werden. Für den Benützer genügt
die Erkenntnis, dass Daten bitweise gespeichert werden können, wobei dank der direkten Leitungen zu jedem Bit die Speicherzugriffs-
zeiten für alle Speicherpositionen im Mikrosekundenbereich liegen.

2.2.3 <u>Blockweise adressierbare Sekundärspeicher (Magnetplatten)</u>

Direkt adressierbare Speicher sind teuer - weil jede Speicherposition ihre eigene Leitung haben muss. Die verhältnismässig billige-
ren Plattenspeicher benützen die gleiche Leitung für viele Speicherpositionen, indem sie den Datenträger mechanisch bewegen und
damit viele Speicherpositionen an einer einzigen Lese/Schreibvor-
richtung vorbeiführen. Damit wird aber die Zugriffszeit für eine
bestimmte Speicherposition gegenüber deren Direktzugriff um einen
Faktor 10^4 bis 10^5 verschlechtert!

Fig. 2.5 zeigt das Prinzip des Magnetplattenspeichers mit Magnetplatte (Disk) und Lese/Schreib-Vorrichtung.

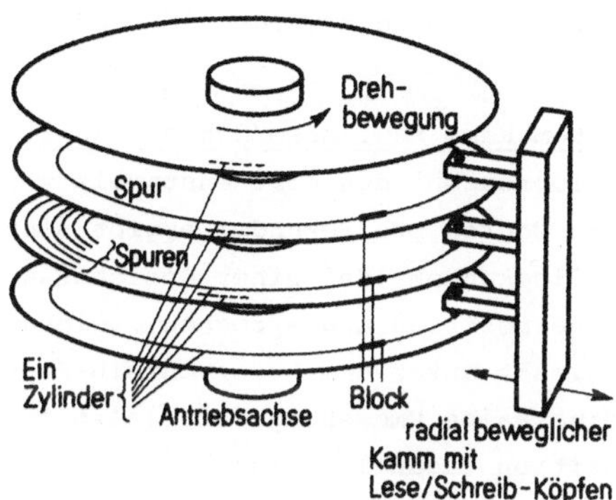

<u>Fig. 2.5</u> Magnetplattenspeicher

Auf einer Antriebsachse sitzt ein Stapel von Platten mit magnetisierbaren Oberflächen (die alleroberste und die allerunterste Fläche werden meist nicht benutzt). Auf einem Kamm, der zwischen die
Platten eingeschoben wird, sitzen die Magnetisierungs-Lese/Schreib-
köpfe, mindestens einer pro Plattenfläche. Das Magnetisierungs-
prinzip ist grundsätzlich gleich wie bei jedem Diktiergerät. Der
ganze Plattenstapel dreht sich dauernd mit konstanter Geschwindigkeit.

Bei <u>festem Kamm</u> sind im Verlauf einer Plattenumdrehung sehr viele
Speicherpositionen zugänglich:

- <u>Spur</u> (track): Alle Speicherpositionen einer Plattenfläche, welche im Laufe einer Umdrehung bei festem Kamm unter dem <u>gleichen</u>
  Lese/Schreibkopf vorbeilaufen, bilden eine Spur.

- <u>Zylinder</u>: Alle Speicherpositionen auf allen Plattenflächen,
  welche im Laufe einer Umdrehung bei <u>festem Kamm</u> unter <u>irgend-</u>
  <u>einem</u> Lese/Schreibkopf vorbeilaufen, bilden einen Zylinder. Der
  Zylinder besteht aus je einer Spur pro Lese/Schreibkopf.

Bei <u>beweglichem Kamm</u> entspricht jede Kammposition einem Zylinder.
Die gesamte Speicherkapazität einer "Platte" (Plattenstapel) ent-

spricht somit der Gesamtheit der Zylinder.

Die geschilderten technischen Hinweise erlauben nun bereits Ueber-
schlagsrechnungen zur Bestimmung der für die Benützung so wichtigen
Zugriffszeit:

Zugriffszeit bei festem Kamm bzw. Lese/Schreib-Kopf:

Bei einer typischen Tourenzahl des Plattenstapels von 3000 Umdre-
hungen pro Minute (50 Touren pro Sekunde) ergibt sich eine Umdrehungszeit von 20 Millisekunden. Bei einer Speicheranfrage wird nun
eine bestimmte Speicherposition angesprochen, welche im Moment der
Anfrage nur selten direkt unter dem Lese/Schreib-Kopf liegt. Im
Mittel müssen wir eine halbe Umdrehungszeit (also 10 ms) warten,
bis die gesuchte Position zugänglich ist.

Zugriffszeit mit Kammbewegung:

Befindet sich die gesuchte Speicherposition auf einem Zylinder, der
im Moment der Anfrage nicht der aktuellen Kammposition entspricht,
so bedingt dies eine Kammbewegung. Es ist offensichtlich, dass eine
solche Bewegung trotz extremem Leichtbau des Kamms doch erhebliche
Massenbeschleunigungen bewirkt (während die Drehbewegung der Platte
gleichförmig verläuft). Da diese Verschiebung eine Zeit von 50 bis
100 ms beansprucht, ergibt sich dann, wenn ein Zugriff eine Kammbewegung nötig macht, eine Erhöhung der Zugriffszeit um fast eine
Zehnerpotenz.

Zugriffszeit für blockweisen Zugriff:

Die vorstehenden Angaben für die Zugriffszeit gelten für jede beliebige einzelne Speicherposition. Werden nun hintereinander viele
Speicherpositionen in beliebiger Reihenfolge (random access) abgefragt, addieren sich die Zugriffszeiten, was sehr rasch kritisch
werden kann (nur ca. 10 Abfragen pro Sekunde!). Werden aber Daten
in _Blöcken_ zusammengruppiert, zusammen gespeichert und zusammen
gelesen (auf dem gleichen Zylinder "hintereinander", siehe Fig.
2.5), so ist die Zugriffszeit für den ganzen Block praktisch gleich
gross wie für das erste Datenelement des Blocks. Aus diesem Grund
ist der Plattenspeicher bei geschicktem Einsatz dieser Blockstruk-
tur wesentlich leistungsfähiger, aber er ist damit kein echter Zu-
falls-Zugriff-Speicher mehr! Daher gehört er der Gruppe der block-

adressierbaren Speicher an.

Zum Abschluss dieses Abschnitts seien noch einige Sonderkonstruktionen und Begriffe erwähnt:

- **Platte (Disk) mit festen Lese/Schreib-Köpfen (fixed heads):**
  Statt des beweglichen Kamms wird für jede Spur ein eigener Kopf
  montiert. Der Aufwand ist grösser, dafür fällt die Kammbewegung
  weg. Die Zugriffszeit ist in jedem Fall im Mittel bloss eine
  halbe Umdrehungszeit; eine solche Platte ergibt schnellere Zugriffe und höhere Uebertragungsraten.

- **Trommel (Drum):** Einzelne Hersteller produzieren statt Plattenstapel trommelähnliche Gebilde. Die Funktionen entsprechen vollständig denjenigen eines Plattensystems. Im folgenden wird unter
  Magnetplatte immer auch Magnettrommel verstanden.

- **Wechselplatten:** Viele Magnetplattenstationen, besonders kleinere, erlauben ein Auswechseln ganzer Plattenstapel. Dazu wird der
  Plattenantrieb abgestellt, der Kamm ausgefahren, der ganze Plattenstapel gelöst, herausgehoben und durch einen gleichartigen
  mit anderen Datenbeständen ersetzt.

- **Platten einfachster Konstruktion:** Für Zwecke der Datenerfassung
  und für kleine und billige Computersysteme werden nach dem gleichen Grundprinzip einfache Plattensysteme gebaut; dazu gehören
  die **Disketten** oder Weichplatten (Floppy disks) und ähnliche
  Systeme. Diese haben geringere Drehgeschwindigkeiten und Speicherdichten, sie sind dafür aber entsprechend billiger und ro-
  buster.

Magnetplatten sind heute auf den meisten Computersystemen die wichtigsten permanenten Datenträger, sie haben eine hohe Leistungsfähigkeit und grosse Speicherkapazität (10^8 Zeichen). Es sind Präzi-
sionsgeräte; so wird beispielsweise der Luftspalt zwischen Lese/
Schreib-Kopf und Magnetplatte aerodynamisch reguliert. Die Magnetplatten laufen in vielen Fällen 24 Stunden im Tag und 7 Tage in
der Woche ohne Anhalten. Sie enthalten jedoch mechanische Teile und
sind damit störanfällig,was in bezug auf Datensicherheit kritisch

sein kann; rein elektronische Speicher sind im allgemeinen sicherer!

2.2.4 Sequentielle Sekundärspeicher (Magnetbänder)

Es ist charakteristisch für sequentielle Datenspeicher, dass
gleichzeitig immer nur eine einzige Stelle des Speichers zugänglich
ist, dass nur dort gelesen (und eventuell geschrieben) und nur von
dort vor- und rückwärts im Speicher weitergeschritten werden kann.
Solche Speicher gab es schon im Altertum (Papyrusrollen), aber auch
Bücher lesen wir im allgemeinen sequentiell, und jedes moderne Kind
kennt mit dem Tonband auch technische Formen, die erst im 20. Jahrhundert entwickelt wurden.

Verglichen mit dem direkt adressierbaren oder dem blockweise
adressierbaren Speicher zeigt der sequentielle Speicher folgende
Hauptcharakteristiken:

- Lesen und Schreiben ist jeweils nur an einer einzigen Stelle
  (Minimum an Leitungen) möglich.

- Das Speichermedium wird nach Bedarf am Lese/Schreib-Element vor-
  beibewegt, so dass die Speicherkapazität allein mit der Länge
  des Speichermediums wachsen und damit sehr gross werden kann.

- Die Zugriffszeit hängt ab vom Abstand des Speicherplatzes von
  der aktuellen Lese/Schreibposition.

Im Bereich des Computers spielt als sequentieller Speicher das
Magnetband (Magnetic Tape) eine sehr wichtige Rolle; daher seien
an diesem Medium einige technische Einzelheiten erläutert.

Eine Hochleistungs-Magnetbandstation erfüllt selbstverständlich
ähnliche Grundfunktionen wie ein Musik-Tonbandgerät: Aufnahme,
Rückspulen, Abhören. Die Präzisionsanforderungen erreichen aber
ganz andere Grössenordnungen, weshalb es verständlich wird, dass
eine Magnetband-Station das Hundertfache einer teuren Musikband-
Anlage kosten kann. Beim Datenspeicher betrifft die geforderte
Leistung zweierlei:

- Die Aufzeichnung der Bits muss fehlerfrei erfolgen.

- Der Uebergang vom Halt-Zustand in die Lese/Schreibbewegung des
  Bandes und umgekehrt muss schnell und störungsfrei erfolgen.

Jedermann kennt das Geräusch eines anlaufenden Tonbandes mitten in
einem aufgenommenen Stück: der Ton gewinnt erst nach Zehntelssekun-
den die richtige Höhe. Beim Computer muss jedoch bereits das erste
Bit richtig gelesen werden, und das bereits nach einigen hundert
Mikrosekunden Anlaufzeit! Daher ist ein ganzer Strauss von Massnahmen nötig, um die geforderte Sicherheit und Geschwindigkeit zu erreichen. Dies sei am Beispiel einer pneumatisch gesteuerten Magnet-
bandstation gezeigt.

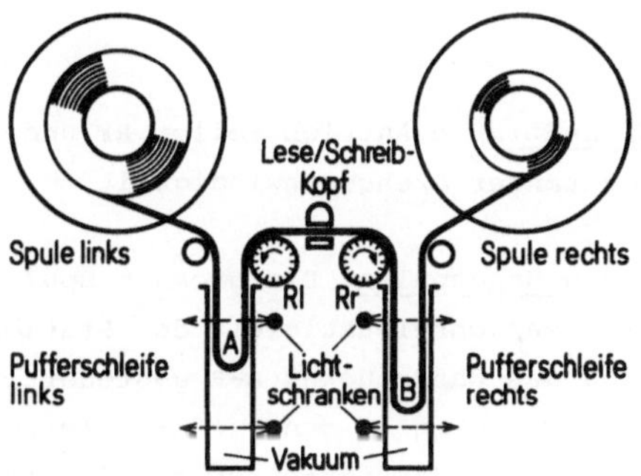

Fig. 2.6 Magnetband-Speicher

Diese Magnetband-Station (Fig. 2.6) besteht aus den beiden Spulen
als Band-Träger, dem Lese/Schreibkopf, dem Band-Antrieb (Antriebsrollen Rl und Rr) und einer Puffereinrichtung (Pufferschleifen
links und rechts). Beim Lesen/Schreiben nehmen wir die Arbeitsrich-
tung "von rechts nach links" an, Rückspulen bedeute somit das Auf-
spulen auf der Spule rechts.

<u>Schnelles Anlaufen:</u> Wie lösten nun die Konstrukteure das Problem
des schnellen Anlaufs? Nach einem Start-Befehl wird einzig das
Stück Magnetband zwischen A und B auf Arbeitsgeschwindigkeit beschleunigt (ganz geringe beschleunigte Masse!), während alle anderen Teile des Geräts im bisherigen Zustand verbleiben. Das ist mög-

lich, weil sich die Antriebsrollen Rl und Rr dauernd, aber ohne das
Band mitzubewegen, mit Arbeitsgeschwindigkeit gegenläufig drehen.
Die beiden Antriebsrollen Rl und Rr tragen an ihrem Umfang nämlich
Schlitze, welche wahlweise unter Vakuum gesetzt werden und dann das
Band ansaugen und auf ihre Seite mitnehmen können.

Fehlt das Vakuum in beiden Rollen, bleibt das Band unbewegt. (Es
bleibt fixiert durch das ständige Vakuum in den beiden Puffer-
schleifenbereichen.) Mit diesen technischen Massnahmen werden die
Start- und Bremsphasen sehr kurz, sie sind aber dennoch nicht unsichtbar. Die paar Millimeter Magnetband, welche während der Be-
schleunigung vor dem Lese/Schreibkopf vorbeilaufen, können nicht
benützt werden, sie bilden die unten beschriebenen Zwischenblocklücke.

Präzise Geschwindigkeit: Die Antriebsrollen Rr und Rl laufen mit
stabilisierter, konstanter Drehgeschwindigkeit.

Steuerung der grossen Bandspulen: Die grossen Spulen werden völlig
unabhängig von der Lese/Schreibtätigkeit der Station, d.h. unabhängig von der Bewegung des Bandstückes A-B gesteuert. Dies geschieht
durch die vier Lichtschranken in den Pufferschleifen: Ist eine
Pufferschleife zu lang, so überschreitet sie die untere Lichtschranke; das bewirkt auf der entsprechenden Seite einen Aufspul-
vorgang bis die Pufferschleife wieder im Mittelbereich liegt. Umgekehrt beginnt ein Abspulvorgang,wenn die obere Lichtschranke
überschritten wird. (Auf diese Weise wird klar, dass sich linke
und rechte Spule keineswegs immer genau parallel bewegen müssen!).

Nach soviel Präzisionsmechanik müssen wir uns nun aber dem Magnetband selber zuwenden. Es ist der Datenträger, der mit einer Mag-
netbandstation beschrieben/gelesen werden kann. Wie sieht diese
"Schrift" auf dem Magnetband aus? Für Fig. 2.7 sind zwei Magnet-
bandabschnitte fotografiert worden, nachdem die Magnetisierungs-
stellen mit Eisenstaub sichtbar gemacht worden sind.

Fig. 2.7   Abschnitte eines 7-Spur-Magnetbandes

Diese Bilder sind aufschlussreich; sie erläutern die Begriffe
Speicherdichte, Spur und Block:

Dichte der magnetischen Aufzeichnung (auf einer Spur): Die magnetische Aufzeichnung der Bits erfolgt sehr dicht und wird (trotz
Metrisierungsbemühungen immer noch!) in Bits pro Zoll (bpi=bits
per inch) gemessen. Die Fotografie in Fig. 2.7 wurde mit 556 bpi
aufgenommen; das Bitmuster ist noch knapp von Auge erkennbar. Moderne Bänder haben höhere Speicherdichten von 800, 1600 und 6250
bpi. Standard-Bandlängen gehen pro Rolle bis 2400 Fuss (was mit
Mehrspurbändern einem Speichervermögen von bis über 100 Mio Zeichen pro Rolle entspricht).

Anzahl Spuren (tracks): Zur Erhöhung der Speicherkapazität werden
parallel mehrere Spuren auf das Band geschrieben. Häufigste Spuren-
zahlen sind 9 und 7 (9-Spur-Bänder und 7-Spur-Bänder). Davon werden 8 bzw. 6 Spuren für die eigentliche Datenspeicherung und 1
Spur für das Paritätsbit (siehe unten) verwendet. Die 8 bzw. 6
parallel gespeicherten Bits erlauben gerade die Darstellung eines
Zeichens (oder Bytes).

Die Zwischenblocklücke (interblock-gap, gelegentlich interrecord-
gap): Auf dem unteren Bandabschnitt in Fig. 2.7 erkennt man grosse
Strecken ohne Magnetschrift. Das sind die Start- und Bremsstrecken
der Magnetbandbewegung, die aus der Konstruktion der Magnetband-
station resultieren.

<u>Block:</u> Was in einem Schreibvorgang (Bandbeschleunigung, Schreiben,
Stopp) auf das Band geschrieben wird, nennen wir <u>Block</u>. Kleine
Blöcke (wie unten in Fig. 2.7) ergeben eine schlechte Bandausnüt-
zung; bei grossen Blöcken (das obere Bild zeigt einen Ausschnitt
aus einem sehr grossen Block) wächst der Ausnützungsgrad gegen
100%.

<u>Optimale Blockgrösse:</u> In Fig. 2.7 unten ist der Inhalt einer ge-
wöhnlichen Lochkarte zu 80 Zeichen jeweils als Block gespeichert.
Dieses Bild entstand somit bei der direkten Umspeicherung Lochkarte auf Magnetband und ergibt 16% Ausnützung des Magnetbandes. Hätten wir jeweils den Inhalt von 10 Lochkarten, also 800 Zeichen,
auf einmal als Block gespeichert, so würde sich der Ausnützungsgrad auf 65% erhöhen. Tab. 2.3 zeigt einige typische Fälle.

Anzahl Zeichen pro Block	Bandausnützung	Kommentar
80	16 %	Lochkarte
800	65 %	Block von 10 Lochkarten
4000	90 %	
8000	95 %	

<u>Tab. 2.3</u> Beispiel für Blockgrösse und Speicherausnützung
auf Magnetband

Allerdings sind einer <u>allzugrossen</u> Blockbildung auch wieder Grenzen gesetzt. Denn irgendwo muss dieser Block ja gebildet werden,
und zwar in einem schnellen Arbeitsspeicher. Unddort - in diesem
teuren Medium - belegt also jeder Blockbildungsbereich für einen
Sekundärspeicher entsprechend Platz, den wir <u>Pufferspeicher</u> nennen
(vgl. Abschn. 2.3). Eine unwesentliche Verbesserung der Speicherausnützung von 90% auf 95% erfordert schon eine Verdoppelung von
Blockgrösse und Pufferspeicher; ein solches Geschäft ist also kaum
attraktiv. Bei der Auslegung eines Computersystems wird daher im
allgemeinen eine "optimale Blockgrösse" bestimmt und diese dem Benutzer empfohlen. Werden Magnetbänder <u>von einer Fremdanlage</u> zum
Lesen übernommen, so muss unbedingt die verwendete Blockgrösse angegeben und beim Einlesen berücksichtigt werden.

<u>Sicherheitsmassnahmen</u>: Ein maschineller Datenspeicher bietet nackte
Speicherplätze an; die Bedeutung der Bits kann er allein nicht
überprüfen. Eine Falschspeicherung wegen technischen Fehlern könnte
daher unvorhersehbare Folgen haben und muss deshalb unbedingt verhindert werden. Am Beispiel des Magnetbandes lassen sich einige.
typische Massnahmen hübsch erläutern. Sie sind durchaus repräsenta-
tiv für analoge Methoden bei anderen Medien (vgl. Abschn. 2.7 und
Kap. 7).

Automatische Sicherheitsmassnahmen zielen grundsätzlich darauf,

- auftretende oder mögliche <u>Fehler zu erkennen</u> ("Selbstkontrolle"),
  sowie

- aufgetretene <u>Fehler zu korrigieren</u> ("Selbstkorrektur").

Solche Fehlererkennung ist aber nur möglich, wenn die Daten selber
gewisse zusätzliche Angaben (Redundanz) enthalten. (Gegenbeispiel:
Eine Telefonnummer enthält keine Redundanz; eine falsche Telefonnummer lässt sich daher im allgemeinen weder als solche erkennen
noch gar korrigieren.) Auf dem Magnetband müssen daher zusätzlich
zu den einzuspeichernden Daten noch Ergänzungen für die Fehlererkennung angebracht werden.

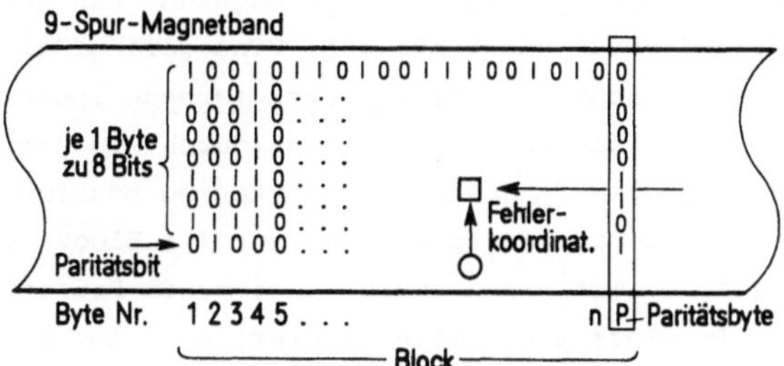

<u>Fig. 2.8</u> Paritätsbit und Paritätsbyte zur Datensicherung
auf Magnetbändern (und Lochstreifen)

In Fig. 2.8 seien Bytes zu 8 Bits abgespeichert. Wir ergänzen nun
automatisch jedes Byte um ein neuntes Bit, das <u>Paritätsbit</u> oder
<u>Prüfbit</u>, so dass die Zahl aller Bits mit Wert 1 <u>gerade</u> ist. (Auf
gewissen Computeranlagen wird auf "ungerade" ergänzt; das ändert am

Prinzip nichts.) Dieses neunte Bit wird beim Schreiben automatisch erzeugt und zu den übrigen dazugesetzt. Bei jedem Lesen des Bytes wird nun geprüft, ob die Paritätsregel noch erfüllt ist. Als Resultat sind zwei Fälle denkbar:

- Die Paritätsregel ist verletzt: Es ist mindestens ein Speicherfehler passiert (wobei die Position des falschen Bits daraus nicht erkennbar ist; man kennt nur das betroffene Byte).

- Die Paritätsregel ist unverletzt: Entweder ist kein Speicherfehler passiert oder aber - was höchst unwahrscheinlich ist! - es sind 2 oder mehr Speicherfehler im gleichen Byte passiert.

Da Speicherfehler heute jedoch sehr selten sind ($1:10^9$ und noch kleiner pro gelesenes Bit), gilt der Satz: Eine verletzte Paritätsregel zeigt einen Speicherfehler auf Magnetband praktisch sicher an.

Das Auftreten von Paritätsfehlern ist ein Signal für den Einsatz des Servicetechnikers, vielleicht hat man auch ein altes, häufig gebrauchtes, zerknittertes oder sonstwie schlechtes Magnetband erwischt. Lassen wir die Techniker ihr Material in Ordnung bringen; für sie hat das Paritätsbit seine Schuldigkeit getan. Als Anwender sind wir aber noch nicht zufrieden, da wir nicht nur Fehleranzeigen brauchen, sondern die Fehler korrigieren möchten. Das ist allein aufgrund der Paritätsbits nicht möglich. Eine geringfügige zweite Redundanzerhöhung erlaubt aber selbstkorrigierende Speichertechniken. Wir ergänzen den ganzen Block am Ende durch ein Paritätsbyte (Fig. 2.8), wobei jedes Bit des Paritätsbytes so bestimmt wird, dass die Zahl aller 1-Bits der gleichen Spur (im Block) gerade sein muss. Und damit haben wir einen zweidimensionalen Prüfeffekt: Steckt irgendwo im Block ein Paritätsfehler, so zeigt die Paritätsbit-Prüfung das betroffene Byte und die Längskontrolle (Paritätsbyte) die betroffene Spur an. Aus diesen Fehlerkoordinaten geht das falsche Bit eindeutig hervor und kann korrigiert werden (auch hier seien Doppelfehler als sehr unwahrscheinlich nicht weiter berücksichtigt.

Eine zweite Hauptsorge neben den technischen Speicherfehlern beschäftigt jeden Magnetbandbesitzer: Wie vermeidet man das - meist
unbeabsichtigte, aber genau so schlimme - Ueberschreiben von wertvollen Daten? Nur die Benützung von immer neuen, noch leeren Bän-
dern zuzulassen, ist keine Lösung, da die Wirtschaftlichkeit der
magnetischen Speicherung ja gerade auf der Wiederverwendbarkeit der
Datenträger beruht. Daher muss man das Ueberschreiben erschweren,
man muss erzwingen, dass das Beschreiben (nicht das Lesen) nur mit
einer besonderen Aktion möglich ist.

Fig. 2.9 Schreibring als Sicherung gegen Ueberschreiben

Ein Magnetband, das in eine Lese/Schreib-Station eingespannt wird,
kann nur dann beschrieben werden, wenn es einen Schreibring (vgl.
Fig. 2.9) eingesetzt trägt. Sonst schliesst ein besonderer Schalter, welcher auf diese äussere Massnahme reagiert, alle Schreiban-
weisungen aus (Auf ähnliche äussere Art werden ja auch Musikkasset-
ten gegen das Löschen geschützt).

Der Schreibring allein stellt selbstverständlich nicht eine absolute Schutzmassnahme dar, denn leicht könnte ein Operator im Rechenzentrum fälschlicherweise einmal einen Ring einsetzen. Aber die
Kumulation der verschiedenen Massnahmen (vgl. Kap. 7) ergibt auch
hier einen hohen Sicherheitsgrad.

Magnetbandkassetten: Nebst den Magnetbandstationen, wie sie in diesem Unterabschnitt beschrieben wurden, gibt es eine zunehmende
Vielfalt einfacher, billigerer Konstruktionen. Dazu gehören insbesondere Magnetbandkassetten, welche als Datenträger für die Datenerfassung allgemein und besonders auch in Verbindung mit ausgebau-

ten Bildschirmterminals schon sehr verbreitet sind. Die organisatorischen Grundkonzepte sind die gleichen wie bei allen Magnetbändern, wenn auch Speichergrösse, Zugriffszeit und Uebertragungsraten differieren. Leider ist allerdings die Normierung noch wenig fortgeschritten; es existieren - firmenabhängig - verschiedenste Kassetten und Bandnormen nebeneinander.

<u>Datentransfer, Kompatibilität:</u> Magnetbänder sind aus verschiedenen Gründen (Einfachheit, Preis, relative Robustheit etc.) sehr geeignet für die Uebergabe von Daten von einer auf eine andere Computeranlage. Es ist aber klar, dass nur zueinander passende (kompatible) Magnetbänder und -Stationen für diesen Datentransfer eingesetzt werden können. Um möglichst flexibel zu sein, gibt es daher in grossen Rechenzentren

- <u>umschaltbare Magnetbandstationen</u> für verscheidene Speicherdichten,

- <u>Magnetbandstationen für fremde Normen</u>, z.B. eine 7-Spur-Station, während das Rechenzentrum sonst mit 9-Spur-Bändern arbeitet,

- <u>Umwandelprogramme</u> für die Anpassung fremder Bänder (Bsp.: Paritätswandel gerade/ungerade, Ergänzung von Kontroll-Bytes und -Datensätzen, Umblockierung etc.)

Es lohnt sich, bei Umwandlungsproblemen von der Erfahrung grosser Rechenzentren zu profitieren.

2.2.5 <u>Gemischte Speichertechniken</u>

Mit dem (schnellen) direkt adressierbaren Arbeitsspeicher und mit dem (beinahe endlosen und damit beliebig grossen) sequentiellen Magnetbandspeicher sind die zwei Grund-Speicherformen in Reinkultur gezeigt worden, die in dieser Form auch praktisch zum Einsatz gelangen. Schon der blockweise adressierbare Plattenspeicher ist aber eigentlich eine Mischform, worin die Hauptnachteile (Preis, bzw. vom Standort wesentlich beeinflusste Zugriffszeit) der artreinen Speicher vermieden werden. Dieses Mischprinzip findet man nun besonders bei grossen Datensystemen in immer wieder neuen Formen.

<u>Konventionelle (nicht-computer-gestützte) Datensysteme:</u> Auch in
Bibliotheken und Archiven arbeitet jedermann mit diesen Mischtech-
niken. Um Dürrenmatts "Besuch der alten Dame" zu erreichen, braucht
man nicht die gesamte Bibliothek durchzulesen. Man besorgt sich aus
dem Katalog die Standortnummer des Buchs (direkte Adresse), holt das
Buch und liest darauf die "alte Dame" sequentiell. Oder man geht
(sequentiell) durch eine Freihandbibliothek und holt im interessierenden Sachbereich durch "Herumsehen" (sequentiell) oder auf Grund
eines bestimmten Hinweises (adressiert) das Gewünschte. Jedes Verfahren hat für bestimmte Zwecke seine Vorzüge.

<u>Archive magnetischer Datenträger:</u> Grossrechenzentren verfügen über
Tausende von beschriebenen Magnetbändern und/oder -Platten, die alle eindeutig mit einer Standort-Nummer gekennzeichnet sind.
Braucht ein Benutzer ein bestimmtes Band, so nennt er dem Operator
die Nummer, womit dieser direkt (adressiert) diesen gesamten Datenbestand holen und in einer Datenstation einsetzen kann. Ein Mag-
netbandarchiv, auch wenn es aus sequentiellen Speichermedien besteht, ist somit gesamthaft direkt adressiert; allerdings sind
seine physischen Einheiten (analog zu den "Blöcken") sehr gross,
nämlich ganze Magnetbänder.

<u>Massenspeichersysteme:</u> Zur Vermeidung der soeben beschriebenen Tä-
tigkeit von Operatoren im Rechenzentrum, nämlich laufend Magnetbänder zu holen, einzuspannen und auch wieder zu versorgen, wurden
seit vielen Jahren verschiedenste automatische Massenspeichersy-
steme entwickelt. Der menschliche Operator wird darin durch eine
automatische Transportanlage ersetzt, wie sie aus der Unterhal-
tungselektronik bekannt ist, nämlich als Musik-Box mit Auswahl-
tasten. In einem Massenspeichersystem werden mit ähnlichen, aber
schnellen Transportmethoden einige tausend Magnetbandkassetten,
"Floppy disks" oder ähnliche Medien verwaltet, geholt, gelesen/be-
schrieben und versorgt. Die gesamte Speicherkapazität eines solchen Systems erreicht dabei 10^{10} und mehr Zeichen.

Hauptkriterium für alle Mischsysteme ist ein vernünftiges Verhältnis von <u>Aufwand und Leistung</u>. Mit etwas längeren Zugriffszei-

ten (Bsp. Massenspeicher) werden grössere Speicher erkauft.

Mischsysteme gibt es übrigens nicht bloss bei der Hardware. In Abschnitt 2.4 wird gezeigt, wie durch ähnliche Kombinationen bei der Datenorganisation ebenfalls die unangenehmsten Eigenschaften artreiner Systeme eliminiert werden können.

2.2.6 Uebersicht über verschiedene Speichermedien

Nach der eher exemplarischen Behandlung einiger Speicher folgt nun eine summarische Zusammenstellung wichtiger Speichermedien. Dabei werden hier Datenträger wie Lochkarten, Lochstreifen und optische Belege weggelassen, da sie primär im Zusammenhang mit der Daten-Erst-Erfassung eine besondere Rolle spielen (siehe Kap. 5) und auch in einem anderen, kleineren Geschwindigkeitsbereich liegen.

Medium	Zeichenmenge pro Einheit in Megabyte	übliche Masseinheiten für Kapazität	Zugriffszeit in µs	Uebertragungsrate in Byte/s
Integrierte Halbleiterspeicher	0.01-10	Bit, Byte, Wort	0.1-1	10^8
Magnetkernspeicher	0.1-10	Bit, Byte, Wort	1	10^8
Magnetplatte, Magnettrommel	$10-10^3$	Zeichen= Byte	10^3-10^5	10^6-10^5
Magnetband	$10-10^2$	Zeichen= Byte	10^2-10^3 (für 1. Zeichen)	$10^4-10^5 (10^6)$
Massenspeicher	10^3-10^5 (10^6)	Zeichen= Byte	$10^5-10^7 (10^8)$	10^5

Tab. 2.4 Leistungsgrössen von Speichermedien
(reine Grössenordnungen)

Der Inhalt von Tab. 2.4 wird deutlicher sichtbar, wenn Zugriffszeiten und Speichergrösse (in doppeltlogarithmischem Masstab) einander graphisch gegenübergestellt werden (Fig. 2.10); das sequentielle Magnetband soll dabei weggelassen werden.

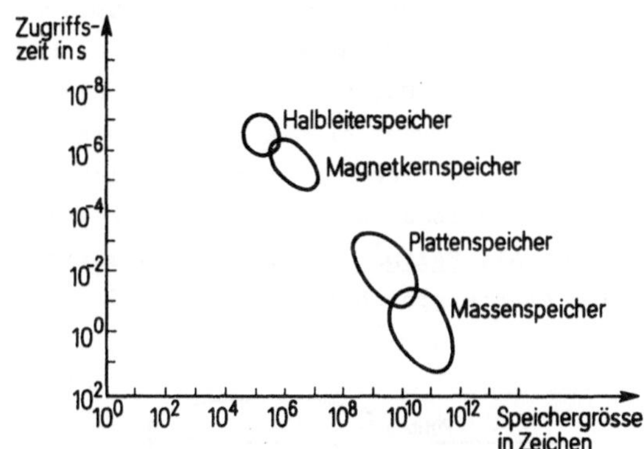

Fig. 2.10   Zugriffszeit und Speichergrösse
            verschiedener Speichermedien

Interessant sind folgende Tatsachen:

- Die modernsten bzw. teuersten Ausführungen liegen im allgemeinen im Bereich oben rechts der angedeuteten Grössenordnungen.
- Erstaunlicherweise besteht eine Lücke zwischen den Medien im Mikrosekundenbereich und den Sekundärspeichern. An Speichermedien im Zwischenbereich ist die Entwicklung noch nicht abgeschlossen.
- Es gilt näherungsweise folgende Relation:
    Zugriffszeit * Speichergrösse ∿ konstant
- Würden die Speicher mit ihren Kosten pro Bit in Relation gesetzt, so ergäbe sich eine ähnliche Beziehung, nämlich:
    Zugriffszeit * Speicherpreis pro Bit ∿ konstant

Dabei darf wie bisher auch in den nächsten Jahren mit Preisreduktionen gerechnet werden, womit grosse Speichersysteme auch bei mittleren und kleineren Computeranlagen zur Regel werden dürften.

2.3 Speicherhierarchien

Wir kennen nun eine ganze Anzahl von Speichermedien. Auch in einfachen Computersystemen treten sie aber nicht allein, sondern kombiniert auf, weil auf diese Weise einerseits die hohe Geschwindigkeit
der zentralen Elektronik, anderseits das grosse Speichervermögen
ausgeschöpft werden kann. Daher besteht eine der Grundaufgaben
eines Computersystems darin, Daten zwischen verschiedenen Speichern
zu transferieren. Da jeder Transfer dieser Art zwischen einem
schnellen, aber kleinen und einem grossen, aber langsameren Medium
geschieht, stellt sich jedesmal das Problem der zeitlichen und
räumlichen Pufferung. Als Beispiel diene der Datentransfer zwischen
Arbeitsspeicher und Plattenspeicher (Fig. 2.11):

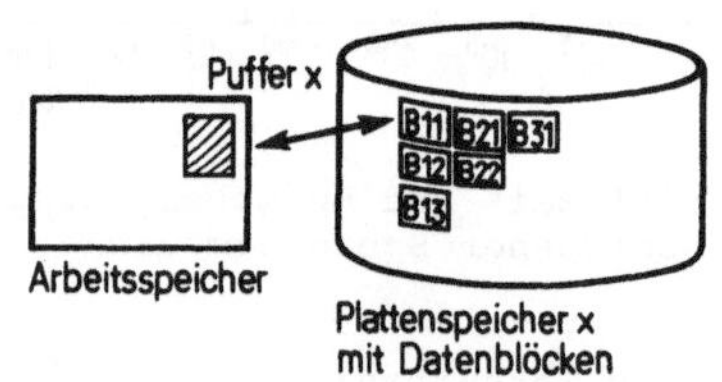

Fig. 2.11 Pufferbereich für Datentransfer

Der Zentralrechner arbeitet primär mit Daten aus dem Zentralspeicher, seinem Arbeitsspeicher. Benötigt eine Anwendung nun Daten,
die zuerst vom Plattenspeicher geholt werden müssen, so ist das
für den Arbeitsablauf eine recht ausserordentliche Massnahme, da
dieser Datenzugriff 10'000 bis 100'000 Mal länger dauert als ein
Zugriff auf Daten im Arbeitsspeicher. (Das Verhältnis ist ähnlich
wie der Gang in eine Landesbibliothek verglichen mit einem Blick
in die eigene Taschenagenda!). Daher holt der Benutzer vom langsa-
men Medium nicht Einzeldaten, sondern ganze Datenblöcke. Der ganze
Datenbestand ist auf der Platte in solchen Blöcken gespeichert
(in Fig. 2.11 summarisch angedeutet als B11, B12, ...). Werden nun
Daten aus Block B11 benötigt, so wird der ganze Block ohne weitere
Differenzierung direkt in den für diesen Plattenspeicher X reservierten entsprechend grossen Pufferbereich X übertragen. Beim Her-

ausschreiben von Daten aus dem Arbeitsspeicher auf den Plattenspeicher geschieht das Umgekehrte: Der ganze Pufferinhalt wird als Block auf den gewünschten Plattenbereich hinausgeschrieben.

Wie gross sind nun Puffer bzw. Block zu wählen? Für diese Optimierung sind folgende Ueberlegungen wichtig:

- Kleine Blöcke verlangen viele (langsame) Plattenzugriffe.
- Grosse Blöcke belegen viel Pufferplatz im (teuren) Arbeitsspeicher.

Die optimale Blockgrösse hängt stark vom Gebrauch und von der Konfiguration eines bestimmten Computersystems ab (also vom vorhandenen Sortiment an Geräten, insbesondere an Speichern); sicher aber liegen Blockgrössen meist bei Tausenden von Zeichen, so dass immer _mehrere_ Datensätze bei jedem Block-Datentransfer übertragen werden. Aehnlich liegen die Verhältnisse auch bei den Magnetbändern (vgl. 2.2.4).

Der Leser könnte nun befürchten, dass er sich selber als Computerbenützer mit diesen Zugriffsfragen detailliert beschäftigen müsse. Aber zum Glück nimmt ihm das Betriebssystem des Computers diese Probleme ab.

- Das _Betriebssystem_ besorgt die gepufferten, blockweisen Speicherzugriffe; es stellt innerhalb des Pufferbereichs die Datensätze einzeln zur Verfügung und kontrolliert deren individuelle Benützung; für den Normalfall geeignete Puffergrössen sind vorgegeben.

- Der _Benutzer_ muss wissen, dass für jedes periphere Speichermedium im Arbeitsspeicher Pufferplatz belegt wird; dieser steht dann nicht zur Verfügung. Innerhalb gewisser Grenzen kann der Benutzer die Puffergrössen variieren, wobei immer "schnell" mit "viel Pufferplatz" einhergeht.

Das Konzept der blockweisen Datenübertragung wird auch bei den indexsequentiellen Dateien (vgl. Unterabschnitt 2.4.2) eine Rolle spielen.

Von Speicherhierarchien spricht man dann, wenn mehrere Speichersysteme gemeinsam gebraucht werden, wobei die Grösse der Datenbestände den Einsatz grösserer (aber langsamerer) und die Verarbeitungsgeschwindigkeit die Verwendung schnellerer (aber kleinerer)
Speicher verlangt. Dabei ergeben sich grob folgende Hierarchie-
stufen ("oben" bedeute "schnell+klein"):

- Schnelle Zwischenspeicher ("Cache-memories"), Register etc.:
  Für Zwischenergebnisse, Adressberechnungen etc.; nur für system-
  interne Dienste, dem Anwender kaum zugänglich.

- Arbeitsspeicher: Standardspeicher für Programm und lokale Daten,
  Pufferbereiche, kleine Tabellen etc.

- Sekundärspeicher, insbesondere Platten: Für permanente Datenbestände, welche laufend verfügbar sein müssen.

- Magnetbänder: Aehnlich wie Platten, aber weniger geeignet für
  Einzelzugriff; hingegen geeignet für zusätzliche Aufgaben wie
  Sicherheitskopien, Archivierung etc.

- Massenspeicher, Magnetbandarchive etc.: Für seltener oder nur
  stossweise gebrauchte, insbesondere nur selten zu ändernde Daten.

Der Einzel-Benutzer kann selbstverständlich seine Speicherkonfigu-
ration nur im Rahmen der Geräte eines gegebenen Computersystems
wählen.

Dennoch sind die Möglichkeiten in einem Rechenzentrum recht gross
und unterschiedlich, so dass sich bei grösseren Anwendungen eine
Beratung durch einen Spezialisten des vorgesehenen Rechenzentrums
empfiehlt. Bei Kleinanlagen dagegen steht üblicherweise nicht die
Qual der Wahl im Vordergrund, sondern die Frage nach der Lösbar-
keit eines grösseren Datenproblems. Auch hier hilft aber die Erfahrung des Spezialisten oft rasch, einen gangbaren Weg zu finden.

2.4 Physische Datenstrukturen

2.4.1 Einstufige Strukturen

Die einführenden Beispiele aus Abschnitt 2.1 und auch die Erläuterungen zu den Speichermedien in Abschnitt 2.2 haben deutlich gemacht, dass grundsätzlich sequentielle (Listen-) und direkt adressierbare (Tabellen-) Strukturen einander gegenüberstehen. Das gilt für die Daten selber, aber auch für die Speicher und für die Abfragetechniken. Im vorliegenden Abschnitt soll nun gezeigt werden, wie bestimmte Datenstrukturen physisch (d.h. mit bestimmten Speicherkonzepten) dargestellt werden können. Dabei kommen artreine Kombinationen (alles sequentiell, alles direkt adressierbar), aber auch gemischte Lösungen (z.B. Listen auf direkt adressierbarem Speicher) vor. In jedem Fall sind folgende Beurteilungskriterien wichtig:

- Zugriffsverfahren (direkt adressiert, binäres Suchen, sequentielles Suchen)

- Aenderungsdienst (Wie einfach ist das Einfügen/Entfernen von Elementen?)

- Speicherdichte (Wird der Speicherplatz gut ausgenützt?)

Listen auf sequentiellem Speicher (sequentielle Dateien)

Beispiel: Sequentielle Dateien auf Magnetbändern; sehr oft wird in diesem Fall einfach von "Datei" gesprochen, "Sequentiell" wird als selbstverständlich weggelassen.

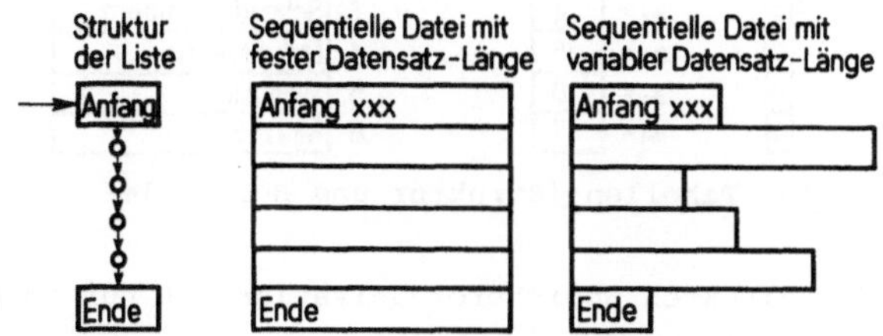

Fig. 2.12 Listen (Struktur und Beispiele)

Typisch für Listen ist, dass

- der <u>Anfang</u> der Liste immer bekannt ist und als Ausgangspunkt
  dient;
- von jedem Listenelement aus <u>das nächste</u> erreichbar ist;
- ein <u>End-Signal</u> als Schlusselement existiert.

<u>Beurteilungskriterien:</u>

- Zugriffsverfahren: nur sequentielles Suchen möglich.
- Aenderungsdienst: erfordert Umkopieren der nachfolgenden Listen-
  elemente; da die Bearbeitung sowieso sequentiell erfolgt, bringt
  die Umkopierung der gesamten Liste keinen wesentlichen zusätzlichen Aufwand.
- Speicherausnützung: maximal.

Es handelt sich um ein sehr einfaches Verfahren, bei welchem allerdings der Zugriff auf Einzeldaten unbequem ist, weil immer alle
Datensätze durchlaufen werden müssen. Die Umkopier-Technik bei Aenderungen macht diese Speicherform übrigens sehr sicher, da vom Original nur Kopien gemacht werden; das Original bleibt erhalten.

<u>Tabellen auf direkt adressierbarem Speicher (Array)</u>

<u>Beispiele:</u> Mathematische Tabelle (Vektor, Matrix) mit fortlaufend
numerierten Elementen a_1, a_2,..., wobei das Element a_k im Spei-
cherfeld mit Adresse k gespeichert wird; Hotelgäste in fortlaufend numerierten Hotelzimmern, wobei das Hotelpersonal vom "Gast
in Nummer x" spricht.

Struktur der Tabelle	Mathematischer Vektor, Index ist Adresse	Hotelzimmer, Zimmernummer ZN ist Adresse
Schlüssel-Adresse →	a_1 = 25	ZN=1 Meier, Zürich
	a_2 = 13	2 Wilson, London
	a_3 = -4	3 Schmidt, Hamburg
	a_4 = 15	4 Dubois, Paris
	a_5 = 0	5 Wolf, Linz
	a_6 = -7	6 Merz, Bern

<u>Fig. 2.13</u> Tabellen (Struktur und Beispiele)

Dieser Fall der direkten Speicherorganisation ist nur in <u>Ausnahme-</u>
<u>fällen</u> möglich, nämlich dann, wenn den Daten selber von der Natur

der Sache her eine fortlaufende Numerierung zugeordnet ist, wie in obigen Beispielen oder etwa beim Datum im Taschenkalender (Abschn. 2.1). Diese Daten bilden in der Sprache des Programmierers einen <u>Array</u>, in der Sprache des Mathematikers einen Vektor (Feld). Es sind auch mehrdimensionale Felder bzw. Arrays möglich, Bsp. Hotelzimmernummern mit Stockwerk- und Raumnummer "4-28". Der Identifikationsschlüssel ist in all diesen Fällen die Speicherposition selber und muss daher <u>nicht</u> mehr explizit gespeichert werden. Wir sprechen von einem <u>impliziten Identifikationsschlüssel</u>.

<u>Beurteilungskriterien:</u>

- Zugriffsverfahren: für Schlüsselbegriff (Nummer) direkt; für andere Merkmale sequentielles Suchen.
- Aenderungsdienst: direkt (aus der Definition der Numerierung folgt, dass keine unvorhergesehenen Elemente auftreten können).
- Speicherausnützung: sehr gut, falls obige Numerierungsvoraussetzung gilt.

Das Verfahren ist ideal, aber leider nur in Sonderfällen überhaupt anwendbar.

<u>Listen in Tabellenform auf direkt adressierbarem Speicher</u>

<u>Beispiele:</u> alphabetisches Telefonbuch (vgl. auch Fig. 2.2) mit sortierten Datensätzen fortlaufend in direkt adressiertem Speicher; Personalliste nach Personalnummer sortiert als Tabelle gespeichert.

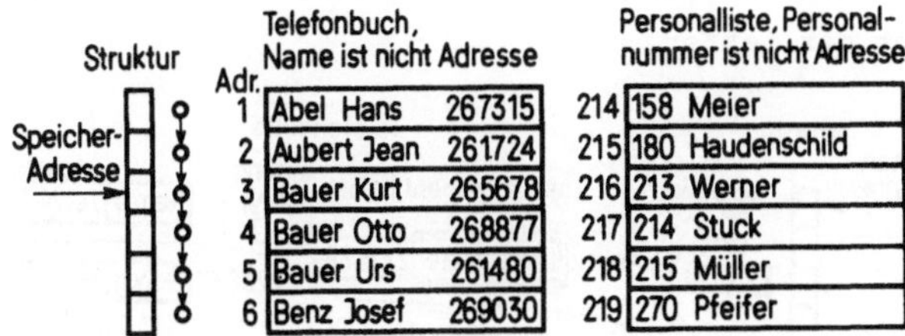

<u>Fig. 2.14</u> Listen in Tabellenform
(Struktur und Beispiele)

Dieser Fall ist in der Praxis sehr häufig, wobei die Datensätze
<u>fortlaufend</u> in einem numerierten, direkt adressierbaren Speicher ab-
gelegt werden; die Sortierreihenfolge ist durch den Suchbegriff gegeben (Sortierschlüssel = Suchschlüssel = Primärschlüssel). Die
Speicher<u>adresse</u> ist aber <u>nicht</u> Identifikationsschlüssel, denn sie
hat keinen Zusammenhang mit dem Dateninhalt. Der Identifikationsschlüssel muss daher <u>explizit</u> als Bestandteil der Daten abgespeichert werden.

<u>Beurteilungskriterien:</u>

- Zugriffsverfahren: für Schlüsselbegriff binäres Suchen; für andere Merkmale sequentielles Suchen.
- Aenderungsdienst: erfordert Umkopieren aller auf die Aenderung
  folgenden Datensätze.
- Speicherausnützung: sehr gut, das Verfahren verlangt aber einen
  zusammenhängenden direkt adressierbaren Speicherbereich für die
  gesamte Datenmenge.

Das Verfahren ist in vielen Fällen anwendbar. Da das binäre Suchen
fast so schnell ist wie der direkte Zugriff, ist die Zugriffsgeschwindigkeit mit derjenigen für Vektoren und Felder vergleichbar.
Der Aenderungsdienst kann aber sehr aufwendig werden.

<u>Listen in verketteter Form auf direkt adressierbarem Speicher</u>

<u>Beispiele:</u> Telefonkette einer Schulklasse, wobei jeder Schüler
   weiss, wem er weitertelefonieren muss; die Telefonnummer ist die
   "Adresse" des nächsten Schülers. Erstes Element der Kette ist
   permanent der Lehrer.

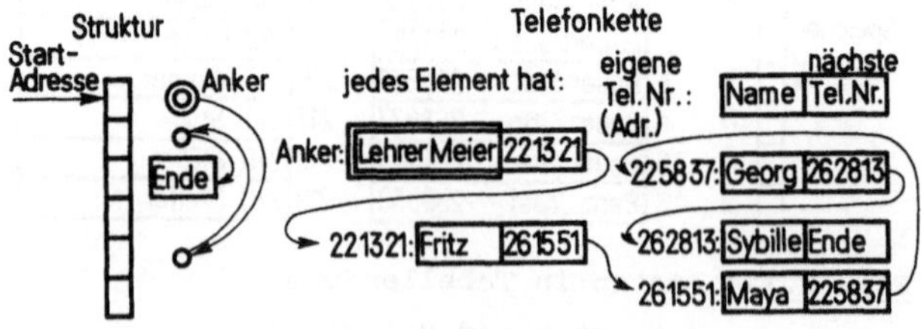

<u>Fig. 2.15</u> Listen in verketteter Form
             (Struktur und Beispiel)

Alle Datensätze sind auch hier in einem direkt adressierbaren Speicher abgelegt, aber <u>nicht</u> in physisch fortlaufender Form; nur das
Anfangselement (<u>Anker</u>) hat eine feste Adresse. Die Reihenfolge und
die Zugehörigkeit zur Liste wird von Element zu Element durch den
<u>Zeiger</u> (pointer), also durch <u>Angabe der nächsten Adresse</u>, festge-
legt. Die Adresse selber hat mit den Schlüsseln keinen Zusammenhang; die Datensätze können physisch ganz verstreut gespeichert
sein. Das erlaubt anderseits im Falle von Aenderungen das Einfügen
und Eliminieren von Elementen ohne Umkopierprobleme (Fig. 2.16);
einzig die Verkettungsadresse des Vorgängers (englisch: prede-
cessor) muss bei den bisherigen Daten geändert werden. Das neue
Element erhält seinerseits die Adresse des Nachfolgers (successor).
Unterschiedlich lange Datensätze sind dabei problemlos möglich, wobei der freie Platz irgendwo im Speicher ausgenützt werden kann.
Beim Entfernen von Elementen wird Speicherplatz wiederum irgendwo
im Speicher frei; die Speicherbelegung erfordert daher laufende
oder wiederholte Ueberwachung.

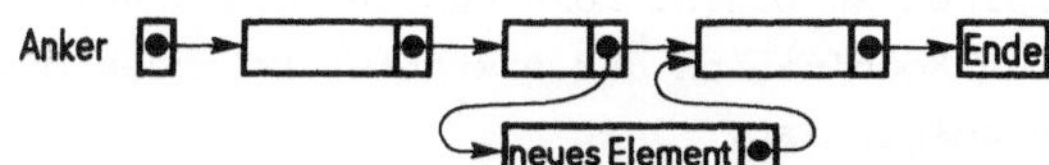

Fig. 2.16   Einfügen eines neuen Elements in Kette

<u>Beurteilungskriterien:</u>

- Zugriffsverfahren: nur sequentielles Suchen möglich.
- Aenderungsdienst: sehr einfach, betrifft nebst dem einzufügenden/
  wegzulassenden Datensatz nur eine einzige Adressangabe.
- Speicherausnützung: gut, benötigt aber eine Speicherverwaltung.

Das Verfahren erlaubt somit höchste Flexibilität im Aenderungsdienst, ist aber im Zugriff langsam, sobald die Anzahl Elemente in
der Verkettung gross wird. In der Praxis wird daher die Verkettung
meist benützt, um <u>mit kurzen Ketten</u> Zusammenhänge darzustellen, An-
hänge zu organisieren etc., wie dies in den nächsten Abschnitten
gezeigt wird.

Zum Schluss seien die Eigenschaften der beschriebenen Speichertechniken noch tabellarisch einander gegenübergestellt (Tab. 2.5).

Einstufige Speicherformen	Daten	Speicher	immer möglich?	Beurteilung	
				Zugriff	Aenderungen
-Listen auf sequentiellem Speicher	sequentiell	sequentiell	ja	-	-
-Tabellen auf direkt adressierbarem Speicher	direkt adressierbar	direkt adressierbar	nein	+	+
-Listen in Tabellenform	sequentiell	direkt adressierbar	ja	+	-
-Listen in verketteter Form	sequentiell	direkt adressierbar	ja	-	+

Tab. 2.5 Vergleich einstufiger Speicherformen

Jede der Speicherformen hat also einen spezifischen Nachteil, der
sich vor allem bei grossen Datenmengen kritisch auswirkt. Dazu
kommt die Schwierigkeit, grosse echt direkt adressierbare Speicher
zu günstigen Preisen zu bauen. Lösungen für die angedeuteten Probleme werden durch Kombination der erwähnten Methoden möglich, wie
im folgenden zu zeigen ist.

2.4.2 Mehrstufige Strukturen

Grosse Mengen gleichartiger Datensätze sind zwar in der Theorie
sehr übersichtlich als "grosse Datei" organisierbar, in der Praxis
wäre dies aber sehr unhandlich. Daher untergliedert man grosse Datenbestände seit jeher in verwendungsgerechte Teile: in Buchbände,
in Seiten, in Kapitel und Abschnitte, aber auch in Archivschachteln
und Ordner. Analog erlaubt eine geschickte Gliederung auf Computersystemen, unangenehme Eigenschaften allzugrosser Datenpakete zu
vermeiden. Zur Illustration werden anschliessend zwei wichtige
solche Gliederungstechniken beschrieben, nämlich "Dateien von Dateien" und "indexsequentielle Dateien".

Dateien von Dateien (sequentiell)

<u>Beispiele:</u> Buch aus Kapiteln, Kapitel aus Abschnitten, Abschnitte
aus Unterabschnitten; Studentendatei aus Einschreibedatei,
Lehrveranstaltungsdatei, Prüfungsdatei, jede dieser "Unter-Da-
teien" aus Datensätzen verschiedener Art.

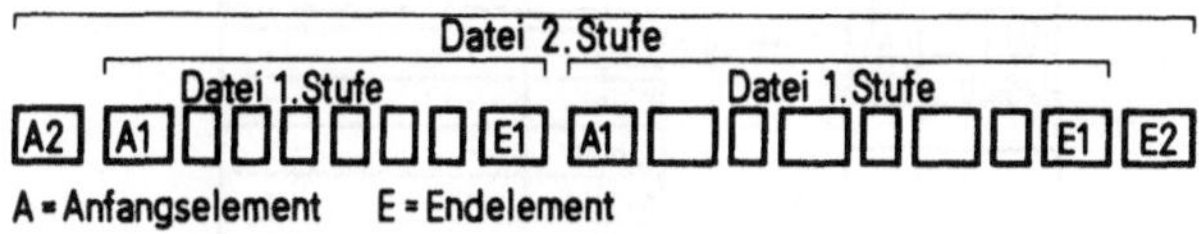

<u>Fig. 2.17</u>   Dateien mehrerer Stufen

Jede Datei muss durch ein Anfangs- und ein Endelement der entsprechenden Stufe begrenzt sein. Beim sequentiellen Durcharbeiten muss
<u>jedes</u> gelesene Element (Datensatz) zuerst darauf geprüft werden, ob
es ein Endelement darstellt. Ein Endelement höherer Stufe beendet
dabei oft gleichzeitig untere Stufen ("Kapitelende" bewirkt "Ab-
schnittsende"). Das Aufsuchen von Unterdateien wird vielfach technisch unterstützt, indem beispielsweise auf einem sequentiellen
Speicher (Magnetband) der Dateiinhalt zwar nicht übersprungen, aber
beschleunigt überlesen werden kann (analog dem Aufsuchen von Kapi-
telüberschriften in einem Buch).

<u>Beurteilungskriterien:</u> (gegenüber einstufigen Dateien)

- Zugriffsverfahren: dank beschleunigtem Ueberlesen verbessert.
- Aenderungsdienst: unverändert
- Speicherausnützung: unverändert

Die schwächste Stelle des sequentiellen Verfahrens ist damit verbessert worden.

Indexsequentielle Dateien

<u>Beispiele:</u> In einem Telefonbuch oder einem Lexikon wird als Such-
hilfe auf jeder Seite oben der erste oder letzte Schlüsselbegriff der entsprechenden Seite angegeben. Beim Abfragen wird
daher zuerst (obere Stufe) die richtige Seite, dann (untere
Stufe) der richtige Eintrag aufgesucht. Auf beiden Stufen er-

folgt die Suche nach dem Ordnungsbegriff (Primärschlüssel=
Sortierschlüssel) <u>binär</u>.

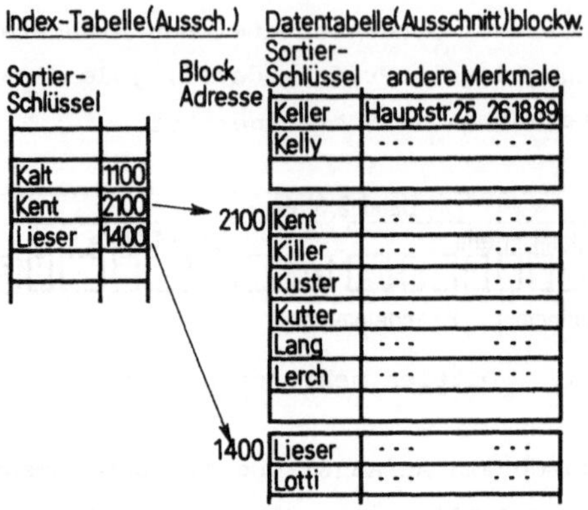

<u>Fig. 2.18</u>   Indexsequentielle Datei
(Bsp. Telefonbuch)

Bei der indexsequentiellen Organisation wird zusätzlich zu den
Daten noch ein Inhaltsverzeichnis, die <u>Indextabelle</u>, abgespeichert.
Die Indextabelle enthält Schlüsselwert und Adresse des jeweils ersten
(oder letzten) Eintrags aus jedem <u>Datenblock</u>; die Indextabelle und
alle Datenblöcke haben den <u>gleichen</u> Sortierschlüssel. Damit ist das
Zugriffsverfahren bei einer Abfrage nach diesem Schlüssel auf beiden Stufen binär und damit schnell; die Zahl der Suchschritte ist
<u>gleich</u> wie beim einstufigen Verfahren. (Der Leser überlege den Grund
dafür selber durch Vergleich der Schrittzahl für die Suche in der
Indextabelle mit jener in der Datentabelle, vgl. Unterabschnitt
2.1.3 "Telefonbuchsuchen".) Ganz anders verhält sich nun aber die
indexsequentielle Organisation bezüglich dem Aenderungsdienst. In
Fig. 2.18 wurden die Datenblöcke vorerst nicht ganz aufgefüllt,
d.h. der Speicherplatz ist nicht zu 100% ausgenützt. Wir stellen
uns nämlich die Aufgabe, laufend neue Abonnenten in das Telefonbuch aufzunehmen, eine typische Aufgabe für ein computergestütztes
Telefonauskunftssystem.

Die neuen Abonnenten seien "Koller" und "Leist".

- "Koller": Das Einfügen von "Koller" zwischen "Killer" und
  "Kuster" verlangt das Verschieben der restlichen Einträge
  "Kuster" bis "Lerch" um eine Position innerhalb des Blocks nach
  unten. (Der Block ist jetzt voll.) Die übrigen Blöcke sowie die
  Indextabelle werden nicht berührt.

- "Leist": Das Einfügen von "Leist" zwischen "Lang" und "Lerch"
  bringt den durch "Koller" gefüllten Block zum Ueberlaufen. In
  diesem Fall werden folgende Massnahmen getroffen:

  - Schaffung eines neuen (leeren) Blocks <u>irgendwo</u> im Speicher
    mit Speicheradresse X.
  - Aufteilen der Daten im Block mit Adresse 2100 auf diesen und
    den neugeschaffenen Block mit Adresse X.
  - Einfügen einer neuen Zeile in der <u>Indextabelle</u> mit folgendem
    Eintrag: "Kutter, Adresse X". Dabei muss nun der Rest der
    Indextabelle um eine Position nach hinten verschoben werden.

Die Massnahmen beim Einfügen sind also <u>immer lokaler Art</u>. Im Normalfall ("Koller") betreffen sie nur einen Block, im Ausnahmefall
("Leist") zwei Datenblöcke und die Indextabelle. Je nach zu erwar-
tender Mutationshäufigkeit kann man jedoch bei der Erstspeicherung
der indexsequentiellen Datei mehr oder weniger Leerplätze zum vorneherein freilassen, damit die Ausnahmefälle (mit Blockaufteilung)
seltener auftreten. Die anfängliche Speicherdichte liegt daher je
nach Anwendung bei etwa 40-80%.

<u>Beurteilungskriterien:</u> (gegenüber einstufigen Listen in Tabellen-
form)
- Zugriffsverfahren: unverändert; insbesondere bleibt nebst dem
  schnellen Zugriff zu Einzeldaten auch der schnelle <u>sequentielle</u>
  Zugriff für Massenarbeiten erhalten!
- Aenderungsdienst: erfordert nur <u>kleine</u> Umkopierarbeiten, ist so-
  mit wesentlich weniger aufwendig als bei einstufigen Listen.
- Speicherausnutzung: je nach Mutationshäufigkeit, um 50%.

Nebst der Lösung der Mutationsprobleme bringt aber das indexsequentielle Verfahren noch einen weiteren grossen Vorteil. Es erlaubt

die Verwendung <u>blockadressierter Speicher</u> für die Speicherung von binär abfragbaren Listen! Dabei werden die Datenblöcke (= Teile der Datentabelle) und die Indextabelle je als Blöcke auf Plattenspeichern (vgl. 2.2.3) behandelt. Eine Abfrage benötigt somit in einem <u>zweistufigen</u> indexsequentiellen Speichersystem <u>zwei</u> (langsame) Plattenzugriffe, einen für die ganze Indextabelle, einen für den richtigen Datenblock. Die internen binären Suchprozesse <u>innerhalb</u> dieser Blöcke laufen dann mit der Arbeitsgeschwindigkeit des Zentralrechners im Mikrosekundenbereich. Daher ist die indexsequentielle Organisation eine der wichtigsten Organisationsformen für grosse reale Datensysteme.

Bei <u>sehr</u> grossen Datenbeständen könnte allerdings auch ein ausgewogenes zweistufiges indexsequentielles System allzu grosse Datenblöcke und/oder eine allzu grosse Indextabelle benötigen. Um die Grösse der Puffer im Zentralspeicher beschränken zu können, wird die Technik der Indextabelle einfach wiederholt:

- Die Grösse der Datenblöcke ist durch die Puffergrösse gegeben.
- Wird die Indextabelle zu gross, wird sie selber indexsequentiell organisiert (Index zum Index); diese dritte Stufe bewirkt einen dritten Plattenzugriff pro Abfrage, im übrigen hat sie keinen nachteiligen Effekt.

Diese <u>Mehrstufigkeit</u> lässt sich bei Bedarf für sehr grosse Datenmengen weiter fortsetzen.

2.4.3 <u>Berechenbare Speicheradressen</u> (Hash-Code)

Unter den bisher geschilderten Speicherorganisationsformen vereinigt die direkt adressierbare Tabelle (Array, Vektor, Matrix) offensichtlich die grösste Zahl von Vorteilen auf sich. Leider ist sie nur für ausgewählte Probleme direkt brauchbar, wie wir an Beispielen gesehen haben. Es gibt aber Wege, auch in vielen andern Fällen die Vorteile der direkten Adressierung anwenden zu können, auch wenn die Voraussetzung "Ein Datensatz - eine Adresse" nicht gilt. Dazu sind einige statistische Ueberlegungen sowie eine Orga-

nisation für die Behandlung von Sonderfällen (Ueberlauforganisation) nötig.

<u>Beispiel:</u> Eine Krankenkasse mit 10,000 Mitgliedern möchte ihre Ak-
ten so ablegen, dass immer höchstens 30-35 Hängemappen (eine pro
Mitglied) in einer Registraturschublade hängen. Wie sollen nun
die Schubladen zugeordnet und angeschrieben werden, damit diese
Organisation nicht laufend wieder umgestellt werden muss? Eine
Einteilung nach Namen brächte viele Verschiebungen, da ganze
Familien hinzukommen und wegziehen; noch schlechter wäre eine
Einteilung nach Alter (Geburtsjahr und -datum). Eine gute Lösung
ist jedoch die auf den ersten Blick ungewohnte Ablage nach
<u>Geburtstag</u> (nur Monat und Tag), da dabei <u>durchschnittlich</u>
10'000/366, also etwa 27 Mappen pro Geburtstag auftreten. Zudem
ist es sehr einfach, aufgrund des Geburtstags die Akten abzule-
gen und zu finden. Zwei Probleme sind noch offen: Wie ordnet man
die Mappen innerhalb jeder Schublade? Das ist wegen der kleinen
Zahl relativ unwichtig und könnte z.B. nach Geburtsjahr geschehen. Und: Was tut man, wenn an einem bestimmten Tag sich die
Geburtstage häufen, z.B. über 35 oder gar 40? Dann legt man in
die betreffende Schublade einen Hinweis "Weitere Akten in Schublade X", welche man für diesen Fall des <u>Ueberlaufens</u> zusätzlich
vorbereitet hat.

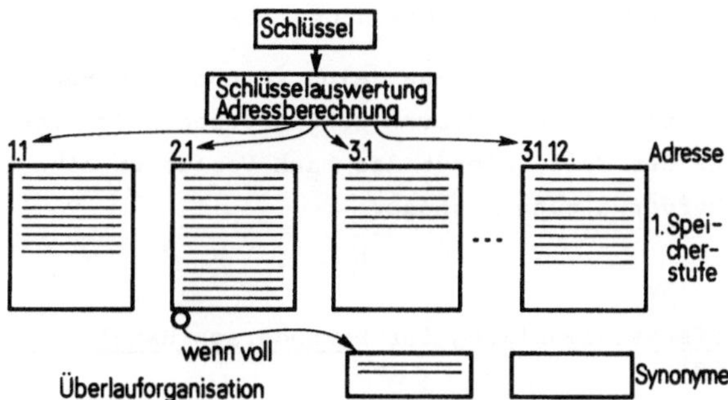

<u>Fig. 2.19</u> Hash-Organisation

Jede Hash-Organisation ("Hash" = "Gehacktes") beruht auf einer
Analyse des Datenmaterials, wobei der Primärschlüssel ohne direkten
inhaltlichen Sinn so gewählt wird, dass daraus eine geeignete
Adressberechnung möglich wird. Die sogenannte Hash-Funktion f liefert folgende Beziehung:

<u>Adresse des Speicherblocks = f (Primärschlüssel)</u>

Aufgrund dieser Hash-Funktion ist damit der <u>Speicherblock</u> direkt
auffindbar, was bei einer Lösung mit Plattenspeicher <u>einem Platten-</u>
<u>zugriff</u> entspricht. Die Verwaltung innerhalb des Speicherblocks
erfolgt mit der Arbeitsgeschwindigkeit des Zentralrechners, kann
alle Tabellentechniken ausnützen und ist also schnell. Ist eine
Ueberlauforganisation nötig - und das ist nur für eine kleine Min-
derheit der Blöcke nötig - so dient dazu eine kurze Verkettung.
Die Hash-Adressierung für den Speicherblock kann <u>durch Umrechnung</u>
sehr flexiblen Gebrauch vom verfügbaren Sekundärspeicher machen.

<u>Beurteilungskriterien:</u>

- Zugriffsverfahren: berechenbare Adressen, sehr schnell für Einzelabfragen.
- Aenderungsdienst: Auswirkungen sind im Normalfall auf einen Speicherblock beschränkt, also unwesentlich.
- Speicherausnützung: je nach Anwendung etwa 60-80%.

Das Verfahren setzt voraus, dass eine vernünftige Hash-Funktion
aufgrund eines präzis verfügbaren Schlüsselbegriffs gefunden werden
kann; ist dies der Fall, bietet das Hash-Verfahren eine sehr effiziente Speicherverwaltungsmethode.

2.4.4   <u>Zugriffsbeschleunigung für Sekundärschlüssel (invertierte</u>
        <u>Dateien)</u>

Ueber allen bisherigen Datenorganisationsbetrachtungen stand die
Frage: Wie organisieren wir die Daten, damit der Zugriff über <u>einen</u>
<u>Hauptsuchbegriff</u> (Primärschlüssel) effizient wird und gleichzeitig
Aenderungsdienst und Speicherausnützung wirtschaftlich werden. Aber

lassen sich denn alle Abfragen auf eine einzige Suchfrage (Suchschlüssel) zurückführen? Und ist andernfalls für alle übrigen Suchfragen (Sekundärschlüssel), nur ein sequentielles Absuchen aller
Datensätze als "Zugriffspfad" zu den gesuchten Daten möglich? Der
Zugang zu den Daten über Sekundärschlüssel soll uns daher etwas
näher beschäftigen.

Die Häufigkeit dieser Problemstellung zeigt sich schon an einfachen
Beispielen:

- Telefonbuch: Primärschlüssel: Name und Vorname; Sekundärschlüssel: Telefon-Nummer, Strasse und Nummer (bei Notfällen, Feuer
  etc.), Beruf (Branchenregister).

- Bankkonten: Primärschlüssel: Kontonummer; Sekundärschlüssel:
  Name, Vorname (wenn Kontonummer vergessen).

Solche Probleme wurden schon seit jeher und ohne Computereinsatz
gelöst; aus der manuellen Methode lässt sich direkt die wichtigste
Hilfstechnik ableiten, nämlich jene der invertierten Dateien (in-
verted files).

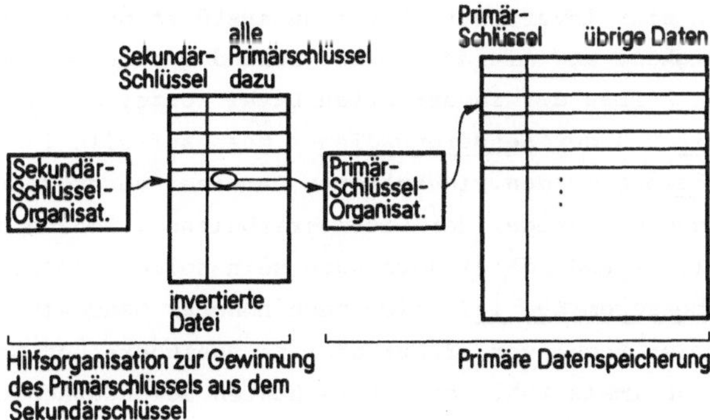

<u>Fig. 2.20</u> Invertierte Dateien für Sekundärschlüssel

Eine invertierte Datei ist eine nach dem Sekundärschlüssel umsortierte Liste, in welcher der Benützer den entsprechenden Primärschlüssel nachsehen kann. Im Beispiel der Bankkonten führt also die

Bank eine separate Liste, geordnet nach Namen und Vornamen, in welcher alle Kontonummern dieser Person aufgeführt sind. Ist oder sind auf diese Weise die Kontonummer(n) bekannt, so kann damit im Hauptspeichersystem, das nach der Kontonummer (= Primärschlüssel) organisiert ist, auf den Inhalt der interessierenden Datensätze zugegriffen werden. Der Begriff der "invertierten Datei" kommt aus der Mathematik, wo die Umkehrfunktion "invertiert" genannt wird. Und so ist es auch hier: Man schliesst aus dem Sekundär- auf den Primärschlüssel, während üblicherweise der umgekehrte Weg beschritten wird.

Wie erfolgt die Organisation einer invertierten Datei? Analog zur primären Datenorganisation, wo alle beschriebenen Techniken (indexsequentiell, Hash etc.) je nach Bedürfnis eingesetzt werden, gilt dies auch für diese Hilfsorganisation zur Gewinnung des Sekundärschlüssels. Dabei enthält die invertierte Datei normalerweise wesentlich weniger Daten als die primäre Datei, da in der invertierten Datei nur Sekundär- und Primärschlüssel gespeichert werden und alle übrigen Daten einzig in der primären Datei enthalten sind.

Wie viele und welche Sekundärschlüssel sollen für die schnellere Abfrage durch eine invertierte Datei unterstützt werden? Das hängt von der Häufigkeit ab, mit der solche Sekundärschlüssel benützt werden. Denn der Aufbau der invertierten Datei kostet Speicherplatz und Rechenzeit, und der Aenderungsdienst muss auf alle invertierten Dateien ausgedehnt werden. Invertierte Dateien "verstossen" nämlich gegen jene Grundregel der Datenverarbeitung, wonach alle Daten nur einfach (ohne Redundanz) vorhanden sein sollen. Aber das Verlangen nach besserem Zugriff (also nach höherer Geschwindigkeit) geht hier dieser Regel vor, führt aber zu Speicher- und Service-Aufwand; die optimale Zahl von unterstützten Sekundärschlüsseln muss daher im einzelnen ermittelt werden.

Beurteilungskriterien: (gegenüber Systemen ohne Hilfsorganisation)

- Zugriffsverfahren: bei jedem Sekundärschlüssel, der mit einer invertierten Datei unterstützt wird, wird der Zugriff von "sehr schlecht" auf "sehr gut" verbessert.

- Aenderungsdienst: für jeden unterstützten Sekundärschlüssel wiederholt sich der primäre Mutationsaufwand.

- Speicherausnützung: für jeden unterstützten Sekundärschlüssel erhöht sich der Speicherbedarf um einen Bruchteil; würden alle Merkmale unterstützt (Maximallösung), so würde sich der primäre Speicherbedarf mehr als verdoppeln.

Sekundärschlüssel-Hilfsorganisationen liefern im allgemeinen noch nicht die gesuchten Daten, sondern nur den Primärschlüssel, also erst den Zugang zu der Primärorganisation, die ebenfalls beansprucht wird (vgl. Fig. 2.20). Die Primärorganisation dominiert also alle Zugriffe, und es ist wesentlich, diese so gut wie möglich zu machen. Das heisst:

- kurzer, einfacher Primärschlüssel (denn er kommt in allen invertierten Dateien vor, wird überall gespeichert und dient für die Primärorganisation);

- schnelle Organisation für die primäre Speicherung.

Somit kommen als Primärschlüssel kaum alphabetische Grössen, wie Name, Vorname etc.(wie in manuellen Systemen) in Frage. Da der Computer intern am problemlosesten mit nackten Nummern arbeitet, ist es oft sogar sinnvoll, als Primärschlüssel eine künstliche interne Nummer für jeden Datensatz einzuführen. Alle realen Suchfragen beginnen dann zwar bei Sekundärschlüsseln; der Mehraufwand durch den Verzicht auf die Auszeichnung eines Schlüssels als Primärschlüssel wird aber durch die Vorteile der viel kompakteren inneren Organisation mehr als aufgewogen.

Zum Schluss ist allerdings noch ein Vorbehalt für den Einsatz von invertierten Dateien nötig. Wir haben implizit vorausgesetzt - und die Beispiele entsprechend gewählt - dass alle Datensätze unseres Systems bei einer Abfrage etwa gleich häufig in Betracht zu ziehen sind. Dann lohnt sich eine unabhängige Organisation für alle Suchschlüssel. Bestehen aber zum vorneherein grosse Gruppierungen, wie z.B. Sachgebiete in Dokumentationssystemen, regionale Kundenbereiche oder ähnliche, so bringen diese eine wichtige erste Gliederungsmöglichkeit in die grossen Datenbestände, welche gerade aufwendige Zugriffsverfahren wesentlich entschärfen (vgl. Kap. 6).

Gruppierungen im kleinen existieren ebenfalls in vielen Datensystemen. (Bsp.: alle Konti eines Bankkunden; Familienmitglieder eines
Angestellten etc.). Hier können Verweise (Zeiger, zusätzliche Primärschlüssel als Daten) direkt in die Datensätze im Primär-Daten-
system aufgenommen werden. Damit erhöht sich die Verknüpfungsfähig-
keit der Daten und die rasche Querverbindung bei der Abfrage. Diese Speichertechnik ist eine typische Verkettung. Als Preis für diese Zugriffsverbesserung ist auch hier etwas mehr Speicher nötig,
verbunden mit der laufenden Nachführung der Verknüpfungs-Daten im
Falle von Aenderungen. Diese Technik unterstützt die in 2.5.3 erwähnten Netzwerk-Datenstrukturen.

2.4.5 Programminterne Datenstrukturen

Die in diesem Abschnitt bisher behandelten Datenstrukturen dienen
alle der Verwaltung von permanenten Daten, wie sie in Registern,
Kundenkarteien etc. nötig sind. Die Gesamtheit solcher Daten bildet
das Beständige eines Datensystems; einzelne Aenderungen, Mutations-
arbeiten und Erweiterungen sind punktuelle Anpassungen im Rahmen
der Bedürfnisse der Praxis.

Demgegenüber gibt es natürlich auch andere Datenstrukturen, wie sie
innerhalb der dynamischen Welt eines Computerprogramms laufend auf-
und abgebaut werden. Dem Leser sind diese Organisationsformen vielleicht aus der Programmierliteratur bekannt (vgl. [WIRTH 75]).

Das vorliegende Buch handelt von Daten und Datenverarbeitung aus
der Sicht des Anwenders mit grösseren Datenbeständen. Daher wird
die interne Daten-Organisation innerhalb von Programmen hier nicht
weiter ausgeführt. Es ist aber nicht unwichtig zu wissen, dass in
diesem Bereich, wo die Daten umgeformt, verbunden, ausgewertet werden, vorwiegend mit anderen, dynamischen Speicherkonzepten gearbeitet wird.

Als Beispiel für ein solches Speicherkonzept betrachten wir den sogenannten Stack-Speicher ("Keller"-Speicher). Innerhalb eines Arbeitsganges ergibt sich oft das Problem, etwas kurz beiseitezulegen, eine Zwischenarbeit zu machen und dann das Beiseitegelegte wieder aufzunehmen. Muss auch die Zwischenarbeit analog unterbrochen werden, so haben wir bereits zwei Schichten auf unserem Zwischenspeicher, dem Stack. Dessen Einträge sind nicht durch deren Inhalt (wie ein Schlüssel) oder durch deren Adresse ausgezeichnet, sondern dadurch, dass sie als letzte (oder vorletzte etc.) abgelegt wurden. Sie stehen anschliessend in umgekehrter Reihenfolge wieder zur Verfügung. (Der Stack wird auch englisch abgekürzt als FILO = "first in, last out" oder LIFO = "last in, first out" - Speicher bezeichnet).

Es ist klar, dass solche Speicherkonzepte gegenüber permanenten Datenspeichern eine andere Welt darstellen. Sie kennen keine unabhängigen, freien Datenabfragen, streben hingegen im Bereich der Bearbeitung ganz bestimmter Programmierprobleme höchste Effizienz an. Der interessierte Leser sei dafür auf die entsprechende Literatur der Programmiertechniken verwiesen [WIRTH 75].

2.5. Logische Datenstrukturen

2.5.1 Die verschiedenen Betrachtungsebenen von Daten

In den bisherigen Ueberlegungen galt unausgesprochen die Annahme, dass Daten und ganze Datensammlungen vorhanden sind und für irgendwelche praktische Zwecke benötigt werden. Daher suchten wir nach geeigneten Formen der Datenspeicherung, um damit eine künftige Abfrage befriedigen zu können. Diese Formen existieren (vgl. Abschnitt 2.4), die materiellen Speichergeräte sind vorhanden (vgl. Abschnitt 2.2) und wir wollen nun kurz überlegen, für welche Zwecke und in welcher Art Datensysteme damit der Praxis dienstbar gemacht werden können.

Dazu unterscheiden wir zweckmässigerweise mehrere Ebenen, auf denen sich unser Problem - Daten und ihre Verwendung - je recht unterschiedlich darstellt.

Betrachtungsebenen (allgemein)	Beispiel: Lieferung und Fakturie- rung von Autoersatzteilen
<u>Reale Welt</u>, Teil der realen Welt	Lieferung der Ersatzteile; dafür schuldet der Empfänger einen Preis
<u>Informationen</u> über einen Teil der realen Welt, Modell	Bestellung, Lieferschein, Faktura
<u>Logisches Datensystem</u>	Datensatz "Lieferschein" mit Merk-malen Kundenname, Kundenadresse, Artikelnummer, Menge, Einheits-preis etc. ...
<u>Physisches Datensystem</u>	Kundendatei als indexsequentielle Datei, mit Sekundärschlüssel....; Artikeldatei ...
<u>Computer</u> (Hardware, Software)	Plattenspeicher etc.

<u>Tab. 2.6</u> Betrachtungsebenen von Datensystemen

In Tab. 2.6 sind <u>fünf Ebenen</u> unterschieden, wobei die Differenzierung nach unten sicher noch nicht abgeschlossen ist, indem auch
der Computer-Operator und der Service-Techniker beispielsweise die
Daten von recht unterschiedlichen Standpunkten aus betrachten. Für
unsere Zwecke sollen die fünf Ebenen aber genügen.

Der <u>Anwender</u> kommt in der Aufstellung von <u>oben</u> her: Er hat ein
praktisches Problem (<u>reale Welt</u>), das offensichtlich nicht rein ma-
teriell wie in Zeiten des Tauschhandels direkt und abschliessend
erledigt werden kann; es braucht dazu schriftliche Ergänzungen,
Korrespondenzen, Gespräche (<u>Informationen</u>). Ein Teil dieser "Informationen" ist oft sehr informeller Art (Schätzungen, Prognosen, Be-
wertungen, Ideen), ein anderer Teil hat hingegen bei vielen praktischen Problemen eine eingespielte und weitgehend normierte und
formatierte Form gefunden (Bestellungen, Rechnungen, Material-
Stücklisten, Einwohner-Register). Diese standardisierten Probleme
führen - insbesondere auch wegen ihrer Häufigkeit - typisch zu

Automatisierungen und zum Computer-Einsatz. Dazu werden sie nun mit den Augen des EDV-Analytikers, des Daten-Organisators betrachtet (<u>logisches Datensystem</u>), wobei der Anwender und der Daten-Fachmann miteinander genau absprechen müssen, welche Bereiche das automatische System abdecken soll. Fig. 2.21 zeigt eine logische Daten-Struktur, wie sie als Unterlage für das Gespräch zwischen Anwender und Computer-Spezialist im obigen Beispiel etwa aussehen könnte.

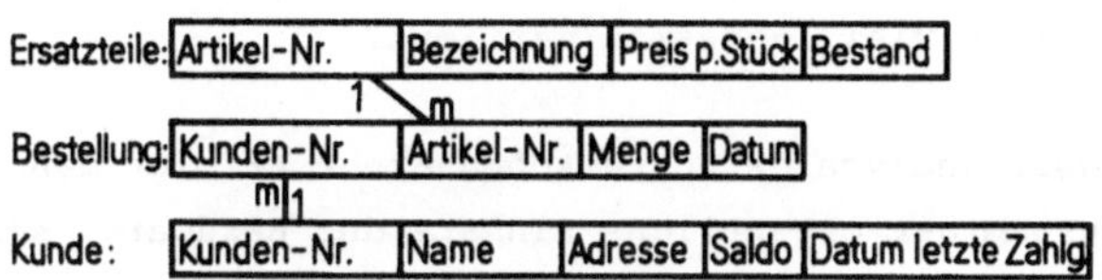

<u>Fig. 2.21</u> Logische Datenstruktur
(Bsp. Ersatzteil-Lieferung)

Dieses Gespräch betrifft die Art und Formulierung der genannten Merkmale (Artikel-Nummer, Adress-Schreibweise etc.), aber auch die Beziehungen zwischen den Typen von Datensätzen. Im Beispiel von Fig. 2.21 besagt die "1-m"-Angabe, dass zu je <u>einem</u> Ersatzteil <u>mehrere</u> Bestellungen möglich sind und dass auch jeder Kunde mehrere Bestellungen ("1 zu mehrere") machen kann.

Weiter wird dieses Gespräch ergeben, welche <u>Prozesse</u> mit diesen Daten durchzuführen sind. In unserem Beispiel wären dies etwa:

- <u>Lieferungen:</u> Zusätzliche Datensätze "ausgeführte Bestellungen" speichern, den Bestand an vorhandenen Ersatzteilen reduzieren.
- <u>Rechnungen stellen:</u> Rechnungen schreiben aufgrund der ausgeführten Bestellungen, anschliessend löschen dieser Bestellungen und addieren der ausstehenden Beträge zum Saldo.
- <u>Zahlungen verbuchen:</u> Saldo reduzieren.
- <u>Mahnen:</u> Falls Saldo grösser als Null und Datum der letzten Zahlung über 40 Tage zurückliegt.
- <u>Lager auffüllen:</u> Lager-Bestand der Ersatzteile erhöhen.

Diese Liste von Prozessen ist in Wirklichkeit noch erheblich grösser, da Aenderungen im Kundenbestand und im Lagersortiment sowie eigentliche Optimierungsprogramme, z.B. für optimale Lagerbestände, dazukommen.

Die Schilderung zeigt aber deutlich, von welcher Art das Gespräch
zwischen Anwender und EDV-Fachmann <u>auf der logischen Ebene</u> ist.
Anschliessend folgt die Umsetzung dieser logischen Konzepte (Dateien, Zugriffsbedürfnisse, Aenderungshäufigkeiten) auf die
<u>physische Ebene</u>, auf die Datenorganisationsformen, welche im Ab-
schnitt 2.4 beschrieben wurden. Da spielt es z.B. eine Rolle, dass
Bestellungen häufig zugefügt und entfernt werden, während der Bestand an Artikeln viel langsamer variiert.

Aufgrund dieser Analyse der physischen Ebene erfolgt dann über das
Computerprogramm der eigentliche Einsatz der Hardware, selbstverständlich mit weitgehender Unterstützung durch das Betriebssystem,
durch die Software des Computers.

Die verschiedenen Betrachtungsebenen zeigen je ganz verschiedene
Aspekte der Datenwelt. Wichtig - und in der Praxis leider gelegent-
lich noch unbewältigt - ist das Gespräch zwischen Anwender und
Computerspezialist, den beiden Partnern in diesem ganzen Komplex.
Für dieses Gespräch muss eine Ebene gewählt werden, auf der beide
Seiten kompetent mitsprechen können. Dies ist die <u>logische Ebene</u>,
die in diesem Abschnitt überblicksartig und recht informell darge-
stellt wird.

2.5.2 <u>Einfache Datenmodelle (Tabellen, Relationen)</u>

Schon bei den physischen Datenstrukturen haben wir gesehen, dass
Tabellen (vgl. Fig. 2.13 und 2.14) übersichtlich und den formatierten Datensätzen sehr angepasste Formen sind. Solche Tabellen lassen
sich - natürlich hier ohne Bezug auf Fragen der Speicher-Adressie-
rung - auf der logischen Ebene mit jedem Anwender diskutieren. Nehmen wir das Beispiel des Ersatzteillagers nochmals auf (Fig. 2.22).

Ersatzteile:

Artikel-Nr.	Bezeichnung	Preis p.St.	Best.
7-481-287	Auspufftopf Mod 81	87.50	7
5-814-413	Lampe Mod 814	2.75	414
5-728-814	Lampe Mod 728	1.60	220

Bestellungen:

Kunden-Nr.	Artikel-Nr.	Menge	Datum
4514	7-481-287	2	10. Juli
4514	5-814-413	30	10. Juli

Kunden:

Kunden-Nr.	Name	Adresse	Saldo	letzte Zahlg
4514	Haller+Würsch	St.Gallen	413.80	3. Juli
4820	Auto AG	Zürich	217.–	10. April

Fig. 2.22 Logische Datenbasis in Tabellen (Relationen)

Wir stellen uns alle Datenbestände aus der logischen Datenstruktur
der Fig. 2.21, nämlich "Ersatzteile", "Bestellungen" und "Kunden",
je als Tabelle vor, wobei jede Zeile der Tabelle einem Datensatz
entspricht. Diese Tabellen werden im sogenannten Relationen-Modell
(vgl.[SCHLAGETER/STUCKY 77] oder [WEDEKIND 74]) "Relationen", die
Datensätze "Tupel" genannt. Dies und die mathematische Formulier-
barkeit der Datentransformationen ist für uns hier nebensächlich.
Wichtig ist aber eine andere Ueberlegung:

Wenn •wir unsere Datenbestände in (mehreren) solchen Tabellen
einordnen, dann muss die gesamte für eventuell zukünftige Abfragen verfügbare Information in diesen Tabellen stecken.
Querbeziehungen zwischen den Tabellen werden nicht separat dargestellt, sondern in der Nennung gleicher Merkmalswerte
(z.B. Artikelnummer) in verschiedenen Tabellen.

Erst bei der Abfrage werden diese Querbeziehungen aktiviert. (Bsp.:
"Gibt es Artikel, bei denen die Bestellungen den Lagerbestand übersteigen?") Die gespeicherten Daten stellen somit das absolute Minimum dessen dar, was für spätere Auskünfte nötigt ist. In den Tabellen steckt insbesondere noch keine Vorleistung für künftige schnelle Abfragen, da die Reihenfolge des Eintrags in den Tabellen völlig
frei erfolgt.

Damit ist der Daten-Unterhalt sehr übersichtlich und einfach, das
Anhängen oder Wegstreichen von Datensätzen problemlos. Hingeoen ist
die praktische Durchführung von Abfragen recht aufwendig, denn entweder muss alles sequentiell abgesucht werden, oder es muss bei der
Abfrage zuerst die Hilfsorganisation (z.B. invertierte Dateien) aufgebaut werden.

Damit erkennen wir die langfristige Ausrichtung des Relationenmodells: Langfristig ist die Speicherung der Daten das Hauptproblem;
diese Speicherung ist daher mit so wenig Auflagen wie möglich (Ab-
fragehilfen) und so einfach wie möglich zu organisieren. Die Abfrage hingegen ist ein Arbeitsprozess und damit rechenorientiert;
da das Rechnen aber laufend billiger und einfacher wird, darf dem
Computer aus der Sicht des Relationenmodells ruhig etwas Mehraufwand zugemutet werden.

Das Relationenmodell ist somit ein logisch übersichtliches, auf
lange Sicht ausgerichtetes Datenmodell. Für die heutige Praxis ist
es in reiner Form von geringerer Bedeutung, da wir bei grösseren
Datenmengen ohne Zugriffshilfen nicht auskommen; hingegen ist dieses Modell schon heute wichtig für die logische Beschreibung der
Datenprobleme. Auch der Nichtspezialist in Datenfragen versteht
solche Tabellen unmittelbar und ist damit auch imstande, System-
entwürfe zu diskutieren.

2.5.3 Datenmodelle mit Zugriffsstrukturen (Hierarchien, Netzwerke)

Die Ueberlegungen im Abschnitt 2.4 waren darauf ausgerichtet, geeignete physische Speicherstrukturen zu finden, welche auch für die
Benützung (Zugriff, Aenderungsdienst) effizient sind. Daher liegt es
nahe, logische Datenmodelle zu suchen, welche die Benützung direkt
darstellen können und damit frühzeitig den Entwurf der Datensysteme
auf den Datenzugriff ausrichten.

Der wichtigste Zusammenhang zwischen verschiedenen Datensätzen hat
bei Grossanwendungen die Form einer Hierarchie. Man nennt diese

Struktur auch Baum (tree) oder 1-m-Beziehung (Fig. 2.23).

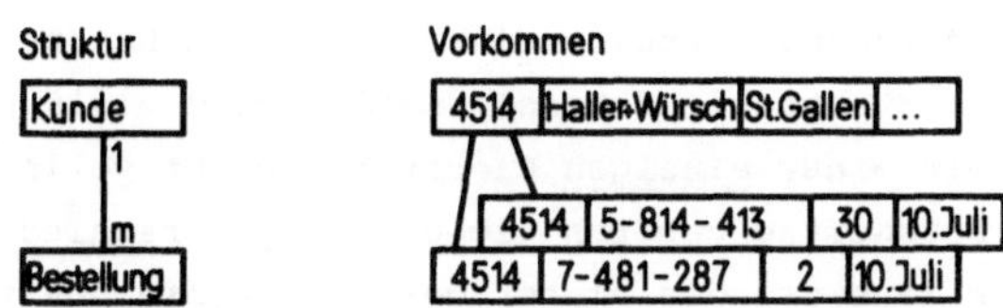

<u>Fig. 2.23</u>   Hierarchie (Struktur und Vorkommen)

In dieser Struktur gehören zu einem <u>Vater</u>-Element ein oder mehrere
unter sich gleichartige <u>Kinder</u>-Elemente. Da die Zahl der Kinder-
Elemente variabel ist, sind die verschiedenen <u>Vorkommen</u> der Hier-
archiestruktur <u>verschieden</u>, genau wie es Familien mit 1, 3 oder 7
Kindern (oder sogar solche ohne Kinder) gibt.

Hierarchien sind in der Praxis häufig:

- Mehrere Bestellungen zu je einem Kunden.
- Mehrere Mitarbeiter in einer Abteilung.
- Mehrere Abteilungen in einer Firma.

Die beiden letzten Beispiele zeigen übrigens, dass auch <u>mehrstufige</u>
<u>Hierarchien</u> vorkommen können.

- Mehrere Mitarbeiter einer Abteilung, mehrere Abteilungen in
  einer Firma.

Dies <u>umfasst</u> auch die aus der Kombination folgende Aussage:

- Mehrere Mitarbeiter in einer Firma.

Nach diesen wenigen Ueberlegungen zu Hierarchien (vgl.[SCHLAGETER/
STUCKY 77]) stellt sich abschliessend die Frage, ob diese Struktur
mit physischen <u>Speicherorganisationsformen</u> gut unterstützt werden
kann. Da jede Hierarchie sehr leicht linear zu ordnen ist ("hinter
jedem Vater seine Kinder", auch mehrstufige Hierarchien lassen sich
so linearisieren), ist jede Listenorganisation auch imstande, Hierarchien gut darzustellen. Und nicht nur die Einzelabfrage, sondern
auch die sequentielle Massenverarbeitung ist bei Hierarchien sehr

einfach und effizient.

Die Hierarchie ist somit einfach, übersichtlich, effizient [VETTER 77], so dass sie manche Vorteile einer logischen Datenstruktur mit günstigen Speichertechniken vereint. Leider sind viele praktische Datenprobleme mit einer einzigen Hierarchie nicht vollständig darstellbar. Die Datensätze gehören gleichzeitig verschiedenen Hierarchien an; das zerstört die bisher gerühmte Einfachheit zusehends und führt zu einer neuen Struktur, zu einem Netzwerk (Fig. 2.24).

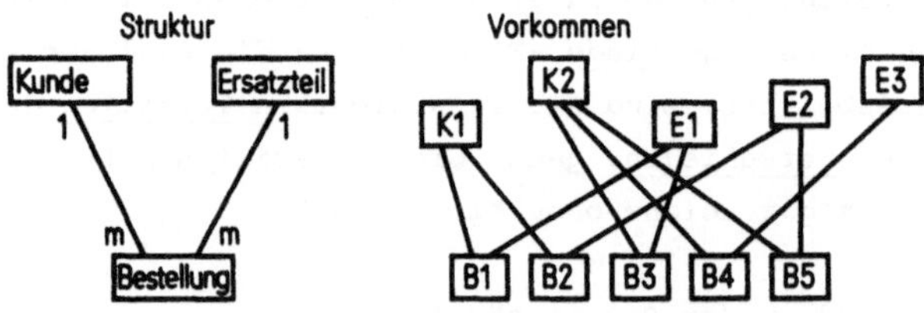

Fig. 2.24   Netzwerk (Struktur und Vorkommen)

Das Netzwerk ist nicht mehr eindeutig linear ordnungsfähig, wie wir in Fig. 2.24 sofort sehen: Die Bestellungen sind in der Hierarchie einerseits "Kinder" der Kunden (und im Beispiel diesen entsprechend geordnet); aber auch "Kinder" der Ersatzteile. Die zweite Ordnung entspricht nicht jener der Ersatzteile und umgekehrt.

Netzwerke lassen sich daher nicht direkt auf einfache physische Speicherorganisationen für grosse Datenmengen abbilden. Wenn dieses Datenmodell für den logischen Entwurf benützt wird, so ergibt dies einen erheblichen Organisationsaufwand, wie er aber von modernen Datenbanksystemen (vgl. Kapitel 6) angeboten wird. Anderseits kann nicht darüber hingweggesehen werden, dass von den bisher geschilderten logischen Datenstrukturen nur das Netzwerk, also eine doppelte Hierarchie, erlaubt, die sehr wichtige m-m-Beziehung ("mehrere zu mehreren") darzustellen, wie dies schon im einfachen Beispiel "Ersatzteilbestellung" auftritt: Jeder Kunde kann nämlich mehrere Ersatzteile und mehrere Kunden können das gleiche Ersatzteil bestellen. Und diese doppelte Hierarchiebeziehung übersteigt

die Leistungsfähigkeit eines einfachen, physisch linear abgestütz-
ten Hierarchiemodells.

Nebst den geschilderten, sehr allgemein gültigen Strukturen Hierarchie und Netzwerk existieren natürlich für spezielle Anwendungsgebiete weitere logische Modelle. Der Anwender wird sich bei Grossprojekten auf jeden Fall vor der physischen Realisierung um die Benützung vorhandener Modelle bemühen. Die Modelle sind aber schon
wichtig für die saubere Beschreibung des Problems, insbesondere
der Daten, in Form von logischen Datenstrukturen.

2.6 Die Redundanz

In den 60-er Jahren erhob sich der Ruf nach "integrierter Datenverarbeitung". Diese schlagwortähnliche Forderung enthielt die zentrale Aussage:

> Daten sollen nur einmal erhoben,. aber allen Benützern
> aus dieser Quelle zur Verfügung gestellt werden.

Jedermann findet diese Forderung angemessen, weiss er ja selber,
dass gelegentlich auf Fragebogen etc. Dinge gefragt werden, welche
der Frager eigentlich wissen sollte. Und oft ist man erstaunt und
enttäuscht, dass einfache Meldungen, z.B. eine Adressänderung, innerhalb eines Amts oder einer grossen Firma nicht weitergeleitet
werden.

Im _idealen_ Datensystem müsste also jede Information nur einmal gespeichert werden und wäre dann überall nach Bedarf zugänglich. In
realen Datensystemen ist das aber aus verschiedenen Gründen nicht
möglich und auch nicht immer erwünscht; Doppel-und Mehrfachspei-
cherungen der gleichen Information nennen wir _Redundanz_.

Die Hauptgründe für Redundanzerhöhungen erkennen wir sofort anhand
eines Beispiels aus dem Bürobetrieb: Wieso macht man Briefkopien?

- wegen der _Sicherheit_: man benötigt ein Doppel als Beleg, im

Archiv, wenn ein Brief verloren geht etc.;
- wegen des <u>schnelleren Zugriffs</u>: man legt eine erste Kopie chronologisch, eine zweite nach Sachgebiet, eine dritte alphabetisch nach Adressat ab;
- bei der <u>Aufteilung</u> auf verschiedene Teilsysteme: man schickt eine Orientierungskopie an Stellen, welche damit selbständig weiterarbeiten können.

Genau gleich verfährt man im Bereich automatischer Datensysteme. Allerdings erlaubt und verlangt der Computer aus Gründen des Aufwand/Nutzen-Verhältnisses meist intelligentere Verfahren als die starre Duplizierung von Daten und Verarbeitungen. Wir wollen einige Beispiele erwähnen:

- <u>Sicherheitserhöhung</u>: Paritätsbit und Paritätsbyte bei Magnetbändern (2.2.4); Sicherheitsmassnahmen organisatorischer und technischer Art (Kap. 7).
- <u>Zugriffsbeschleunigung</u>: Invertierte Dateien (2.4.4.).
- <u>Systemaufteilung</u>: Zur Verhinderung allzu komplizierter Datensysteme werden diese aufgeteilt, was allerdings die Duplizierung gemeinsam benötigter Daten nötig macht (8.1.2).

Es ist hier nicht möglich, alle Möglichkeiten <u>sinnvoller</u> Redundanzerhöhung umfassend aufzuführen, weil jede Anwendung (wie oben bei den Briefkopien) ihre eigene geschickte Lösung benötigt. Die Redundanzerhöhung ist keine rein technische Frage, sondern muss auf der logischen Ebene (Datenstrukturen) überlegt und im wesentlichen entschieden werden. In jedem Fall aber ist die Redundanzerhöhung zu begründen, meist mit Sicherheits- oder mit Geschwindigkeitsbedürfnissen. Denn Redundanz verursacht Aufwand, und zwar nicht nur im Speicher, sondern - wegen der mehrfachen Nachführung bei Aenderungen - auch in Form von zusätzlicher Rechenleistung.

Gleichzeitig erhöht jedes Parallelführen von Datenbeständen die Gefahr von Fehlern und Differenzen zwischen den verschiedenen Einträgen, die ja die <u>gleiche</u> Information enthalten sollten. Die Datenverdoppelung oder jede andere Redundanzerhöhung muss daher wohl überlegt, koordiniert und kontrolliert werden, bis wir von <u>kontrollierter Redundanz</u> sprechen dürfen.

3 PROGRAMMENTWICKLUNG

3.1 Aufgaben und Phasen der Programmentwicklung

Aus den Ausführungen in Kapitel 1 ging hervor, dass Verarbeitungs-
prozesse dafür verantwortlich sind, dass verlangte Resultate aus geeigneten Ausgangsdaten ermittelt werden können. Diese Prozesse bestehen aus einer endlichen Folge von Einzeloperationen, welche
durch die verschiedenen Geräte eines Computers (Hardware) ausgeführt werden. Die Durchführung dieser Operationsfolge wird durch
ein Programm vorgeschrieben; Programme legen also fest, was mit
den Ausgangsdaten zu geschehen hat, damit die gewünschten Resultate anfallen. Die Gesamheit aller für einen Computer verfügbaren
Programme wird als dessen Software bezeichnet, wobei entsprechend
ihren Aufgaben zwischen System-Software und Anwendungs-Software
unterschieden wird.

System-Software (Betriebsprogramme, Betriebssystem) ist für einen
Computer unerlässlich, damit er überhaupt betrieben werden kann
und damit mit ihm verschiedenartigste Anwendungen in unterschiedlichen Benützungsarten und Betriebsformen durchgeführt werden
können. Die Anwendungs-Software beschreibt hingegen die Lösung für
ganz bestimmte Problemstellungen, welche mit dem Computer gelöst
werden sollen. Wer zur Bearbeitung anstehender Aufgaben den Computer verwenden will, muss sowohl über die für den Betrieb des
Computers notwendigen Systemprogramme, als auch über ein funktions-
tüchtiges Anwendungsprogramm verfügen (Fig. 3.1).

Die einzelnen Programme setzen sich aus Teilschritten zusammen,
wobei die feinste Untergliederung schliesslich den Elementaroperationen eines Computers entspricht. Erst deren Interpretation
und Ausführung bewirken die eigentliche Durchführung eines Programms.

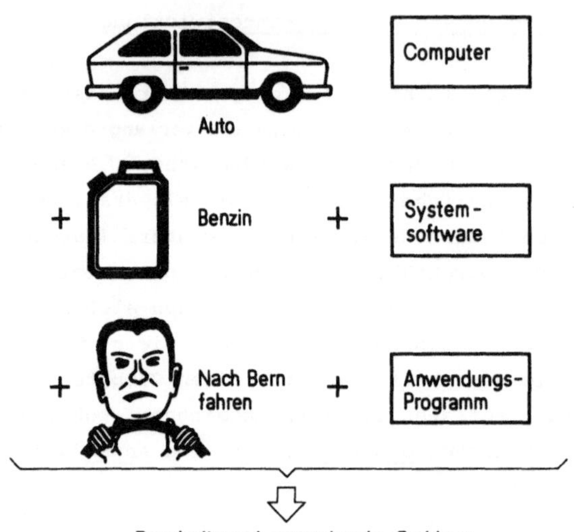

<u>Fig. 3.1</u> Notwendige Komponenten für das Problemlösen

Wer ein Programm entwickeln will, hat alles Interesse, sich nicht
mit den einzelnen Maschinen-Operationen abmühen zu müssen. Im Laufe
der ₊Zeit wurden daher <u>Programmiersprachen und -hilfen</u> gesucht,
welche eine Programmierung weit weg von den Grundoperationen der
Maschine, dafür näher bei der alltäglichen, nicht von den technischen Eigenschaften des Computers geprägten Ausdrucksweise des Anwenders gestatten. Dieses Wegrücken von der Maschinensprache zu
maschinenunabhängigen Sprachen geschieht immer häufiger und stärker,und man postuliert zu Recht, dass eine Programmierung in
Assembler- und Maschinensprache nur noch in wenigen Ausnahmefällen,
z.B. bei sehr strengen Zeitbedingungen in Echtzeitprogrammen, angebracht sei. Damit erreicht man neben dem Vorteil, sich nicht mit
den Details der Rechnerarchitektur beschäftigen zu müssen, auch
jenen der <u>Maschinenunabhängigkeit</u>. Diese gestattet, das gleiche
Programm auf verschiedenen Maschinen zu verarbeiten, wobei die Anpassung an die spezifische Maschinensprache jeweils durch eine

<u>Uebersetzung</u> (Compilation, Interpretation) erreicht wird
(Fig. 3.2).

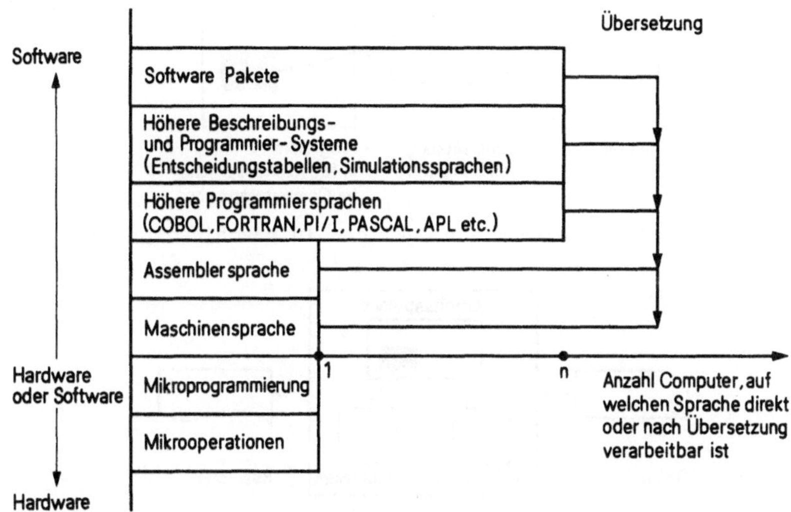

<u>Fig. 3.2</u> Hierarchie der Programmiersprachen

Ein Computer ist nur in der Lage, seine eigene Maschinensprache
direkt zu verstehen und abzuarbeiten. Alle Programme - System- wie
Anwendungsprogramme - müssen daher in der Maschinensprache des Computers vorliegen, welcher die Verarbeitung durchführen soll.

Für jedes nicht in der zutreffenden Maschinensprache geschriebene
Programm ergeben sich folglich zwei <u>Schritte</u> der Bearbeitung:
<u>Programmübersetzung</u> und <u>Programmausführung</u>. Beim Uebersetzungs-
<u>schritt</u> (Fig. 3.3) erzeugt ein Uebersetzungsprogramm (Compiler,
Interpreter) aus dem in einer bestimmten maschinenunabhängigen
<u>Quellensprache</u> geschriebenen Programm ein <u>Objektprogramm</u> in Maschi-
nensprache. Dieses kann dann im Verarbeitungsschritt <u>ausgeführt</u>
werden; dabei werden die anstehenden Daten gemäss den im Programm
formulierten Verarbeitungsregeln behandelt und die verlangten Resultate ermittelt (Fig. 3.4).

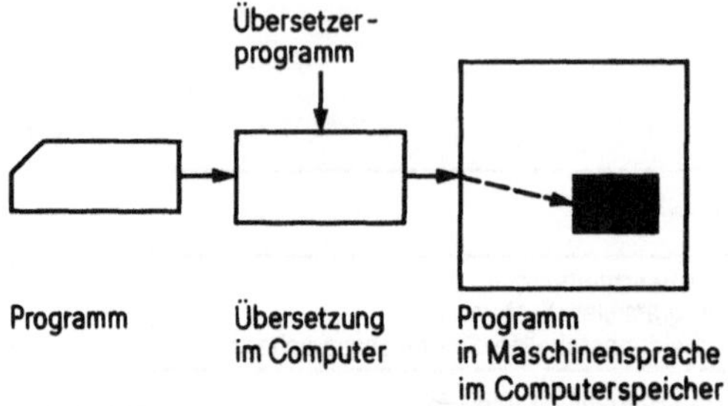

Fig. 3.3 Uebersetzung aus Quellen- in Maschinensprache

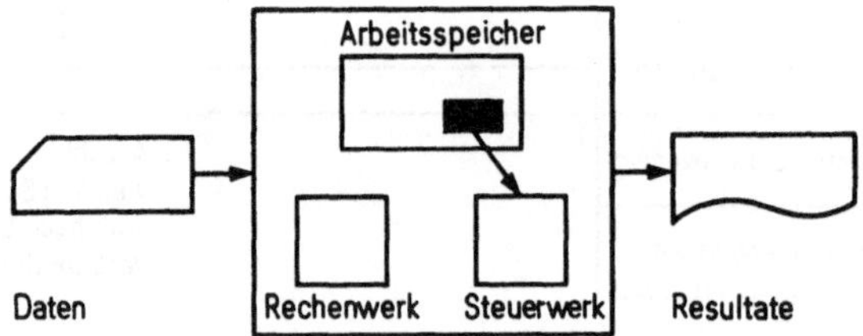

Fig. 3.4 Ausführung des Maschinensprache-Programms

Das Ziel der Programmentwicklung ist es, ein für eine gegebene Aufgabenstellung adäquates und korrektes Programm zu erstellen, welches auf einem bestimmten Computer ausgeführt werden kann. Dazu müssen alle der folgenden Aufgaben befriedigend gelöst werden:

- Vollständige und klare Formulierung des Problems.
- Geeignete Aufteilung in Teilprobleme.
- Beschreibung des Lösungsverfahrens und der zu verarbeiten-
  den Daten in einer zweckmässigen Sprache (Programmiersprache).
- Umsetzung dieser Beschreibung in ein auf einem bestimmten
  Computer ausführbares Programm.
- Ueberprüfung, so dass bestmögliche Gewissheit für das in al-
  len Situationen korrekte Arbeiten des Programms besteht.

Die folgenden Ausführungen sollen nun Prinzipien, Methoden und Werkzeuge der Programmentwicklung zeigen, so dass die Programme die

geforderten Funktionen erbringen können, leicht verständlich sind
und sich mit wenig Aufwand ändern und erweitern lassen.

3.2   Programmentwicklung im Rahmen eines EDV-Projekts

Eine EDV-Projektentwicklung besteht, wie in Kap. 10 ausgeführt wird
und speziell in Fig. 10.1 dargestellt ist, aus mehreren Arbeitsgängen, welche präzis aufeinander abzustimmen sind. Die weit verbreitete Meinung, dass die Realisation von Computeranwendungen hauptsächlich darin besteht, Programme zu schreiben, ist falsch und
gibt ein unzutreffendes Bild der anstehenden Aufgaben. Vor allem
dann, wenn man unter Programmieren nur das eigentliche Codieren
versteht, ist diese Phase zwar notwendig, aber längst nicht ausreichend für eine erfolgreiche EDV-Anwendung. Programme und die
für deren Herstellung erforderliche Programmiertätigkeit gehören
zwar untrennbar zur Anwendungsentwicklung, sie sind aber nur fester
Teil eines grösseren Gesamtkonzepts.

Während sich die Ansichten über den grundsätzlichen Aufbau und die
notwendige Gliederung der Anwendungsentwicklung heute anzunähern
scheinen, ist die verwendete Terminologie noch sehr uneinheitlich,
und für die gleiche Tätigkeit finden verschiedene Begriffe Verwendung. Es ist sogar sehr zu bezweifeln, dass man sich je bei einer
gemeinsamen Sprache finden wird. Wesentlich ist jedoch, trotz Be-
griffswirrwarr die einzelnen Tätigkeiten klar zu sehen und diese,
unterstützt von zweckmässigen Methoden und Hilfsmitteln korrekt
durchzuführen. Im Kapitel 10 werden das EDV-Projekt und die daran
anschliessende EDV-Anwendung gesamtheitlich aus der Sicht der EDV-
Organisation betrachtet und erläutert; hier soll nun die Programmentwicklung mit ihren verschiedenen Phasen genauer untersucht werden.

Die Anwendungsentwicklung kann in ihrem Ablauf sehr gut mit dem
Vorgehen bei der industriellen Einzelfertigung verglichen werden.
Auch diese ist in verschiedene Phasen gegliedert, deren Zielsetzungen dem entsprechen, was in den einzelnen Phasen der Anwendungsentwicklung erreicht werden soll. Bei beiden kommen auch die Grund-

sätze des Systems Engineering zum Zuge, indem auf die einzelnen
Phasen solange zurückgekommen wird, bis eine befriedigende Lösung
erreicht ist. Auch enthält der Projektablauf in beiden Fällen <u>Ent-
scheidungspunkte</u>, an denen aufgrund des Erreichten die Projekt-
fortsetzung freigegeben werden muss. Die einzelnen Etappen der
Anwendungsentwicklung und die dazu führenden Phasen sind in
Fig. 3.5 dargestellt und werden nun kurz charakterisiert; die zur
eigentlichen Programmentwicklung gehörenden Teile - Entwurf, Implementierung sowie Funktions- und Leistungsüberprüfung - werden dann
im Abschnitt 3.5 genauer untersucht.

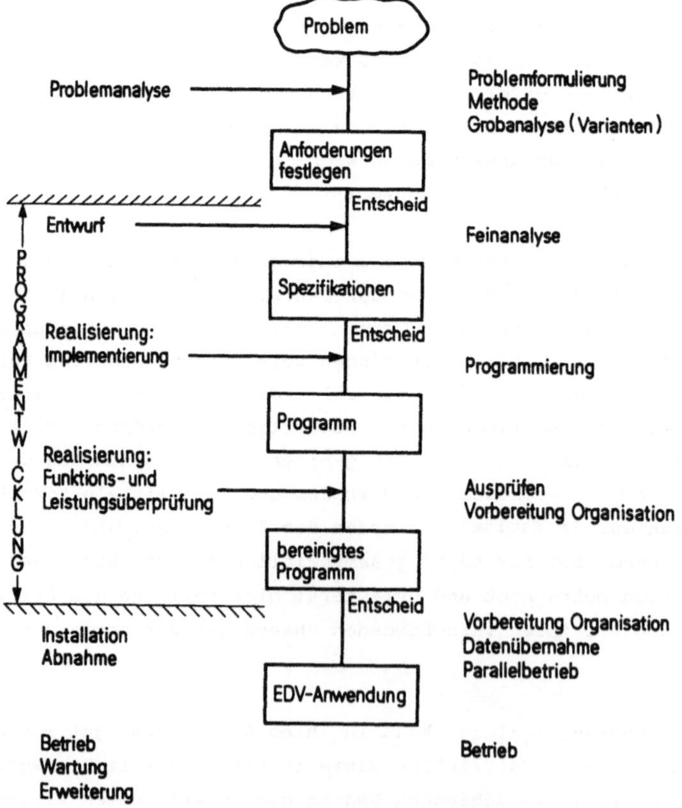

<u>Fig. 3.5</u> Phasen der Anwendungsentwicklung

Hauptaktivität der <u>Problemanalyse</u> ist die Erarbeitung einer System-
beschreibung, welche die gewünschten Funktionen und die erforderlichen Leistungen festhält. Mit einer Durchführbarkeitsstudie ist
zudem abzuklären, ob sich ein Vorschlag überhaupt realisieren
lässt, d.h. ob ein entsprechendes Programmsystem erstellt werden
kann. Als Resultat dieser Phase liegen die <u>Anforderungen</u> des künftigen Benutzers vor, welchen das neue Programmsystem zu genügen
hat. Sie sind auch Referenz für die spätere Abnahme der Programme.

In der <u>Entwurfsphase</u> ist ein Programmkonzept (Spezifikationen) zu
entwickeln, welches die vorliegenden Anforderungen erfüllt. Dabei
ist das Gesamtsystem so aufzuteilen, dass überschaubare <u>Moduln</u> entstehen, welche über eindeutige Schnittstellen miteinander verbunden
werden können. In dieser Entwurfsphase werden also noch keine
Programme, sondern nur Spezifikationen erstellt, welche Ausgangspunkt für die Implementierung, also für die eigentliche Program-
mier- oder Codiertätigkeit sind. Die Entwurfsphase ist von grösster
Wichtigkeit, denn dabei entsteht die eigentliche Antwort auf die
gestellten Anforderungen; diese Arbeit ist dann anschliessend noch
in vom Computer verarbeitbare Programme umzusetzen.

Die <u>Implementierung</u> hat dann schliesslich die Aufgabe, ein Programmpaket herzustellen, welches auf dem verfügbaren Computer und in der
bestehenden Systemumgebung lauffähig ist. Hierzu wird nun jeder
einzelne Modul so codiert und dokumentiert, dass ein transparentes
Produkt vorliegt. Dieses darf sich nicht durch kunstvolle und
trickreiche Realisierung hervortun; Einfachheit und Klarheit sowie
einfache Aenderungsmöglichkeiten sind die anzustrebenden Eigenschaften, welche ein gutes Programm auszeichnen. Man kann sich
auch gut vorstellen, dass dieses Codieren weitgehend oder sogar
vollständig automatisch durchgeführt werden kann, was die Aufwer-
tung der Entwurfsphase als des <u>zentralen Teils der Programment-
wicklung</u> noch verdeutlicht.

Die <u>Testphase</u>, in der <u>Funktionen und Leistungen überprüft</u> werden,
soll den Nachweis erbringen, dass die Anforderungen erfüllt werden
können. Dafür wird das Programmsystem nach verschiedenen Stufen

von internen Tests schliesslich den realen Bedingungen ausgesetzt und mit der echten Arbeitslast überprüft. Diesen Tests kommt deshalb besondere Bedeutung zu, weil heute noch keine automatischen Verfahren für die Programmverifikation zur Verfügung stehen. Sollten sonst funktionstüchtige Programme die geforderten Leistungen quantitativ nicht erbringen, so ist eine gezielte Programmoptimierung durchzuführen, welche aber unter keinen Umständen die korrekte Funktionsweise der Programme beeinträchtigen darf.

Wurde eine Anwendung auf einem besonderen Entwicklungscomputer erarbeitet, so sind die Programme schliesslich auf das künftige Produktionssystem zu übertragen und dort zu implementieren. Bei der anschliessenden Abnahme hat der Auftraggeber und Benutzer schliesslich abzuklären, ob die in der Problemanalyse formulierten Anforderungen vom vorliegenden Produkt erfüllt werden können. Trifft dies zu, wird er das den Systementwicklern bestätigen, und die Anwendung kann dem Betrieb übergeben werden.

Erfahrungen zeigen, dass EDV-Anwendungen nicht statisch sind und dass im Laufe der Zeit immer wieder kleinere Aenderungen und grössere Erweiterungen notwendig sind. Dies wird umso einfacher sein, je sauberer die Programmentwicklung durchgeführt wurde.

Die gesamte Anwendungsentwicklung und ganz speziell das Vorgehen bei der Programmentwicklung sind heute aus verschiedenen Gründen im Zentrum des Interesses. Vor allem die von der Software anfallenden Kosten verlangen ein ständiges Ueberdenken der Prinzipien, Methoden und Techniken. Wurde das EDV-Budget in den sechziger Jahren nämlich noch eindeutig von den Hardwarekosten dominiert, so machen diese heute kaum mehr dreissig Prozent aus. Den grossen Brocken stellt jetzt die Software dar, und es muss angenommen werden, dass sich das Verhältnis in Zukunft noch mehr verschieben wird (Fig. 3.6). Somit muss der Software-Entwicklung in Zukunft noch grössere Beachtung geschenkt werden.

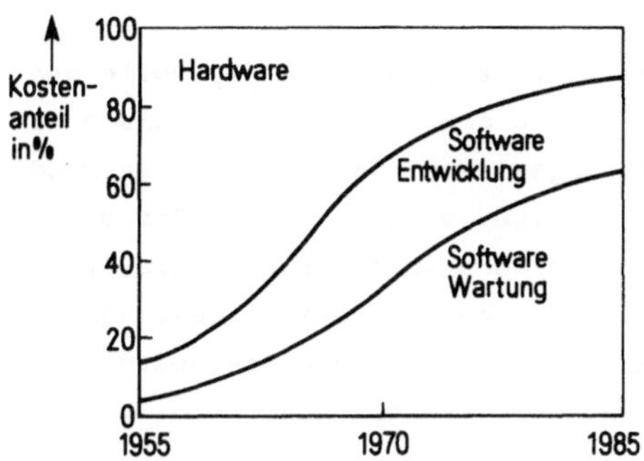

<u>Fig. 3.6</u> Entwicklung der EDV-Kosten

Das im vorangehenden beschriebene Vorgehen bei der Programmentwicklung mit den dazu erforderlichen Phasen ist grundsätzlich
für Aufgaben jeglicher Art und Grösse gültig. Die einzusetzenden
Methoden und Hilfsmittel haben sich hingegen an den jeweiligen
Problemstellungen zu orientieren. Die wachsende Komplexität der
Probleme verlangt jedoch immer wieder nach neuen Verfahren. Die
Herstellung von umfangreicher Software unterscheidet sich daher
wesentlich vom Erstellen kleiner Programme; grössere Aufgabenstellungen sind so anspruchsvoll, dass nur ein ingenieurmässiges Vorgehen zum Ziel führen kann.

Dass dies vor allem für die Entwurfsphase gilt, hat man erkannt
und hierzu in letzter Zeit verschiedene Methoden entwickelt. Auf
Bedeutung und Notwendigkeit der Ingenieurtechnik weist die Be-
griffsbildung "Software Engineering" hin. Zu deren Erläuterung sei
aus unzähligen Definitionen jene von Gewald [GEWALD 79] zitiert,
welche unter Software Engineering "die genaue Kenntnis und gezielte
Anwendung von Prinzipien, Methoden und Werkzeugen für die Technik
und das Management der Software-Entwicklung und -Wartung auf der
Basis wissenschaftlicher Erkenntnisse und praktischer Erfahrungen
sowie unter Berücksichtigung des jeweiligen ökonomisch-technischen
Zielsystems" versteht.

3.3 Ziele der Programmentwicklung

Die vorangehenden Ausführungen haben die Rolle und die grosse Bedeutung gezeigt, welche der Programmentwicklung zukommt. Sie haben
aber auch darauf hingewiesen, dass sich diese Produktentwicklung
auf ein ingenieurmässiges Vorgehen abzustützen hat. Hier soll nun
untersucht werden, welchen Anforderungen die Programme zu entsprechen haben und nach welchen Kriterien diese vom Benutzer beurteilt
werden. Daraus lassen sich dann die Zielsetzungen ableiten, welche
bei der Entwicklung zu verfolgen sind.

Der künftige Benutzer von Software wird sich - obgleich ihn die
Art der Herstellung sehr interessieren mag - primär um deren
Qualität kümmern. Diese sowie die anfallenden Kosten und die erforderliche Entwicklungszeit sind seine Beurteilungskriterien für
das Produkt, das er vorerst als "black box" betrachtet, welche
die seinen Spezifikationen entsprechenden Leistungen zu erbringen
hat. Bevor wir uns daher mit der Entwicklungsmethodik befassen,
wollen wir die geforderten Eigenschaften näher untersuchen.

3.3.1 Qualität von Software

Die Qualität eines Programms oder Programmpakets wird manchmal
daran gemessen, wieviele und welche Funktionen damit abgedeckt
werden können. So wünschenswert Vielfalt und Polyvalenz auch sein
mögen, so klar zeigt die Erfahrung, dass allzu vielseitige und damit komplexe Software fehleranfällig ist und gerade damit den
Qualitätsanforderungen nicht genügen kann. Die Voraussetzung für
gute Software-Qualität ist eine kluge Beschränkung der Funktionen
der einzelnen Programm-Moduln wie auch des gesamten Software-
Systems. Die "technischen Möglichkeiten" dürfen auf keinen Fall zu
unkontrollierbaren Super-Systemen verleiten.

Oberste Anforderung, die man an Software zu stellen hat, ist
Zuverlässigkeit. Programme, welche die verlangten Funktionen
nicht oder nur für einen Teil der zugelassenen Daten erbringen,
sind wertlos oder noch schlimmer, denn sie können immensen Schaden

anrichten, wenn sie etwa einen interaktiven Betrieb zum Erliegen
bringen oder wenn sie in der Prozesssteuerung falsche Aktionen bewirken. Aehnlich wichtig wie die Zuverlässigkeit für den Betrieb
sind für den Unterhalt <u>Lesbarkeit</u> und <u>Transparenz</u> von Programmen.
Aenderungen und Erweiterungen sind nämlich nur dann mit vertretbarem Aufwand möglich, wenn auch ein Programmierer sich im bestehenden Programmkomplex einfach und rasch zurechtfinden kann, welcher
das Programm nicht selber geschrieben hat.

Der Computer dringt in immer neue Anwendungsgebiete ein, und immer
mehr Benutzer begegnen somit den Möglichkeiten, Eigenschaften und
Techniken der elektronischen Datenverarbeitung. Dies ruft nach hohem <u>Bedienungs- und Benützungskomfort</u>. Jedermann - Operatoren,
Routineanwender, gelegentliche Benutzer - soll einfach und effizient, dem Ausbildungsstand angepasst mit dem Computer arbeiten
können. Hierzu sind geeignete Kommunikationssprachen notwendig,
welche leicht erlernbar und anwendbar sind. Diese haben nicht nur
die Kommunikation zu ermöglichen, sondern sie sollen den Benutzer
bei seiner Arbeit unterstützen und ihm sein allfälliges Fehlver-
halten signalisieren. Solche Eigenschaften drängen sich vor allem
für die neuerdings stark überhandnehmende Dialogverarbeitung und
für Datenbankanwendungen auf. Die Notwendigkeit von komfortablen
Benutzerschnittstellen ist zwar unbestritten; es ist aber nicht
zu übersehen, dass ihre Realisierung die Entwicklungszeiten und
-kosten merklich erhöhen kann. Allerdings erlaubt dies später auch
einen besseren und damit rationelleren Betrieb.

Seit Programme erstellt werden, gehört zu den dabei verfolgten Zielen eine möglichst gute <u>Effizienz</u>. In der Vergangenheit wurde die
Optimierung der Software hauptsächlich auf einen minimalen Einsatz
der verfügbaren Hardwaremittel ausgerichtet, wobei als Massgrössen
vor allem die Ausführungszeit und der Hauptspeicherbedarf dienten.
Speicherplatzeffizienz und Ausführungszeiteffizienz sind jedoch
einander entgegenwirkende Grössen, denn eine Minimierung der Laufzeit zieht im allgemeinen einen grösseren Speicherbedarf nach sich
und umgekehrt. Bei der Beurteilung der Effizienz hat man heute zusätzlich die Preis-/Leistungsentwicklung der Hardware zu berück-

sichtigen. Die Rationalisierung der Produktion weit grösserer
Speicherkapazitäten und die daher stark sinkenden Speicherkosten
erlauben es, Speicherkapazitäten zu installieren, welche das Rin-
gen um den Speicherplatz überflüssig machen. Zudem erlauben Be-
triebssystemkonzepte wie die virtuelle Speichertechnik eine weitere geschickte Verteilung der Speicherbeanspruchung. Damit soll
nicht dem unsorgfältigen Aufbau von Programmen und der Speicher-
platzverschleuderung das Wort geredet werden, aber dem Anwendungsentwickler bleibt doch neuerdings der "Kampf um das letzte Bit"
erspart. Dies ist umso bedeutungsvoller, als der Entwicklungsauf-
wand für Software drastisch zunimmt, wenn man versucht, mit möglichst wenig Betriebsmitteln auszukommen. Für die so optimierten
Programme sind zudem die Wartungskosten und der Aufwand für einen
allfälligen Weiterausbau ausserordentlich gross.

Im Gegensatz zu den Ueberlegungen bezüglich Speicherplatzoptimie-
rung spielt allerdings die Minimierung der Ausführungszeit trotz
steigender Leistung der Zentraleinheiten für gewisse Anwendungsgebiete immer noch eine wesentliche Rolle. Dazu gehören Prozess-
steuerungsaufgaben und Echtzeitsysteme mit hohen Transaktionsraten.
Diese sind nach wie vor zeitkritisch und verlangen gut konstruier-
te, die Ablaufzeit minimierende Programme.

Die Praxis zeigt, dass ein einmal entwickeltes Softwaresystem nicht
für ewig in der gleichen Form Bestand hat. Notwendige Aenderungen
und Erweiterungen drängen sich sehr bald auf, und oft ergibt sich
auch der Wunsch, ein Softwarepaket auf einer anderen Maschine benützen zu können. Dieser Dynamik kann dann erfolgreich entsprochen
werden, wenn die Software sich durch <u>Flexibilität</u> auszeichnet, d.h.
wenn Anpassungen mit einem vernünftigen Aufwand möglich sind. Die
<u>Aenderbarkeit</u> ist ein Mass dafür, wie in einem Softwaresystem neue
Benutzeranforderungen berücksichtigt werden können. Die Kosten für
die Anpassung an die sich ändernde Situation wird also von der
Aenderbarkeit der betroffenen Software bestimmt. Daneben spielt
die <u>Wartbarkeit</u> der Software eine ebenso wesentliche Rolle. Diese
gibt an, mit welchem Aufwand Fehler beseitigt und Anpassungen an
Hardware- und Software-Aenderungen durchgeführt werden können.

Einfache Wartbarkeit ist speziell bei Betriebssystemen und Daten-
banksoftware wesentlich, da wegen der Grösse und der Komplexität
der Software immer wieder Fehler auftreten werden. Unter <u>Portabi-
lität</u> schliesslich wird die Eigenschaft verstanden, dass sich Software von einem Rechner auf einen anderen übertragen lässt. Ein
Programm ist umso portabler, je geringer der Aufwand zur Uebertragung
auf einen anderen Rechner gemessen an den Herstellungskosten ist.
Dieser Uebergang ist überhaupt nur dann möglich, wenn maschinenunab-
hängige Programmiersprachen verwendet werden (siehe Fig. 3.2).

3.3.2 <u>Zeitaufwand für die Software-Herstellung</u>

In jedem Programm stecken Ueberlegungen, Erfahrungen und Kenntnisse
von Menschen, die in einem anspruchsvollen geistigen Beruf tätig
sind. Die Abschätzung der für die Entwicklung von Software erforderlichen Zeit ist sehr schwierig, wie manche Beispiele aus der Vergangenheit zeigen. Schon bei vielen Projekten konnte der Zeitplan
nicht eingehalten werden, was zur verzögerten Inbetriebnahme von
EDV-Anwendungen führte. Gründe dafür waren einerseits das Fehlen
von Richtwerten aus ähnlichen Projekten, welche eine zuverlässige
Schätzung des Zeitbedarfs erlaubt hätten, und anderseits das Unver-
mögen der eingesetzten Spezialisten, das Projekt korrekt zu leiten
und die einzelnen Arbeitsgänge in angemessener Zeit durchzuführen.
Ein zusätzlicher Personaleinsatz in Engpassituationen erwies sich
meistens als unmöglich oder wenig nützlich, weil Denkarbeit sich
nicht einfach aufteilen lässt, so dass vor allem in Grossprojekten
der Fertigstellungstermin kaum mehr beeinflusst und vorgezogen
werden konnte. Nachträgliche Kapazitätssteigerung kann sich sogar
so kontraproduktiv auswirken, dass die Verspätungen noch grösser
werden.

Besitzt man Erfahrungen mit ähnlichen Projekten, so lässt sich unter Annahme einer bestimmten <u>Programmierproduktivität</u> der erforderliche Zeitaufwand ermitteln und so ein relativ zuverlässiger End-
termin bestimmen. Dieser lässt sich umso besser einhalten, je klarer
ein Projekt strukturiert und je mehr es in einfach beherrschbare
Moduln aufgeteilt ist. Für Softwareprojekte sind in relativ kurzen

Abständen <u>Meilensteine</u> als Teilziele festzulegen, welche eine
Standortbestimmung erlauben und vor allem auch zur Motivation der
Mitarbeiter beitragen. Dauert es mehr als zwei Jahre, bis mindestens ein Teilprojekt erfolgreich abgeschlossen werden kann, ver-
liert das Projekt den Schwung. Der benötigte Zeitaufwand wird
übrigens sehr stark von der Arbeitstechnik und -methodik beeinflusst. Instrumente, wie sie in Abschn. 3.5 besprochen werden,
können daher eine wesentliche Zeitverkürzung bewirken.

3.3.3 <u>Software-Kosten</u>

Neben dem Ueberschreiten des Zeitrahmens sind es vor allem die
überbordenden Kosten, welche den Erfolg eines Softwareprojekts beeinträchtigen. Die Aufwendungen sind dabei zu unterteilen nach
Entwicklungskosten, Wartungskosten und Betriebskosten. <u>Entwicklungs-
kosten</u> sind neben Computerkosten vor allem Personalkosten aus dem
Aufwand für die Erstellung von Software, welche festgelegten Funk-
tionsspezifikationen genügen und Qualitätsmassstäben entsprechen
muss.   Will man die Entwicklungskosten senken, so sollte die
Produktivität gesteigert werden, da man kaum Funktions- und
Qualitätsanforderungen senken wird. Produktionssteigerung ist denn
auch die allgemeine Stossrichtung, wobei geeignete Methoden und
Hilfsmittel (Abschn. 3.5) zu wesentlichen Verbesserungen führen
können. Verwendet man Kennzahlen zur Charakterisierung der Soft-
ware-Produktion, z.B. die Anzahl Zeilen Code, die in einer bestimmten Programmiersprache pro Tag erstellt, geprüft und dokumentiert
werden, so ist zu beachten, dass je nach der Art des Projekts unterschiedliche Vorgaben erforderlich sind. Bei grossen Programmen
mit sehr hohen Qualitätsanforderungen und komplizierten Schnittstellen können nicht die gleichen Produktivitätszahlen wie bei einfachen, in sich abgeschlossenen Aufgaben erreicht werden. Brooks
gibt z.B. an, dass die Entwicklung eines Compilers dreimal
schwieriger als die Erstellung eines einfacheren Anwendungspro-
gramms ist, und für die Realisierung eines Betriebssystems rech-
net er mit nochmals dreimal grösserem Aufwand. Neben dem Schwie-
rigkeitsgrad bestimmt auch die Qualitätsnorm die Entwicklungskosten
ganz wesentlich. Je besser man die in 3.3.1 erläuterten

Qualitätsmerkmale erfüllen will, desto grösser werden die anfallenden Kosten.

Die <u>Wartungskosten</u> ergeben sich aus dem Aufwand während des späteren Betriebs für die noch nötige Fehlerbehebung sowie aus Anpassungsarbeiten bei der Aenderung von Hardware und Software. Die Erfahrung zeigt, dass Wartungsarbeiten die Gefahr in sich bergen, dass wiederum Fehler eingeschleppt werden und dadurch zusätzliche Wartungskosten anfallen. Dabei steigen die Wartungskosten, je höher der Funktionsumfang, je grösser die geforderte Effizienz und je grösser der Benützungskomfort sind. Wird hingegen den Qualitätsmerkmalen Zuverlässigkeit und Flexibilität ausreichend Aufmerksamkeit geschenkt, so sind die Wartungskosten niedriger.

Die <u>Betriebskosten</u> fallen für jede Verarbeitung an. Sie setzen sich aus den Datenerfassungs-, den Vorbereitungs- und Materialkosten, sowie den Computerkosten zusammen. Die Beanspruchung der Betriebsmittel wird stark beeinflusst durch die Qualität der Software; so trägt hohe Zuverlässigkeit, welche Wiederholungsläufe unnötig macht, wesentlich zur Reduktion der Computerbelastung bei. Ebenso können die Betriebskosten mit gutem Benützungs- und Bedienungskomfort gesenkt werden.

Neben den hier genannten Kosten, deren Kleinhaltung das Ziel jeder Programmentwicklung sein muss, sei noch auf weitere Aufwendungen, sogenannte <u>versteckte Kosten</u> und <u>Folgekosten</u> hingewiesen. Diese fallen z.B. an, wenn Anwendungen nicht zum vorgesehenen Zeitpunkt ablaufen können und wenn ungeeignet aufgebaute Anwendungen statt zu Rationalisierungsgewinnen zu zusätzlichen Arbeiten Anlass geben.

Die diskutierten Beurteilungskriterien für Softwaresysteme dürfen nicht isoliert betrachtet werden. Für jedes Projekt ist eine optimale Kombination der Einflussgrössen festzulegen. Dabei sind es aber sicher die <u>Erhöhung der Zuverlässigkeit</u> und die <u>Steigerung der Produktivität</u>, denen in der Programmentwicklung grösste Aufmerksamkeit geschenkt werden muss.

3.4 Erfahrungen aus der Vergangenheit

In Computeranwendungen aus den Sechziger- und frühen Siebziger-
jahren waren oft Einzelpersonen bestrebt, "optimale" Programme zu
erstellen. Unter optimal wurden dabei vor allem die bestmögliche
Ausnützung des Speichers und ein günstiges Ausführungszeitverhalten
verstanden. Dies führte dazu, dass der Programmierer mit allen
Mitteln und Kunstgriffen versuchte, für diese Kenngrössen möglichst gute Werte zu erzielen. Dazu baute sich jeder Einzelne seine
private Trickkiste auf und komponierte mit dieser seine persönliche
Lösung, in den meisten Fällen ein kleines Kunstwerk. Schon die Dokumentation dieser Konstruktionen bereitete jedoch meist Mühe. Sobald aber die so erstellten Programme die erste Funktionstüchtig-
keit erreichten und dann in Betrieb genommen wurden, traten nicht
selten grosse Schwierigkeiten mit der Zuverlässigkeit auf. Schlimm
wurde es vor allem dann, wenn Drittpersonen mit der Weiterentwicklung oder Wartung solcher Programme beauftragt werden mussten;
häufig war es diesen nur mit grösster Mühe möglich, das Vorliegende
zu verstehen und die geeigneten Anknüpfungspunkte für den Ausbau zu
finden. Sehr oft war sogar eine vollständige Neuentwicklung angezeigt, welche schliesslich mit geringeren Kosten als eine Aenderung zum Ziel und zu besseren Programmen führte.

Diese unbefriedigende Situation in der Software-Entwicklung war natürlich Anlass zu heftigen Diskussionen, und vehement wurden bessere Vorgehenstechniken und Entwicklungsmethoden gefordert. Der ent-
brannte Methodenstreit und der Versuch, ein geeignetes Instrumentarium zu entwickeln, erhielt vor allem im Jahre 1968 wesentliche
Impulse. Damals veröffentlichte Dijkstra nämlich seine grundlegenden Ueberlegungen zum Thema "Strukturierte Programmierung", und im
selben Jahr wurde in Garmisch die NATO-Tagung über "Software Engineering" durchgeführt. Setzte Dijkstra mit seinen Ideen einen
methodischen Grundstein, so verstand man Software Engineering als
eine ganze Palette von Methoden zur Unterstützung der Anwendungsentwicklung. Diese neuen Impulse visierten primär die Programmentwicklung an. Dies war zwar ein absolut notwendiges und begrüssens-
wertes Unterfangen, traf aber den Kern der Problematik nur halb-

wegs. Es ging nämlich nicht allein um die Herstellung einzelner
Programme, sondern vor allem um die Konstruktion von ganzen Systemen, in denen organisatorische Abläufe, Geräte, Programme und Daten
zusammenwirken. Neuerdings zeigt sich sogar immer deutlicher, dass
die Daten die zentrale Rolle spielen und die Programme sich an
den Daten auszurichten haben.

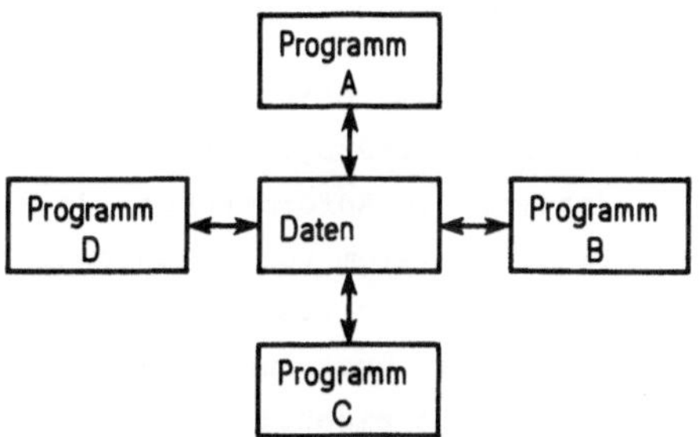

<u>Fig. 3.7</u>   Komponenten des EDV-Anwendungssystems

Heute, rund elf Jahre nach Garmisch, findet man bestätigt, dass
verschiedene Wege zum Ziel führen können. Es liegt nämlich ein sehr
grosses Arsenal von Methoden und Hilfsmitteln vor, welche alle in
irgend einer Form zur effizienten Entwicklung von Anwendungen beitragen können, welche den Anforderungen entsprechen.

Zwei Beispiele von Vorwürfen an die frühere Anwendungsentwicklungs-
methode sollen abschliessend die Hauptangriffspunkte kurz charakterisieren:

>   "We build systems like the Wright Brothers built air-
>   planes - Build the whole thing, put it off the cliff,
>   let it crash and start over again".   (R.M. Graham, 1968)

und

>   "Existierende Software
>   - wird von Amateuren erstellt
>   - wird von Pfuschern erstellt
>   - ist unzuverlässig und bedarf dauernder Pflege

- ist voller Fehler und ungeeignet für Verbesserungen
- kommt zu spät mit wesentlichen Preisüberschreitungen
deshalb ist Software Engineering dringend notwendig".

(F.L. Bauer, 1971)

3.5 Prinzipien, Methoden und Werkzeuge der Programmentwicklung

3.5.1 Programmentwurf und Programmrealisierung

Im Abschn. 3.2 haben wir bei der Diskussion "Stellung der Programmentwicklung im Rahmen eines EDV-Projekts" festgehalten, dass als
Resultat der Problemanalyse die Anforderungen des künftigen Benutzers an das neue Programmsystem vorliegen sollen. Diese sogenannte Programmvorgabe, welche im wesentlichen die Beschreibung
der Ein- und Ausgabe sowie der Programmfunktionen umfasst, ist
also der Ausgangspunkt für die eigentliche Programmentwicklung, in
welcher zuerst ein Programmkonzept zu erstellen und dieses nachher
zu realisieren ist. Im Gegensatz zu früherem Vorgehen, bei dem ausgehend von der Programmvorgabe direkt zur Realisierung (Programmierung) übergegangen wurde, unterteilt man neuerdings im Rahmen
des Software Engineering die Programmentwicklung klar in zwei
Teile: Programmentwurf und Realisierung (mit Implementierung und
Test).

Der Programmentwurf befasst sich mit der globalen Gestaltung des
Programms und legt ein Skelett, eine Struktur für seinen Aufbau
fest. Dabei werden überblickbare Programmteile (Moduln) mit ihren
Funktionen sowie deren gegenseitige Beziehungen in bezug auf Daten
und Ablaufsteuerung ausgeschieden und fixiert. Wie diese logischen
Einheiten dann schliesslich realisiert werden, steht damit noch
nicht fest, dies wird durch die Implementationstechnik und deren
Werkzeuge (Programmiersprachen, Programmgeneratoren etc.) bestimmt.
Erst in der Realisierung wird also festgelegt, wie die einzelnen
im Entwurf spezifizierten Programmteile implementiert, also codiert werden. Für beide Abschnitte - Programmenwurf und Realisie-

rung - steht dem Anwendungsentwickler ein vielfältiges Instrumentarium an Methoden und Werkzeugen zur Verfügung.

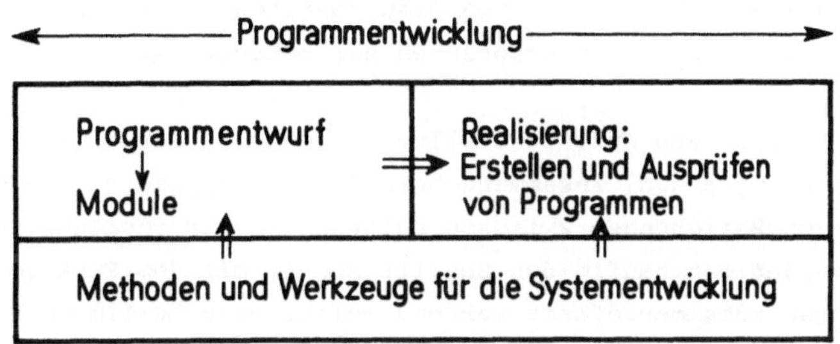

<u>Fig. 3.8</u>   Aufteilung der Programmentwicklung

Wenn der Programmentwurf auch abgetrennt ist, so haben die in diesem getroffenen Entscheidungen dennoch direkte Auswirkungen auf die nachfolgenden Tätigkeiten. Sie beeinflussen sowohl die Implementierung und die Testphase, als auch die spätere Wartung und den dafür notwendigen Aufwand.

3.5.2 <u>Entwurfsprinzipien</u>

Die für den Programmentwurf heute geltenden Grundsätze verfolgen zwei Zielrichtungen: Einerseits geben sie an, wie man Programme bauen soll und anderseits legen sie fest, in welcher Reihenfolge welche Tätigkeiten erfolgen sollen. Objekt der Bemühungen können dabei ganze Programmsysteme, einzelne Programme oder auch Moduln sein. Diese Differenzierung lässt erwarten, dass Methoden bestehen, welche mehr auf den <u>Systementwurf</u>, und andere, welche stärker auf den <u>Programm- oder Modulentwurf</u> ausgerichtet sind. In allen Fällen geht es aber darum, die Struktur eines Systems zu erkennen und diese in sinnvolle, für die Aufgabenerfüllung geeignete Subsysteme aufzuteilen. Dabei wird die Wirksamkeit jedes Ansatzes und jeder Methode stark durch die jeweilige Situation - Art der Aufgabenstellung, organisatorische Bedingungen, Personal etc. - beeinflusst. Vor diesem breiten Hintergrund ist die nachfolgende Methodendarstellung zu sehen, denn es wird nie für alle Fälle die einzige, am besten geeignete Methode geben. Vor undifferenzierten Aussagen über die Qualität von Methoden ist zu warnen; sie würden uns zu einem ähnlichen oberflächlichen Glaubenskrieg führen, wie er von den Debatten um Programmiersprachen her bekannt ist.

Bei der Analyse von Aufgabenstellungen geht man darauf aus, Teilbereiche abzugrenzen, Zusammengehörendes zu gruppieren und die gegenseitigen Beziehungen zwischen solchen Gruppen festzuhalten. Dabei verwendet man häufig den Begriff <u>Modul</u>, mit dem Funktionen und Beziehungen zusammengefasst werden, welche eine bestimmte Bedeutung oder Aufgabe haben (siehe z.B. [DENERT 79]). Moduln sind also nicht beliebige Programmteile, sondern Gruppierungen, welche eine unter ganz bestimmten Gesichtspunkten gebildete logische Einheit darstellen; im Rahmen der Programmentwicklung sind Moduln Bausteine, welche die mit den Daten auszuführenden Operationen festlegen. Die Zerlegung einer Aufgabenstellung in Moduln ist übrigens im allgemeinen nicht eindeutig, was die Zerlegungskriterien und -methoden reflektiert.

Die Komplexität jeder anstehenden Aufgabe kann durch Aufteilung in funktionale Bausteine besser erfasst und damit einfacher bewältigt werden; dies ist in der Fig. 3.9 am Beispiel der Beschaffung eines Computersystems dargestellt.

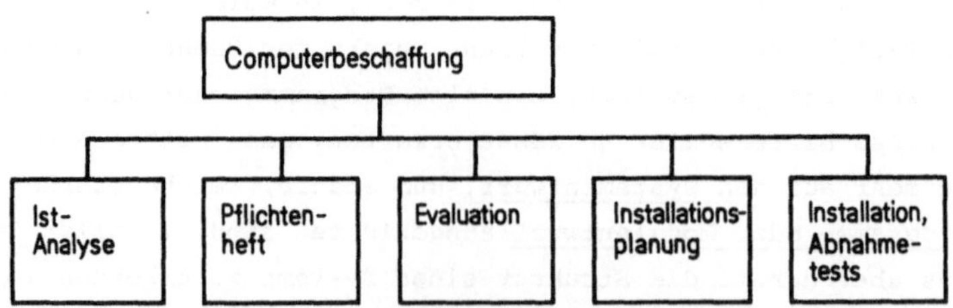

<u>Fig. 3.9</u> Funktionale Zerlegung der Aufgabe
"Computerbeschaffung"

Neben der Gliederung nach Funktionen ist es in unserem Beispiel
"Computerbeschaffung" auch notwendig, einen zeitlichen Ablauf
festzulegen (Fig. 3.10).

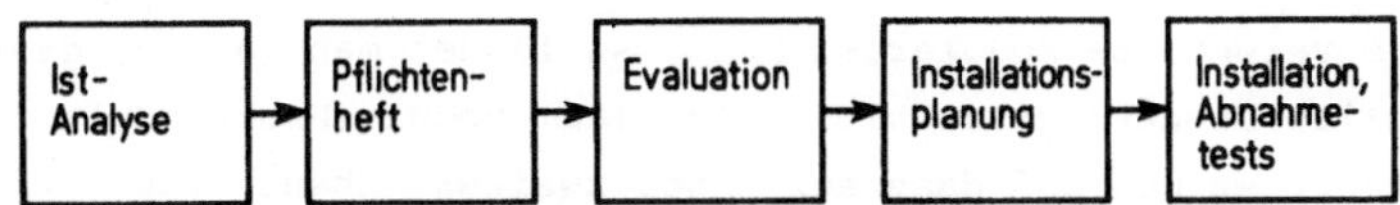

Fig. 3.10   Zeitlicher Ablauf der Computerbeschaffung

Ebenso sind die zur Verfügung stehenden Ressourcen zu bestimmen
(Fig. 3.11).

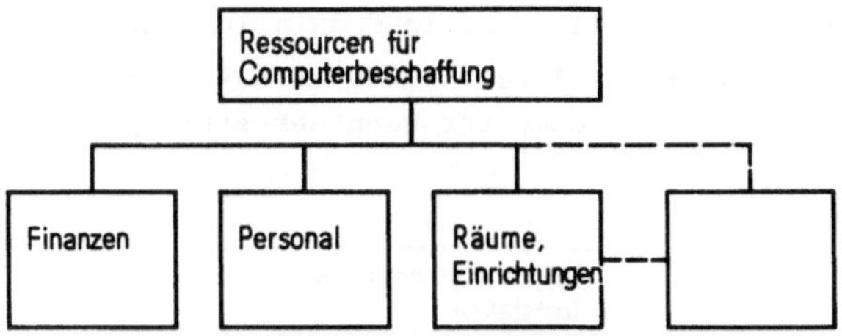

Fig. 3.11   Ressourcen für die Computerbeschaffung

Die hier dargestellten drei Aspekte der Aufgabe "Computerbeschaffung" - Funktionale Zerlegung, zeitlicher Ablauf, Ressourcen -
beeinflussen sich gegenseitig, und sie dürfen daher in der weiteren Behandlung nicht unabhängig voneinander betrachtet werden.

Will man nun das am Beispiel Computerbeschaffung gezeigte Prinzip
der Aufgliederung der komplexen Aufgabe auf die Herstellung von
Computer-Software übertragen, so stellt sich die Frage, nach welchen Gesichtspunkten ein Programmsystem zu zerlegen sei und wie
dabei vorgegangen werden kann. Wegleitend für die notwendigen Entscheide sind drei Ziele, nämlich

   - einen klaren und einfachen Aufbau innerhalb der einzelnen
     Moduln zu erreichen
   - die Moduln weitgehend voneinander unabhängig zu gestalten

- Systemänderungen in wenigen Moduln abfangen und allfällige
  Aenderungen einfach durchführen zu können.

Analysiert man verschiedene praktische Problemlösungen im Hinblick
auf die verwendete Modularisierung, so findet man häufig, dass die
generellen Steuerungsfunktionen in einem Modul (Hauptmodul) zusammengefasst werden und dass auf einer zweiten Ebene Moduln für die
Hauptfunktionen der Aufgabe gebildet werden. Während der Hauptmodul
diese Moduln der zweiten Ebene aufruft, greifen diese selbst wiederum auf weitere Moduln zu. Dies führt zur Bildung von mehrstufigen
Strukturen, die allerdings über die streng hierarchischen Abhängigkeiten hinausgehen können und dann Netzwerkcharakter annehmen. Als
Beispiel für eine Aufgliederung in Moduln in hierarchischer Struktur ist in Fig. 3.12 die Aufgabe dargestellt, die Berechtigung der
Mitgliedschaft in einer Computer-Benutzervereinigung zu überprüfen.

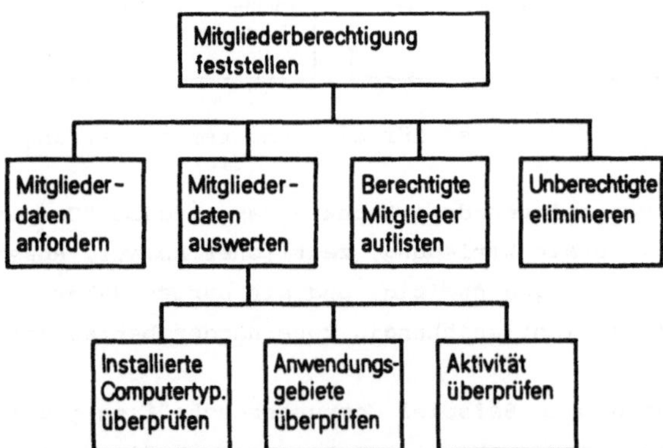

Fig. 3.12 Hierarchische Zerlegung in Moduln

Neben der Aufteilung in Moduln gehört auch die Betrachtung <u>ver-
schiedener Detaillierungsstufen</u> zu den Möglichkeiten, komplexe
Systeme beherrschbar zu machen. Vom zu behandelnden System werden
hier vorerst nur die Haupteigenschaften betrachtet, und in einer
Folge von schrittweisen Verfeinerungen, wie sie Niklaus Wirth
postuliert [WIRTH 72, WIRTH 75], dringt man schliesslich über ver-

schiedene Abstraktionsebenen zur Detaildarstellung vor. Diese Denkweise des schrittweisen Vorgehens und der stufenweisen Annäherung an den angestrebten Endzustand hat seinen Niederschlag in zwei entgegengesetzten Entwurfsprinzipien gefunden: <u>Top-down</u> (auch Outsidein) und <u>Bottom-up</u>. Die den beiden zugrundeliegenden Vorgehen sind zwar diametral, die verfolgte Philosophie bleibt jedoch dieselbe.

Beim Top-down Entwurf geht man von den Hauptfunktionen des Gesamt-Systems aus, und verfeinert dann schrittweise Struktur und Darstellungsform. Ein Vorgehen von unten nach oben, also eine sukzessive Integration von Teilsystemen, liegt demgegenüber dem Bottom-up Entwurf zugrunde (Fig. 3.13).

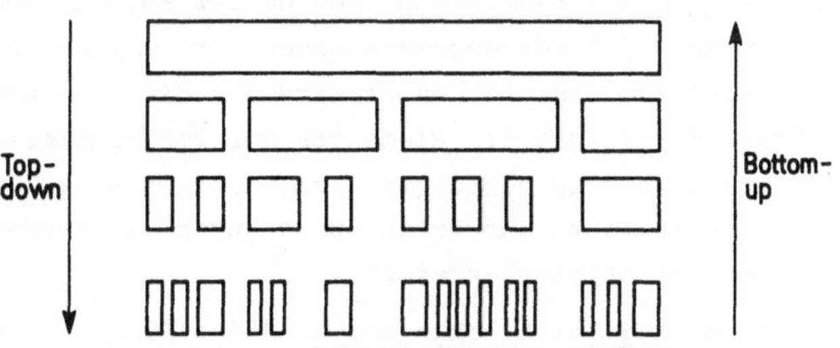

<u>Fig. 3.13</u> Top-down und Bottom-up Entwurf

Beide Vorgehensweisen kommen in der Praxis zum Einsatz, man wird sie jedoch selten so rein vorfinden, wie sie hier dargestellt sind. Zudem kann ein Top-down entworfenes System ohne weiteres Bottom-up implementiert werden, d.h. dass das Vorgehen bei der Realisierung nicht dem gewählten Entwurfsprinzip entsprechen muss.

Die vorangehenden Ausführungen haben Prinzipien vorgestellt, wie die Funktionen eines Gesamtsystems gegliedert und ausgearbeitet werden können. Eine neuere von <u>Jackson</u> [JACKSON 75] ausgehende Theorie orientiert sich nun aber nicht mehr primär an den Funktionen, sondern stellt die <u>Daten und Datenstrukturen in das Zentrum</u>. Ausgehend von den Datenstrukturen sollen nach Jackson Programme entworfen werden, welche diesen möglichst genau entsprechen. Zur Darstellung der Programmstruktur benötigt Jackson nur die drei Bausteine Sequenz, Auswahl und Wiederholung (siehe Fig. 3.15), welche genau so kombinierbar sind und damit jeder hierarchischen Datenstruktur gerecht werden können, wie dies mit den analogen Bausteinen zur Darstellung des Kontrollflusses in der strukturierten Programmierung (siehe Fig. 3.14) gemacht wird.

Die Grundidee des datenorientierten Entwurfs nach Jackson besteht darin, die Programmstruktur so zu konstruieren, dass man Eingabe- und Ausgabedatenstrukturen aufeinander abbildet. Die hierzu notwendigen Programmfunktionen sollen direkt aus den Datenstrukturen abgeleitet und formuliert werden.

Als letztes Entwurfsprinzip betrachten wir hier nun noch die sogenannte <u>strukturierte Programmierung</u>. Bei dieser Methode kommen die oben dargestellten Aufgliederungsmassnahmen für komplexe Probleme als "Blockkonzept" zum Einsatz. Dabei wird oft die Programmstruktur (Ablaufstruktur) direkt mit den Elementen der Programmiersprache dargestellt. Das auch hier verfolgte Ziel, einfach aufgebaute und überschaubare Programme zu entwerfen, wird durch die Verwendung folgender Entwurfsprinzipien erreicht:

- <u>Strenge Anwendung des Blockkonzepts</u>. Jedes Programm besteht zwar aus verschiedenen und strukturiert verknüpften Teilen, hat aber nur einen Eingang und einen Ausgang. Gefordert wird dabei, dass jeder Programmteil erreicht und auch wieder verlassen werden kann. Das Blockkonzept eignet sich ausgezeichnet als Basis für die schrittweise Verfeinerung, indem einzelne Blöcke zunächst als Grobfunktionen entworfen werden, deren Inhalt dann immer weiter detailliert wird, ohne dass dazu andere Blöcke miteinbezogen werden müssen

- <u>Beschränkung auf einige wenige Darstellungselemente für die Ablaufstruktur</u>, welche transparent und in ihren Auswirkungen klar überschaubar sind (Fig. 3.14).

Werden Programme nach dem Blockkonzept entworfen, so ist es gemäss Böhm und Jacopini möglich, jeden Schritt der Ablaufstruktur mit nur drei unterschiedlichen Elementen darzustellen.

Die vorstehende Kurzdarstellung der strukturierten Programmierung
bezieht sich auf den gesamten Strukturierungsprozess. Im Gegensatz dazu findet man oft auch eine engere Auslegung, bei der die
strukturierte Programmierung als eine reine Programmiertechnik betrachtet wird, welche sich nur auf die Codierung, d.h. auf die Umsetzung der Programmvorgabe in ausführbare Anweisungen, bezieht.
Die genannten Grundsätze gelten selbstverständlich auch dafür.

3.5.3 Entwurfsaufgaben

Die Verwirklichung der in 3.5.2 dargelegten Entwurfsprinzipien umfasst verschiedene Aufgaben, zu deren Erledigung geeignete Methoden
erforderlich sind. Bevor wir diese weiter untersuchen, seien hier
die anstehenden Aufgaben kurz beschrieben:

Strukturierungsaufgaben
Ein Programmentwurf verlangt sowohl die Strukturierung der Funktionen wie auch die Darstellung und den Einbezug der Datenstruktur.
Ebenso ist der Arbeitsablauf gemäss Entwurfsprinzipien korrekt zu
strukturieren.

Beschreibungsaufgaben
Damit die bei der Realisierung der Entwurfsprinzipien geforderte
Transparenz erreicht werden kann, sind geeignete Darstellungs- und
Dokumentationstechniken erforderlich.

Ueberprüfungsaufgaben
Die Korrektheit des Programmentwurfs ist zu überprüfen, bevor die
Realisierung begonnen werden darf. Dies hat in umfassender und
systematischer Art zu geschehen, wofür entsprechende Testverfahren
erforderlich sind.

3.5.4 Methoden zur Unterstützung der Entwurfsaufgaben

Das Methodenangebot zur Unterstützung bei Entwurfsaufgaben ist sehr
vielfältig, und es besteht nicht die Absicht, hier eine umfassende
Darstellung des verfügbaren Instrumentariums zu geben. Wir wählen

einige typische Beispiele, welche zeigen sollen, was etwa gemacht
werden kann. Für ein eingehendes Studium der Verfahren sei jedoch
auf die Literatur verwiesen [z.B. GEWALD 79, KIMM 79, SCHNUPP 76,
ENDRESS 78].

<u>Normierte Programmierung</u>

Die normierte Programmierung entstand in den sechziger Jahren als
ein Verfahren, welches die korrekte simultane Verarbeitung mehrerer
sequentiell organisierter, voneinander abhängiger Dateien ermöglichen und sie nach einem normierten Schema organisieren sollte. Sie
ist eines der ältesten formalen Entwurfsverfahren und orientiert
sich an sequentiellen Datenstrukturen. Zur Unterstützung des damals vorherrschenden linearen Programmierstils stellt sie zwei
Algorithmen für die Steuerung der sequentiellen Datenverarbeitung
und für die Beherrschung des logischen Gruppenbruchs bei der Verarbeitung von sequentiellen Dateien mit hierarchischem Ordnungs-
schlüssel zur Verfügung. Obwohl diese Grundidee weiterentwickelt
wurde, und trotz starker Verbreitung der normierten Programmierung
weist sie entscheidende Mängel auf:

- Sie beschränkt sich auf die sequentielle Abarbeitung hier-
  archisch organisierter, sequentiell abgespeicherter Dateien.
- Die Ablaufstruktur ist nach der Organisation der externen
  Dateien orientiert, was bei deren Aenderung eine Anpassung der
  Ablaufstruktur mit sich zieht.

<u>Konstrukte der strukturierten Programmierung</u>

Bei der Schilderung der Entwurfsprinzipien wurde gesagt, dass der
Arbeitsablauf eines nach dem Blockkonzept entworfenen Programms mit
nur drei unterschiedlichen Elementen - Sequenz, Auswahl und Wiederholung - dargestellt werden kann. Diese Kontrollflusselemente entsprechen folgendem Kontrollfluss:

- Sequenz: Sequentielle Ausführung aufeinanderfolgender
                  Anweisungen
- Auswahl: Verzweigung des Arbeitsablaufs aufgrund
                  einer Bedingung
- Wiederholung: Iteration mit Abbruchkriterium

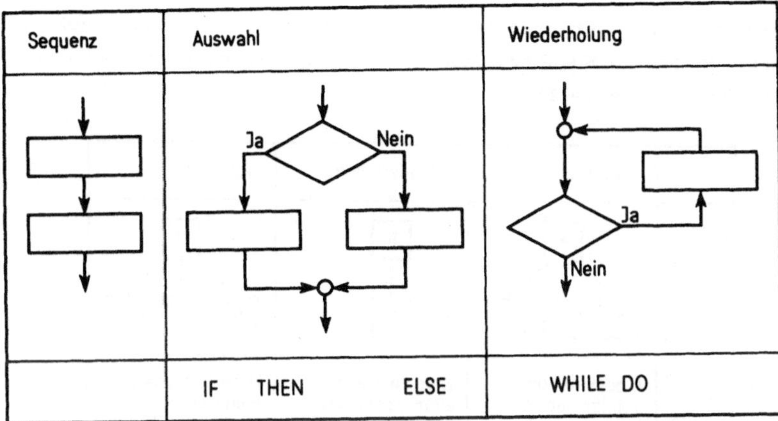

Fig. 3.14   Minimaler Satz von Kontrollflusselementen der
            strukturierten Programmierung

Dieser minimale Satz an Ablaufsteuerelementen kann durch weitere
Konstrukte erweitert werden; sei es für zusätzliche Möglichkeiten
(z.B. Unterprogrammaufruf, Sprünge ["go to"]), sei es für feinere
Differenzierungen (siehe z.B. in Fig. 3.19). Der Bequemlichkeit
vieler Spezialbausteine steht aber die Forderung nach Präzision und
Sicherheit gegenüber. Moderne Programmiersprachen dieser Richtung
(im besonderen PASCAL) unterstützen nur wenige Spezialprobleme
durch Sonderkonstrukte (z.B. _if_ _then_ _else_ sowie _case_ für die Auswahl; _while_, _repeat_ sowie _for_ für unterschiedliche Typen von Wiederholungen). Da aber die _Uebersicht_ über den Ablauf eines Prozes-
ses höchste Priorität benötigt, ist der freie Sprung (_goto_-Befehl)
ein Störeffekt erster Ordnung. Auch ohne ein fanatischer GOTO-
Gegner zu sein, wird man daher die Verwendung des unbedingten
Sprungs tunlichst vermeiden, weil damit die Transparenz leidet und
die Fehlermöglichkeiten steigen.

Jackson-Methode

Ausgangspunkt für die Jackson-Methode ist die aus der Programmvorgabe ermittelte Datenstruktur, aus welcher dann die Programmstruktur hergeleitet wird. Die von der Aufgabe her anstehenden Elemen-

taroperationen entsprechen den Komponenten der so gebildeten
Programmstruktur. Zur Beschreibung der Struktur verwendet Jackson
die drei Bausteine Sequenz, Auswahl, Wiederholung, deren Notation
in Fig. 3.15 dargestellt ist.

	Sequenz	Wiederholung	Auswahl
Dar-stellung	A → X, Y, Z	R → S*	D → E°, F°, G°
Be-deutung	A besteht aus X, gefolgt von Y, gefolgt von Z	R besteht aus einmaligem oder mehrmaligem Autreten von S	D besteht aus E, F und G. Für jedes Vorkommen von D ist genau ein Vorkommen von E, F oder G alternativ auszuwählen

Fig. 3.15 Bausteine zur Darstellung der Struktur nach Jackson

Die Idee von Jackson ist bestechend, nur ist auch schon bei relativ
einfachen Aufgabenstellungen die Beziehung zwischen Eingabe- und
Ausgabedatenstruktur nicht immer sehr einfach, so dass die Bildung
der Programmstruktur Mühe bereitet. In gewissen Fällen ist es sogar
nicht möglich, die Struktur aller Dateien einer Problemstellung in
einer einzigen Programmstruktur abzubilden. Für diese Strukturbrü-
che (structure clash) entwickelte Jackson die Programminversion
(program inversion), welche die Datenstrukturen, die nicht in die
allgemeine Datenstruktur passen, in separaten Programmen unter Verwendung einer speziellen Ablaufsteuerung verarbeitet. Die Schwächen
der Jackson-Methode sind in der Literatur vielfach diskutiert, und
sie sind auch Anlass für verschiedene Weiterentwicklungen, wie sie
z.B. das LITOS Verfahren von Schulz darstellt.

HIPO (Hierarchy plus Input-Process-Output)
HIPO ist ein graphisches Hilfsmittel für den Entwurf und die Dokumentation, mit welchem man die Funktionen und die Eingabe-Ausgabe-

Dateien eines Programms auf zwei Arten darstellt:

- Strukturübersicht (funktionales Baumdiagramm),
  welche die Funktionen des zu entwickelnden Programmsystems
  in einer hierarchischen Struktur darstellt.
- Eingabe/Verarbeitung/Ausgabe-Schemata, in welchen für jede
  Programmfunktion in unterschiedlichem Detaillierungsgrad
  (Uebersichtsdiagramm, Detaildiagramme) die Verknüpfung der
  Ausgabedaten mit den erforderlichen Eingabedaten über die
  Verarbeitungsschritte der Funktion dargestellt wird.

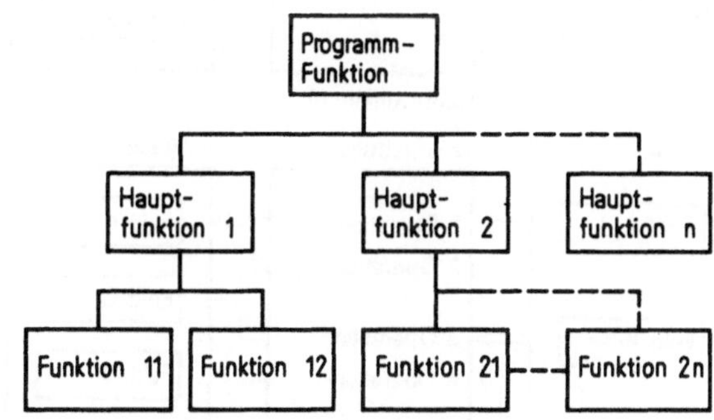

Fig. 3.16   HIPO Strukturübersicht.

HIPO ist sehr einfach anwendbar und wohl deshalb auch weit verbreitet. Die Methode weist aber vor allem als Spezifikationshilfsmittel
Schwächen auf, da sie die früher postulierte Bildung in sich abge-
schlossener Moduln mit einfachen Schnittstellen nur schlecht unterstützt. Als Dokumentationshilfsmittel erweist sich HIPO hingegen
speziell für die projektbegleitende Dokumentation als sehr geeignet und flexibel.

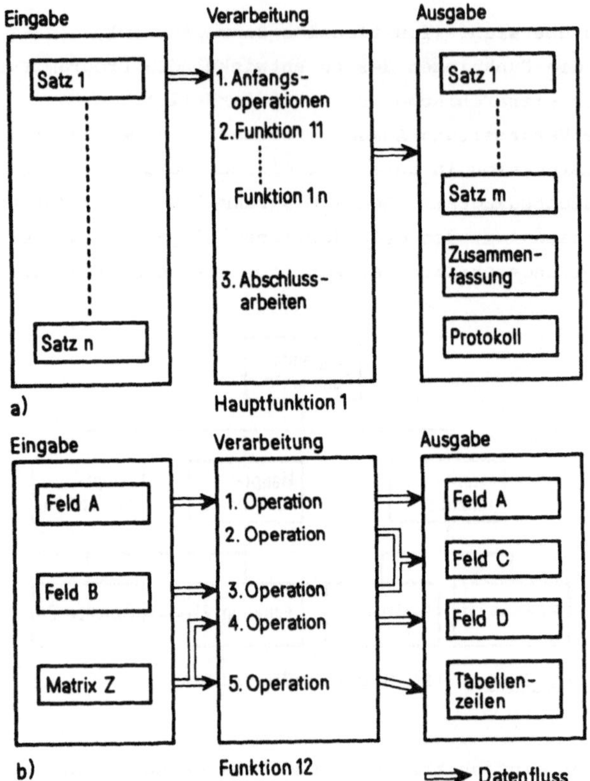

<u>Fig. 3.17</u> HIPO-Diagramme-Prinzipschemata

a) HIPO-Uebersichtsdiagramm für die
Hauptfunktion 1

b) HIPO-Detaildiagramm für die Funktion 12

<u>Entscheidungstabellen</u>

Entscheidungstabellen sind Hilfsmittel zum übersichtlichen Darstellen von Fallunterscheidungen (Fig. 3.18). Sie finden in verschiedenen Phasen der Entwicklung von EDV-Lösungen Anwendung, so auch zur
Unterstützung des Programmentwurfs. Entscheidungstabellen-Prozes-
soren analysieren die Tabellen in Bezug auf Vollständigkeit und
Redundanz, und sie übersetzen diese automatisch in ausführbare

Programme in einer gewählten Zielsprache (z.B. COBOL, PL/1).

		Regeln							
		1	2	3	4	5	6	7	8
Bedingungsteil	Freier Tag zur Verfügung	J	J	J	J	–	–	–	–
	Ferienwoche zur Verfügung	N	N	N	N	J	J	J	J
	Will jeden Tag Skifahren	J	J	N	N	J	J	N	N
	Will jeweils einen halben Tag Langlauf machen	N	J	J	N	N	J	J	N
Aktionsteil	Tageskarte kaufen	×	–	–	–	–	–	–	×
	Halbtageskarte kaufen	–	×	–	–	–	–	×	–
	Wochenkarte kaufen	–	–	–	–	×	–	–	–
	Halbtages-Wochen-karte kaufen	–	–	–	–	–	×	–	–
	J = Ja × = Aktion durchführen N = Nein – = (Irrelevant im Bedingungsteil, Aktion nicht ausführen im Aktionsteil)								

<u>Fig. 3.18</u> Beispiel einer Entscheidungstabelle
"Verhalten eines Skifahrers"

<u>Nassi-Shneiderman-Diagramme (Structogramme)</u>

Nassi-Shneiderman Diagramme bieten eine weitere Möglichkeit, die
Arbeitsablaufelemente der strukturierten Programmierung graphisch
darzustellen. Die Symbole werden so miteinander verknüpft, dass
sie den Aufbau von Blöcken darstellen.

Die konsequente Verwendung der Nassi-Shneiderman-Technik bringt
automatisch mit sich, dass die Programme gemäss den Regeln der
strukturierten Programmierung konstruiert werden.

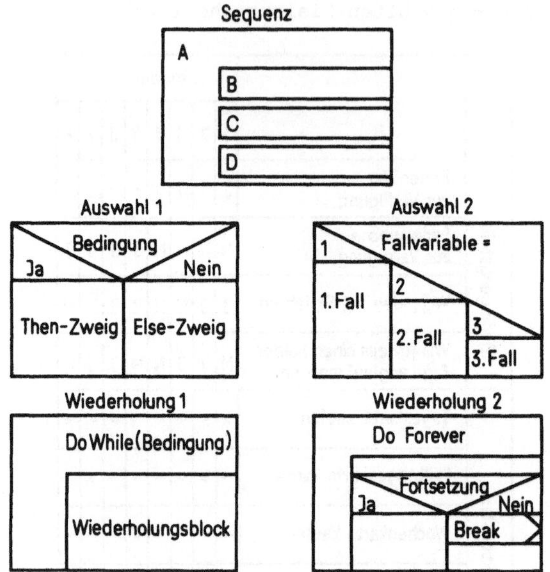

Fig. 3.19 Elemente von Nassi-Shneiderman-Diagrammen (Structogramme)

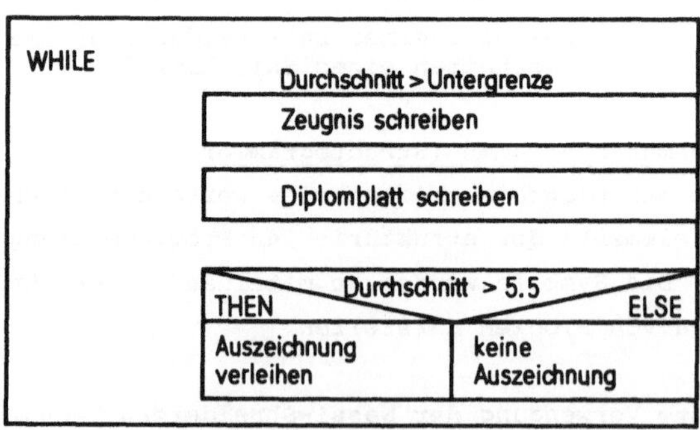

Fig. 3.20 Beispiel für ein Nassi-Shneiderman-Diagramm

Pseudocode

In manchen Fällen ist es erwünscht, neben der graphischen Dokumentation eine verbale Beschreibung der Funktionen eines Moduls zu haben. Hierzu formuliert man diese in einer Sprache, dem Pseudocode, welche nicht vollständige Programmiersprache, dafür aber sehr leicht verständlich ist. Pseudocode-Elemente können später manuell oder für einfachere Problemstellungen durch einen Precompiler automatisch in die gewählte Programmiersprache übertragen werden.

Strukturierte Ueberprüfung

Der korrekte Einsatz der verschiedenen Prinzipien und Methoden für den Programmentwurf trägt zweifellos zur Verminderung der Entwurfsfehler bei. Dennoch ist der abgeschlossene Programmentwurf vor seiner Freigabe zur Realisierung sorgfältig zu überprüfen. Von den dafür möglichen Ueberprüfungsverfahren sei hier speziell die Walk-Through-Methode erwähnt, wie sie etwa Fagan oder Schieferdecker [FAGAN 76, SCHIEFERDECKER 77] beschreiben. Beim Walk-Through werden die erstellten Unterlagen in einem Gespräch von einer Gruppe Aussenstehender kritisch durchleuchtet. Dieses Vorgehen erlaubt, wie Studien zeigen, eine wesentliche Reduktion der Fehlerrate.

3.5.5 Realisierung

Die zweite Phase der Programmentwicklung, die Realisierung, umfasst alle Tätigkeiten, welche den vorliegenden Entwurf in ein funktionsfähiges Programm überführen. Es geht somit um das Erstellen und das Ausprüfen von Programmen, um Tätigkeiten also, deren Effizienz stark von den gewählten Methoden und Werkzeugen abhängt. Da der Schwerpunkt unserer Ausführungen auf der Entwurfsphase liegt, wird die Realisierungsproblematik nur kurz angetippt und für weitere Angaben auf die Literatur verwiesen.

Die dabei immer wieder diskutierte Frage, welche Programmiersprache die Beste sei, ist völlig unzutreffend, denn es gibt keine "beste", sondern nur für eine bestimmte Situation geeignete Sprachen. Klar feststellen kann man jedoch, dass der Trend eindeutig zur Verwen-

dung von "höheren", anwendungsorientierten Programmiersprachen
geht. Ausnahmen sind nur noch dort angezeigt, wo extreme Anforderungen an die Laufzeit von Programmen (Echtzeitprobleme) bestehen
oder wo sich z.B. Schnittstellenbedingungen nicht in der höheren
Programmiersprache formulieren lassen.

Verschiedene Funktionen werden immer wieder in gleicher Form in
Programmen benötigt, so dass es sich aufdrängt, diese in _Methoden-
banken_ und _Bausteinsammlungen_ aufzunehmen und sie zur allgemeinen
Benützung zur Verfügung zu stellen. Der Einsatz von Standardbau-
steinen erhöht die Produktivität und ist damit sehr zu begrüssen,
anderseits ist aber auch festzuhalten, dass mindestens heute noch
viele Bausteine berechtigte Anforderungen an Flexibilität, Sicherheit und Effizienz nicht erfüllen, oder dass sogar gar keine allgemein verwendbaren Bausteine definiert werden können.

Von Entscheidungstabellen haben wir gesagt, dass sie durch einen
Generator in ein ausführbares Programm übersetzt werden. Dies ist
jedoch nur ein Beispiel für die Tendenz, durch Generatoren aus
einer formalen Beschreibung automatisch Programme zu erzeugen. Damit erfüllen diese praktisch gleiche Aufgaben wie ein Compiler;
ein Unterschied besteht darin, dass die Syntax der Generator-Ein-
gabesprache problemspezifischer, aber einfacher als diejenige
einer höheren Programmiersprache ist.

Zu den neuesten Werkzeugen für die Programmentwicklung und ganz
speziell für die Implementierung sind _Entwicklungscomputer_ zu zählen. Die Erfahrung zeigt nämlich, dass sich bei der ausschliess-
lichen Verwendung eines separaten Computers für die Entwicklung
von Programmen die Produktivität wesentlich steigern lässt. Ebenso
kann durch eine solche Auftrennung die Zuverlässigkeit des Pro-
duktionsbetriebs erhöht werden, da sich die Entwicklungsarbeit und
der Routinebetrieb nicht mehr gegenseitig beeinträchtigen.

Genauso wie wir das umfassende Ueberprüfen des Programmentwurfs
als unerlässlich bezeichneten, sind auch die nach der Implementierung vorliegenden Programme wiederum einem strengen _Test_ zu unter-

ziehen. Der Bedeutung dieser Testarbeit entsprechend ist eine
eigentliche Theorie darüber entstanden, wie und mit welchen Methoden Programme zu testen sind (siehe z.B. [GEWALD 79]). Nach der
Ueberprüfung der Programmieraufträge z.B. durch Walk-Through-Metho-
den, geht es hier darum, den erzeugten Code zu testen. Dies geschieht auf Modul-, Komponenten- und Systemebene, wobei für jede
Stufe eine eigentliche Testorganisation mit Testplanung, -durchfüh-
rung, -auswertung und -dokumentation zu erstellen ist.

3.5.6   Leistungsfähigkeit von Programmen

Für die zu entwickelnden Programmsysteme werden Leistungsziele vorgegeben, deren Erreichbarkeit und Einhaltung ebenfalls zu überprüfen sind. Die einzelnen Programme können jedoch nicht unabhängig
von ihrer Umgebung beurteilt werden, da die verfügbare Hardware,
die zu verarbeitende Computerlast und die Interaktion mit anderen
Programmen die Leistungsfähigkeit wesentlich beeinflussen können.
Es geht deshalb darum, Methoden und Werkzeuge zu finden, welche
die selektive Bewertung der Programme erlauben. Grundsätzlich ist
zu unterscheiden zwischen Leistungsvorhersage und Leistungsüberprüfung. Während diese durch Messen am bereits bestehenden System
möglich ist, benötigt die Vorhersage Untersuchungen an Modellen
oder Extrapolationen aus dem Verhalten von Subsystemen oder ähnlichen Anwendungen.

Voraussetzung für alle Leistungsuntersuchungen ist die Kenntnis
der Computerlast (Workload). Diese kann durch reale Beispiele oder
durch synthetische Probleme (Programme und Daten) dargestellt werden (siehe z.B. [GEWALD 79] oder [FERRARI 78]). Besonders aufwendig
und schwierig ist es, eine Dialoglast nachzubilden und diese für
die Tests in das zu untersuchende System einzuspeisen.

Zwei Gruppen von Methoden und Werkzeugen zur Durchführung der Untersuchungen stehen heute im Vordergrund: Monitortechnik und
Modellbildung. Bei der Monitortechnik wird der Ablauf von Programmen mit speziellen Messprogrammen (software monitor) oder Messgeräten (hardware monitor) überwacht und deren Verhalten unter Be-

achtung einer gewählten Messstrategie aufgezeichnet. Die Modellver-
fahren eignen sich für die Leistungsvorhersage, wobei wir analytische und Simulationsverfahren unterscheiden. Bei der Simulation
gewinnt man die Resultate durch Experimente auf einem Computer,
während bei den analytischen Verfahren das Modellverhalten in ge-
schlossener mathematischer Form untersucht werden kann. Das Messen
und Bewerten von Computeranwendungen ist zweifellos wichtig; bei
allen Untersuchungen muss man sich aber bewusst sein, dass heutige
Computersysteme höchst komplizierte Gebilde sind, deren Verhalten
keineswegs leicht überblickbar ist. Daher können bei Leistungspro-
gnosen die gewonnenen Resultate nicht besser sein, als die zugrunde-
gelegten Modelle und die verwendete Darstellung der Computerlast.

3.5.7 <u>Uebersicht über Programmentwicklungsmethoden</u>

Wir haben in diesem Kapitel Ziele, Aufgaben und Vorgehenstechniken
für die Programmentwicklung dargestellt. Dabei wurde klar, dass
die Softwareherstellung heute diszipliniert ingenieurmässig ange-
gangen werden muss. Je nach Zielsetzung und Optimierungskriterien
muss jeweils die bestgeeignete Lösung erarbeitet werden, wobei der
Transparenz und der Zuverlässigkeit sehr grosse Bedeutung zukommt.
Ein korrektes Projekt-Management kann viel zur erfolgreichen Erledigung der Arbeit innerhalb des gegebenen Zeit- und Kostenrahmens
beitragen. Die Programmentwicklung kann sich in allen Phasen auf
zahlreiche Methoden, Hilfsmittel und Werkzeuge abstützen. Aus diesem reichhaltigen Instrumentarium haben wir einige wichtige Methoden herausgegriffen und kurz charakterisiert. Ihre Einsatzschwer-
punkte sind in der Tab. 3.1 dargestellt.

Da vieles in diesem Rahmen nur angedeutet werden konnte, ist dem
Leser eine weitere Vertiefung anhand der reichhaltigen Literatur
und vor allem an praktischen Beispielen dringend empfohlen. Die
Herstellung von guter Software lernt man erst durch eigene praktische Arbeit, vorausgesetzt natürlich, dass man die Methodik beherrscht und die Hilfsmittel geeignet einsetzen kann.

Aufgaben Objekt	Strukturierung	Dokumentation	Ueberprüfung

Funktionen	- HIPO
	- Top-down
	- Bottom-up
		- HIPO
		- Entscheidungs-
		  tabellen
			Strukturierte
			Ueberprüfung
			
			- Walk Through
			- Design
			  Inspection
			- Code
			  Inspection
			- Testorgani-
			  sation

Daten	- Jackson		

Kontrollfluss	- Jackson
	- Normierte
	  Programmierung
	- Programmab-
	  laufdiagramme
	  (DIN 66001)
		- Strukturierte
		  Programmierung
		- Nassi-Shneider-
		  man Diagramme
		- Pseudocode
		- Entscheidungs-
		  tabellen	

Tab. 3.1 Anwendungsschwerpunkte für ausgewählte
Methoden der Software-Entwicklung

4 COMPUTERSYSTEME

4.1 <u>Manuelle und automatische Datenverarbeitung</u>

Dem Computer eröffnen sich ständig neue Verwendungsmöglichkeiten.
Dies, weil sich immer weitere Aufgaben für eine Bearbeitung mit
diesem Hilfsmittel als geeignet erweisen, vor allem aber wegen der
noch immer andauernden Leistungssteigerung der Computer. Sie erlaubt neuerdings den Computereinsatz auch dort, wo dieser früher
wegen Leistungsgrenzen oder aus Kostengründen nicht angebracht war.
Die Fortschritte in der Mikroelektronik und die daraus resultieren-
de Möglichkeit, kostengünstige, sehr leistungsfähige und mit allen
Funktionen ausgestattete Mikroprozessoren herzustellen, bilden die
Basis zur explosionsartigen Verbreitung der Computer.

Ziel dieses Kapitels ist es, die Grundzüge des Aufbaus von Computersystemen sowie die verschiedenen Computereinsatzarten darzustellen.
Dabei ist es vorerst jedoch interessant, zu untersuchen, wie sich
die Datenverarbeitung ohne und mit Computer abwickelt. Als Beispiel
soll hierzu ein einfacher Rechenvorgang dienen; die Ueberlegungen
haben jedoch auch für komplexere und speziell auch für nichtnume-
rische Aufgaben Gültigkeit.

Bei unserer alltäglichen Rechenarbeit (Buchhaltung, etc., Fig. 4.1)
werden die anfallenden Daten gemäss ganz bestimmten Rechenvorschrif-
ten (Algorithmen) behandelt. Die berechneten Ergebnisse können dabei nur so gut wie die verwendeten Verarbeitungsregeln sein. Der
richtige Algorithmus allein genügt aber noch nicht; auch aus un-
korrekten Ausgangsdaten können nämlich keine guten Ergebnisse er-
zielt werden. Deshalb ist sicherzustellen und eingehend zu überprüfen, dass sowohl die Verarbeitungsregeln wie auch die verwendeten Daten geeignet und fehlerfrei sind. Zur Unterstützung des manuellen Verarbeitungsprozesses eignen sich verschiedene Hilfsmittel
wie z.B. Taschenrechner und Tischrechner. Zudem kann oft auch auf
Resultate aus anderen Verarbeitungen zurückgegriffen werden, welche
in Registraturen gespeichert sind. Zentrale Figur und Drehscheibe
für diese Art der Datenverarbeitung ist der Mensch, der sowohl für

die korrekte Reihenfolge verantwortlich ist wie auch die einzelnen
Verarbeitungsschritte durchführt. Dies gestattet ihm aber auch,
diese präzis zu überwachen. Er hat die Möglichkeit, Fehler sofort
festzustellen und auf diese unverzüglich zu reagieren. Anderseits
wirken sich die menschlichen Schwächen - beschränkte Verarbeitungskapazität, Fehlerhäufigkeit, Ermüdung - direkt auf die Verarbeitung aus und setzen ihr Grenzen.

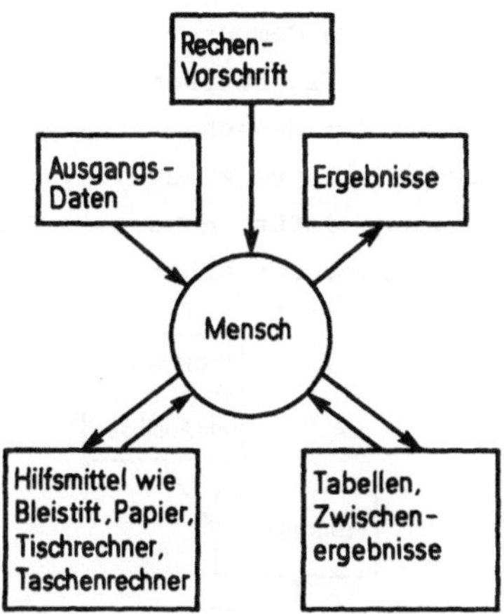

Fig. 4.1 Der Rechenvorgang ohne Computer

Rein optisch unterscheidet sich die in Fig. 4.2 dargestellte Datenverarbeitung mit Verwendung eines Computers kaum vom Ablauf, wie
er sich ohne die Benützung dieses Hilfsmittels ergibt. Die Daten
sind wiederum entsprechend den Verarbeitungsregeln (Programm) zu
bearbeiten, und die Resultate sind in geeigneter Art darzustellen.
Ein Rechenwerk unterstützt den Verarbeitungsprozess, und die Speicher enthalten Material, das für die Verarbeitung benützt werden
kann. Angelpunkt der Verarbeitung ist aber nicht mehr der Mensch,
sondern ein Kommando- und Steuerwerk. Dieses analysiert die im
Programm formulierten Einzelbefehle, und es ist für deren Durchführung zuständig. Damit können die geschilderten menschlichen
Schwächen eliminiert und die bekannten Höchstgeschwindigkeiten der
Elektronik erreicht werden. Diese geänderte Rollenverteilung entzog

aber auch lange die Computerverarbeitung der direkten menschlichen
Beeinflussung; erst neuerdings erlaubt die Dialogverarbeitung dem
Menschen wieder, den maschinellen Arbeitsgang aus der Nähe zu be-
obachten und bei Bedarf auch einzugreifen.

Es wäre aber zweifellos falsch anzunehmen, dass der Computer den
Menschen zu einer unbedeutenden Randfigur der Datenverarbeitung de-
gradiert, da dieser ja die volle Verantwortung für das Programm
trägt. Die Möglichkeit, dank dem Computer weit komplexere Aufgaben
zu bearbeiten, stellt sogar häufig beträchtlich höhere Anforderungen an die Verantwortlichen. Dem Menschen wird zwar vornehmlich die
Rolle des Vorbereiters und Auslösers zugeteilt, er trägt aber indirekt die volle Verantwortung dafür, dass sein Programm die erforderlichen Operationen korrekt durchführt.

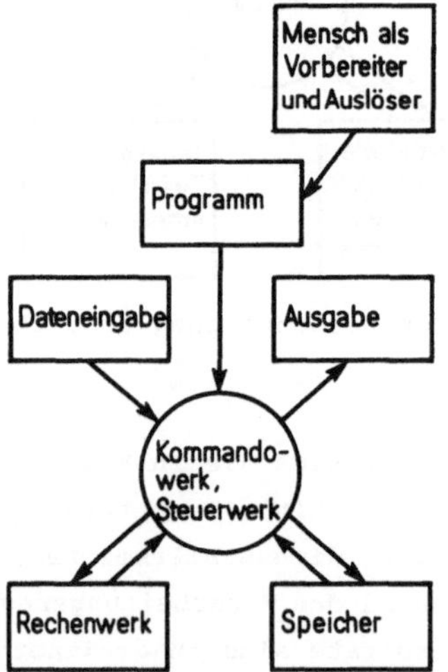

Fig. 4.2 Der Rechenvorgang bei Benützung eines Computers

Der Vergleich der Datenverarbeitung mit Computer mit jener ohne
Beizug dieses Werkzeugs zeigt klar, dass eine Vielzahl der Funktionen vom Computer übernommen werden kann. Die folgenden Ausführungen sollen nun darlegen, wie eine Datenverarbeitungsanlage
aufgebaut sein muss, damit sie die ihr übertragenen Aufgaben be-

wältigen kann. Dann werden wir untersuchen, wie der Computer benützt und wie er für einzelne Aufgaben eingesetzt werden kann.

4.2 Aufbau des Computers (Hardware)

4.2.1 Analoge, digitale, hybride Computer

Die Geräte, welche für die automatische Datenverarbeitung (ADV)
Verwendung finden, lassen sich entsprechend den ihnen zugrunde liegenden technischen Prinzipien in drei Klassen einteilen (Fig. 4.3).
Wir beginnen die Besprechung mit Computertypen (analog, hybrid),
welche dem Leser unvertraut erscheinen dürften. Damit soll wenigstens ein kurzer Blick in die weite Welt der elektronischen Geräte
gemacht werden. Nachher konzentrieren wir uns auf die digitale
Technik.

Mit einem Analog-Gerät wird ein Problem dadurch gelöst, dass aus
verschiedenen elektronischen Elementen ein physikalisches Modell
des Problems aufgebaut wird, in dem alle wesentlichen Grössen des
wirklichen Problems als elektrische Spannungen dargestellt werden.
Innerhalb des elektrischen Modells verhalten sich alle Rechenspannungen zueinander genau gleich, wie sich die Werte im realen
Problem zueinander verhalten. Man simuliert also die Wirklichkeit,
und Problemgrössen und Rechenspannungen lassen sich exakt ineinan-
der umrechnen. In einem Analogrechner wird jede Rechenoperation von
einem eigenen Rechenelement ausgeführt, daher laufen alle Rechen-
operationen parallel zueinander, also gleichzeitig ab. Die zur Lösung eines Problems erforderliche Verarbeitungszeit ist nicht abhängig von der Anzahl Operationen des Problems, sie wird nur von
der Leistungsfähigkeit der einzelnen Rechenelemente bestimmt. Dagegen ist der Umfang der Rechenschaltung zur Grösse des Problems
direkt proportional, woraus sich rasch Grenzen für die Grösse der
Aufgaben ergeben, welche auf Analog-Geräten bearbeitet werden können.

In digitalen Geräten werden alle Zeichen ziffermässig dargestellt,
und die Verarbeitung erfolgt vollständig losgelöst von jeder physi-

kalischen Bedeutung der Daten. Die für eine Arbeit notwendigen
Operationen werden im Digitalrechner im allgemeinen nacheinander
(<u>sequentiell</u>) durchgeführt, wobei neuerdings durch den Einsatz
mehrerer Prozessoren zur Leistungssteigerung ebenfalls eine Parallelverarbeitung erreicht werden kann. Dadurch, dass der Digitalrechner seriell arbeitet, ist die Verarbeitungs<u>dauer</u> direkt proportional zum <u>Umfang</u> der zu lösenden Aufgabe, während dieser umgekehrt die Grösse des Rechners - abgesehen vom Speicherplatz für
Programme und Daten - nicht direkt beeinflusst.

Da bestimmte Aufgabenstellungen auf keinem der genannten beiden
Rechnertypen in allen Teilen befriedigend gelöst werden konnten,
versuchte man Analog- und Digitalrechner zu kombinieren, um deren
Vorteile vereinigen zu können. So entstanden <u>Hybrid-Geräte</u>, welche
aus einem vollständig ausgerüsteten Analogrechner und einem kom-
pletten Digitalrechner bestehen, die über Kopplungselemente verbunden sind. Während der Bearbeitung von Problemen mit hybrider
Rechentechnik bilden Analog- und Digitalgerät eine untrennbare Einheit; die beiden Geräte können aber ohne weiteres wieder getrennt
werden für die Bearbeitung von Aufgaben in ihrer spezifischen Art.

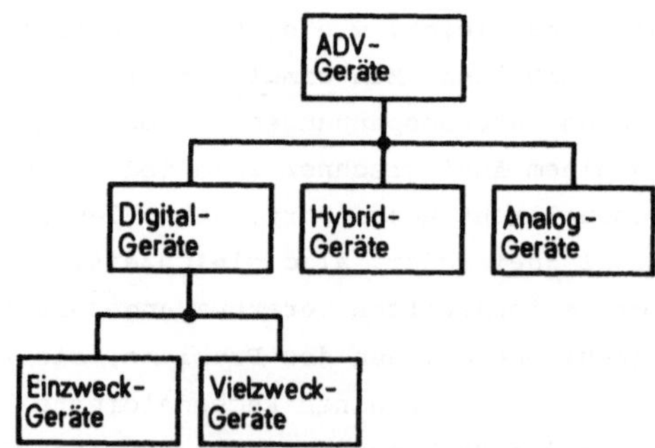

<u>Fig. 4.3</u> Klassen von ADV-Geräten

Damit sei der kurze Exkurs zu den nichtdigitalen Computern abgeschlossen. Alle Aussagen in diesem Buch gelten sonst nur dem
Digitalcomputer. Dabei wird im Rahmen dieses Ueberblicks nicht
darauf eingegangen, dass die Digital-Geräte sowohl als <u>Einzweck-</u>

<u>Geräte</u> wie auch als <u>Mehrzweck-Geräte</u> Anwendung finden. Ebenso begnügen wir uns mit der Darlegung einiger Grundprinzipien und verweisen für die detaillierte Behandlung auf die Literatur (z.B. [KÄSTNER 78]).

4.2.2 <u>Basis-Rechenmaschine nach von Neumann</u>

In den letzten Jahren des zweiten Weltkriegs entstanden in Europa und Amerika verschiedene Projekte von Rechenautomaten. 1946 veröffentlichten Burks, Goldstine und von Neumann eine Beschreibung der Struktur einer Allzweck-Rechenmaschine. Die Haupteigenschaften dieses Geräts sind darin wie folgt beschrieben:

- Fähigkeiten für die Ausführung arithmetischer und logischer Operationen, für die Ablaufsteuerung, für die Speicherung und für die Kommunikation mit dem Benutzer;
- Steuerung durch schriftliche Anweisungen;
- gleichartige Speicherung von Anweisungen und Daten;
- sequentielle Abarbeitung der Anweisungen.

Zwar wurde nie ein Rechner genau in der vorgeschlagenen Form gebaut, aber die Ideen waren so richtungsweisend, dass man bald generell vom von-Neumann-Rechner sprach. Auch heute beruhen die meisten (konventionellen) Computer immer noch auf dem von-Neumann-Prinzip, und es sind erst wenige Ansätze für grundsätzlich andere Konzepte bekannt.

Die Basis-Maschine nach von Neumann (Fig. 4.4) besteht aus fünf Teilen:

- Die arithmetisch-logische Einheit erlaubt die Durchführung der arithmetischen Grundoperationen und die logische Verknüpfung von Daten.
- Die <u>Steuereinheit</u> analysiert die anstehenden Programmbefehle und ist für deren Durchführung besorgt.
- Die <u>Speichereinheit</u>, bestehend aus einer oder mehreren Komponenten, nimmt sowohl Programme als auch Daten auf.

- Ueber die <u>Eingabe-Einheit</u> werden die zu verarbeitenden Daten
  zugeführt.
- Mit der <u>Ausgabe-Einheit</u> werden die ermittelten Resultate
  ausgegeben und dem Benutzer in zweckmässiger Darstellung
  zugänglich gemacht.

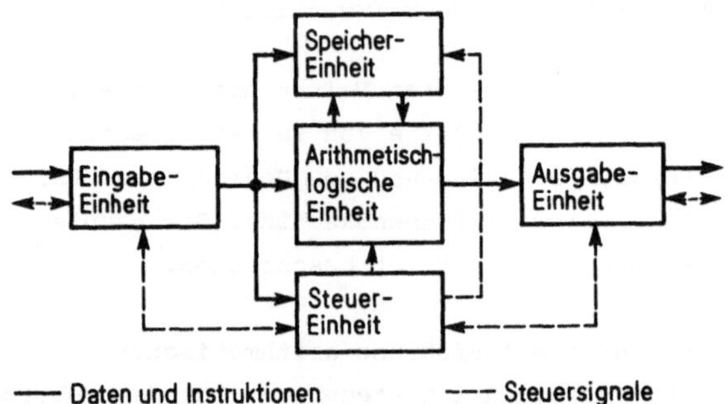

<u>Fig. 4.4</u> 5-Einheiten-Basis-Maschine nach von Neumann

Die arithmetisch-logische Einheit und die Steuereinheit werden oft
unter einem Begriff zusammengefasst und als <u>Prozessor</u> bezeichnet.

Die von-Neumann-Architektur wurde im Laufe der Zeit verfeinert und
verbessert, und für die einzelnen Einheiten fand man, unterstützt
durch die technologischen Fortschritte, immer wieder noch effizien-
tere und den Anwendungen besser angepasste Lösungen. Der grundsätzliche Aufbau eines programmgesteuerten elektronischen Digitalrechners, so wie er heute dem Anwender zur Verfügung steht, entspricht aber immer noch klar dem von-Neumann-Konzept (Fig. 4.5).

Die schematische Darstellung des Digitalrechners in Fig. 4.5 erlaubt aus der Sicht des Computerbenutzers die Aufteilung in einen
zentralen Teil (Zentraleinheit), in Randeinheiten (Eingabe/Ausgabe-
Einheiten) und Zusatzspeicher. Die <u>Zentraleinheit</u> ist für den Benutzer zwar unentbehrlich, Detailkenntnisse über ihren Aufbau und
ihre Funktionsweise muss er jedoch in der Regel nicht besitzen. Die
<u>Randeinheiten</u> bilden hingegen seine unmittelbaren Kontaktstellen,
und ihre Eigenschaften und Funktionsweise beeinflussen oft ganz

wesentlich die Auslegung und den Betrieb von Anwendungen. Die Zusatzspeicher (Plattenspeicher, Magnetbänder, etc.) heben sich ebenfalls von der Zentraleinheit ab, sie stehen aber in engster Verbindung mit dem Arbeitsspeicher, mit dem sie eine eigentliche Spei-
cherhierarchie bilden (siehe Abschn. 2.3).

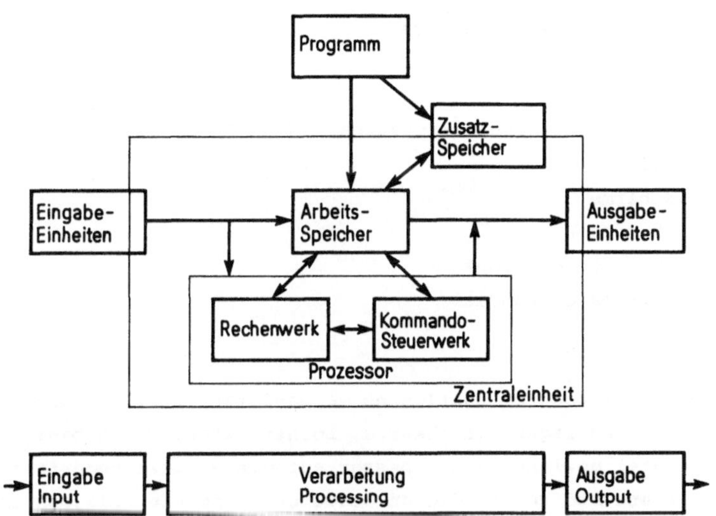

Fig. 4.5   Schematischer Aufbau eines programmgesteuerten, elektronischen Digitalrechners

Für die Ein- und Ausgabe der Daten und Resultate stehen heute
eine Vielzahl von Datenträgern und Verfahren zur Verfügung.

Als Eingabedatenträger kommen je nach Aufgabenstellung und Benutzeranforderungen in Frage:

- Lochkarten
- Lochstreifen
- Magnetband, Magnetbandkassetten, Weichplatten etc.
- Belege für optische und Magnetschrift-Ablesung.

Die Dateneingabe kann aber auch direkt (ohne Zwischendatenträger)
erfolgen mittels:

- Telefon, Telex, Funk
- Direktverbindung zu Messgeräten und Analog-Digital-Wandlern
- Tastaturen an Terminal-Stationen

Als <u>Ausgabedatenträger</u> stehen im Vordergrund:

- Schnelldrucker
- Schreib- und Zeichengeräte
- Lochkarten
- Lochstreifen
- Magnetband, Magnetbandkassetten, Disketten etc.
- Mikrofilm
- Bildschirme
- Sprachausgabe
- Telephon, Telex, Funk
- Digital-Analog-Wandler
- Steuergeräte.

Neben den immer noch am häufigsten verwendeten, bereits "konventionellen" Datenträgern (Lochkarte, Lochstreifen, Magnetband,
Schreibgeräte) gewinnen neue, besser auf die Benutzerbedürfnisse
zugeschnittene Medien ständig an Bedeutung, und sie erlauben in Zukunft noch benutzerfreundlichere Lösungen. (Für weitere Ausführungen zur Eingabe/Ausgabe siehe Kap. 5).

4.2.3 <u>Kanäle</u>

Die Kommunikation zwischen Randeinheiten und Sekundärspeicher
einerseits und Zentraleinheit anderseits erfolgt über selbständig
arbeitende Ein-/Ausgabe-Prozessoren. Sie werden <u>Kanäle</u> genannt und
bilden eine <u>Schnittstelle</u> (interface) mit den Steuereinheiten der
Randgeräte (Fig. 4.6). Entsprechend ihrer Arbeitsweise kann man
zwei Hauptarten von Kanälen unterscheiden.

- Ein <u>Selektorkanal</u> dient zur Datenübertragung zwischen dem
  Hauptspeicher und schnellen externen Geräten. Der Kanal wird
  für die ganze Dauer eines Datentransfers einem einzigen
  externen Gerät zugeordnet, und er kann erst nach Abschluss

der Uebertragung von einem anderen Gerät benützt werden.

- _Ein Multiplexkanal_ erlaubt den gleichzeitigen Anschluss mehrer langsamer externer Geräte, wobei der Reihe nach Zeichen von verschiedenen Geräten übertragen werden. Dadurch kann der relativ geringen Arbeitsgeschwindigkeit mancher Eingabe/Ausgabe-Geräte Rechnung getragen werden.

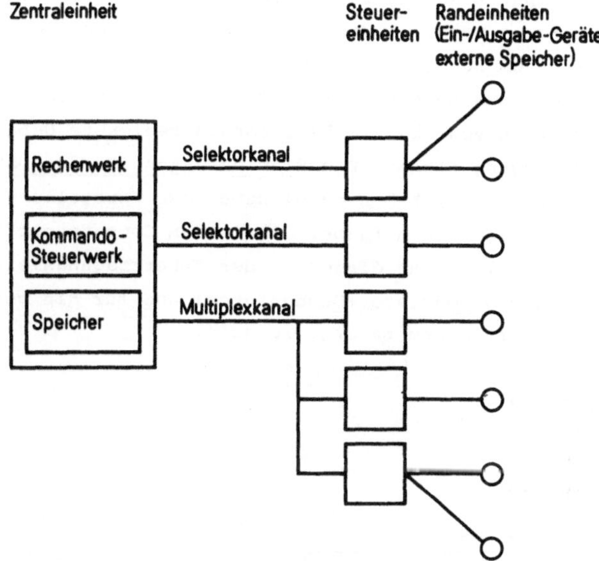

Fig. 4.6 Verbindung der Randeinheiten mit
der Zentraleinheit

Speziell Kleinrechner verfügen häufig über ein einfacheres,weniger leistungsfähiges Kanalkonzept. Schliesslich ist noch darauf hinzuweisen, dass die Kanäle wie auch die Zentraleinheit heute von vielen Eingabe/Ausgabe-Funktionen (Codeumwandlung, Formatkontrolle, Fehlerbehandlung u.a.m.) entlastet werden, indem diese auf leistungsfähige zusätzliche Prozessoren, sogenannte _Vorrechner_ und _Front-End-Prozessoren_,ausgelagert werden.

4.2.4 Datenfernverarbeitung

In den vorangegangenen Ausführungen zum Aufbau des Computers wurde
nichts darüber gesagt, von welchem Arbeitsort aus der Benutzer mit
dem Computer verkehren kann. Gerade in dieser Hinsicht haben sich
in letzter Zeit wesentliche Aenderungen ergeben. War der Benutzer
nämlich früher gezwungen, seine Eingabe/Ausgabe-Operationen unmittelbar beim Computer zu machen, so spielt es heute in den meisten
Fällen keine Rolle mehr, ob das Rechenzentrum im Haus oder Tausende
von Kilometern vom Benutzer entfernt ist. Die Technik und die Geräte der Datenfernverarbeitung ermöglichen heute den Zugriff zu
Computerressourcen von überall her, sobald geeignete Uebertragungs-
mittel zur Verfügung stehen. Die Einrichtungen für die Datenfernverarbeitung (Fig. 4.7) haben dabei neben der Herstellung einer
Verbindung vor allem die Aufgabe, die in den Computergeräten gültige Zeichendarstellung an diejenige der Uebertragungsleitungen
anzupassen (Modem = Modulator-Demodulator) und für die geordnete
und korrekte Uebertragung besorgt zu sein.

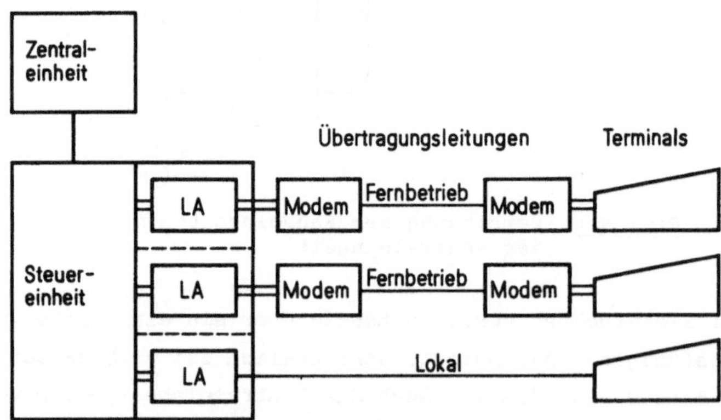

Fig. 4.7 Einrichtungen für die Datenfernverarbeitung

Die Leistung einer Uebertragungsleitung wird dabei in bit/s
(kbit/s, Mbit/s) gemessen. Typische Uebertragungsleistungen sind
etwa 2400 bit/s für einen Bildschirmanschluss über Telefonleitung

oder 2Mbit/s für eine schnelle Richtstrahlverbindung. Die Einrichtungen für die Datenfernverarbeitung sind technisch soweit fortgeschritten, dass der Anschluss an alle Computer möglich ist, sofern dazu die Zugriffsberechtigung besteht, die Schnittstellen verträglich sind und die Zugriffsprozedur korrekt abgewickelt wird. Dies erlaubt z.B. den Zugriff auf international zugängliche Datenbanken, welche Daten zur Verfügung stellen, die von allgemeinem Interesse sind. So kann man sich von einem Datenterminal in der Schweiz an Datenbanken in den USA anschliessen, indem die dafür vorgesehenen öffentlichen und privaten Uebertragungsdienste in der Schweiz und in den USA benützt werden (Fig. 4.8).

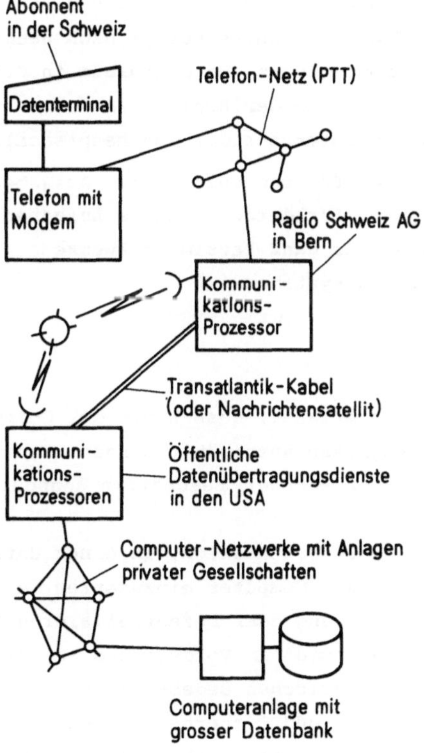

Fig. 4.8 Zugriff auf Datenbanken in den USA

Die Datenfernverarbeitung ist heute eine vollwertige Möglichkeit,
mit einem Computer zu arbeiten. Sie erspart den Aufwand für einen
eigenen Rechenzentrumsbetrieb und lokales Betriebspersonal und gestattet damit oft sehr wirtschaftliche Lösungen. Zu bedenken ist
aber doch, dass die Uebertragungskosten stark ins Gewicht fallen
können, zumal in Zukunft kaum mit drastischen Preisreduktionen,
sondern eher mit steigenden Aufwendungen für die Datenübertragung
gerechnet werden muss.

4.2.5 Auslegung von Computersystemen

Wurde bis jetzt von einheitlichen Grundsätzen beim Aufbau der Computer-Hardware gesprochen, so muss nun doch darauf hingewiesen werden, dass aus der Standardarchitektur je nach Haupteinsatzgebiet
unterschiedliche Computertypen (Unterschiede in Grösse und Leistungsfähigkeit wie auch in der Realisation einzelner Funktionen)
entwickelt wurden. So unterscheidet man hauptsächlich:

- Universalcomputer für rechenintensive Aufgaben
- Universalcomputer für datenintensive Aufgaben
- Spezialcomputer für ganz bestimmte Zwecke
- Telekommunikationssysteme
- Kleincomputer
- Mikroprozessoren

Diese Differenzierung erlaubt, dass heute der Computertyp nach Anwendung und Betriebsgrösse ausgewählt werden kann und dass nun auch
kleinere Unternehmungen Rechner beschaffen können.

War es anfänglich selbstverständlich, in einer Unternehmung oder
Verwaltung einen einzigen Computer einzusetzen, so stehen heute
Fragen wie "Zentralisierung oder Dezentralisierung" und "Einzel-
systeme oder Verbundsysteme" im Vordergrund. Zu diesen primär aus
der Sicht der organisatorischen Begebenheiten zu beantwortenden
Fragen kommen Leistungs- und Sicherheitsaspekte hinzu, welche die
Systemauslegung ebenfalls wesentlich beeinflussen. Es gilt deshalb
verschiedene Gesichtspunkte zu berücksichtigen, bevor eines der in
Fig. 4.9 dargestellten Grundkonzepte gewählt wird.

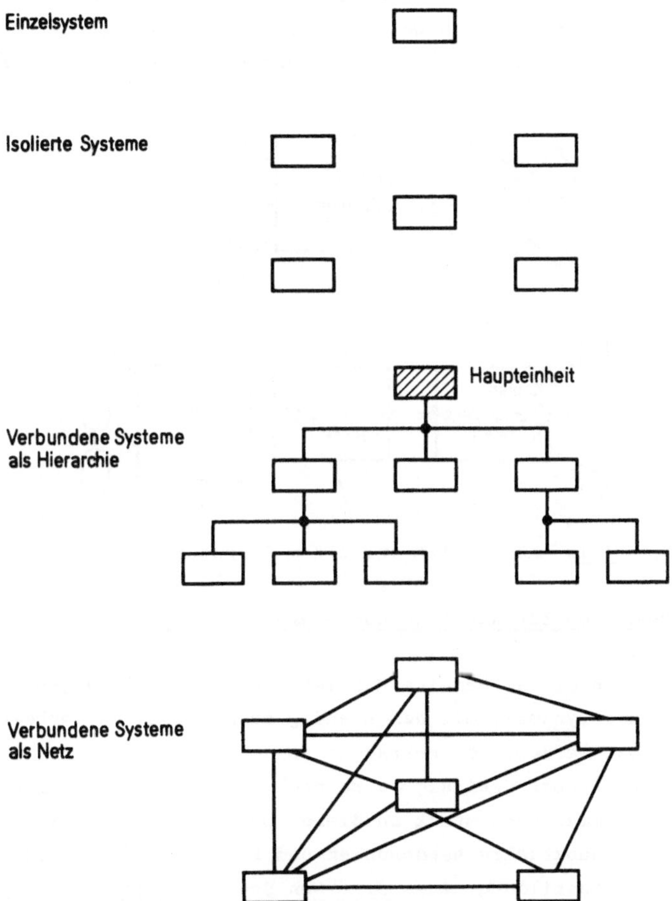

<u>Fig. 4.9</u> Auslegung von Computersystemen

Entschliesst man sich für verbundene Systeme, bestehend aus mehreren
Computern, so sind vor allem dann noch zusätzliche Probleme zu lösen, wenn unterschiedliche Rechner miteinander zu verknüpfen sind.
Diese inhomogenen Computernetze stellen hohe Anforderungen und verlangen nach Lösungen, wie sie etwa von Davies [DAVIES 79] dargestellt werden. Grundsätzlich wird man versuchen, die einzelnen

Rechner dadurch zu entkoppeln, dass man <u>Knoten- oder Vermittlungs-rechner</u> dazwischenschaltet (Fig. 4.10). Diese übernehmen die notwendigen Anpassungs- und Umwandlungsaufgaben, so dass der eigentliche Netzverkehr zwischen gleichartigen Knoten stattfinden kann.

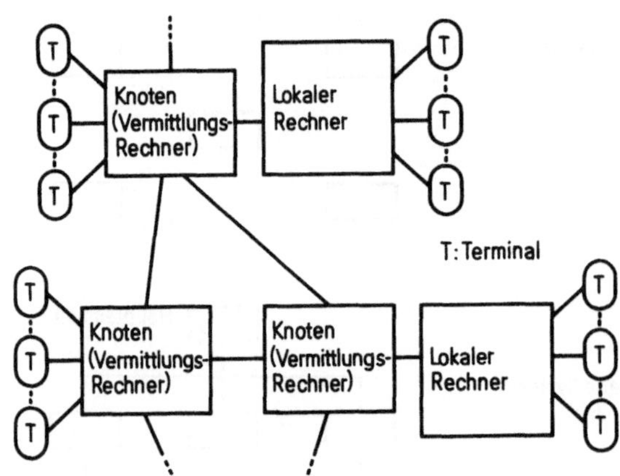

<u>Fig. 4.10</u> Ausschnitt aus einem Computernetzwerk

4.2.6 <u>Tendenzen für künftige Computerarchitekturen</u>

Betrachtet man die allgemeine Kurzlebigkeit im Computergebiet und die ungeheure Dynamik, mit der ständig technologische Verbesserungen verfügbar werden, so überrascht es doch, dass sich die Computerarchitektur über dreissig Jahre nach von Neumanns grundlegenden Vorschlägen immer noch stark an diesen orientiert. Zwar kann man verschiedene punktuelle Aenderungen und Erweiterungen feststellen, wie z.B. die Ausbildung eines <u>direkten Speicherzugriffs</u> auf praktisch allen Rechnergrössen (Fig. 4.11) oder den <u>überlappenden Zugriff</u> zu einzelnen Speicherblöcken, das Grundkonzept bleibt aber beinahe unverändert. Auf diesem basieren bekannte Rechnerserien wie IBM 370 und 4300, UNIVAC 1100-80, CDC Cyber 700, Siemens 7000, u.a.m.

143

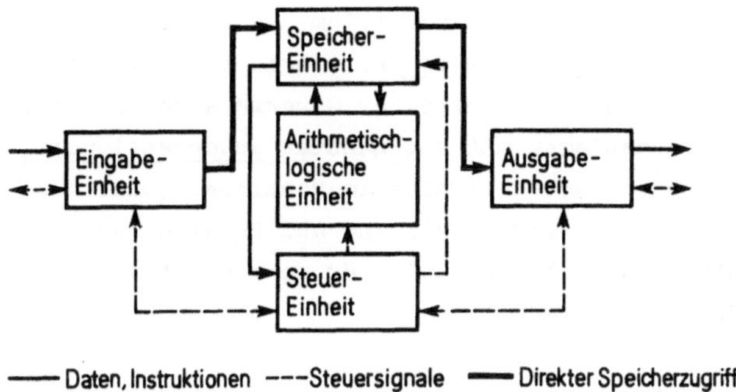

Fig. 4.11 Erweiterte von-Neumann-Architektur
mit direktem Speicherzugriff

Zu den wesentlicheren neuen Akzenten gehört die Eingabe/Ausgabe-
Organisation bei den Kleinrechnern vom Typ des PDP-11. Es scheint,
dass dieses Konzept als Basis für grundlegende Veränderungen bei
künftigen Computerarchitekturen dienen könnte. Das Computer-System
verfügt hier über eine globale Sammelschiene (UNIBUS) an welche der
Prozessor, die Hauptspeichermoduln, alle weiteren Speicher sowie
alle Eingabe/Ausgabe-Geräte angeschlossen sind (Fig. 4.12). Die
Rolle der Schnittstelle zwischen dem Bus und den einzelnen Geräten
übernehmen Register, welche den Status angeben und auch als Daten-
Zwischenspeicher dienen. Diese Register können genau so wie ein
Hauptspeicherplatz adressiert werden, so dass es keinen Unterschied
macht, ob ein Wort innerhalb des Speichers verschoben wird oder ob
ein Transfer in ein Datenregister eines Gerätes erfolgen soll.

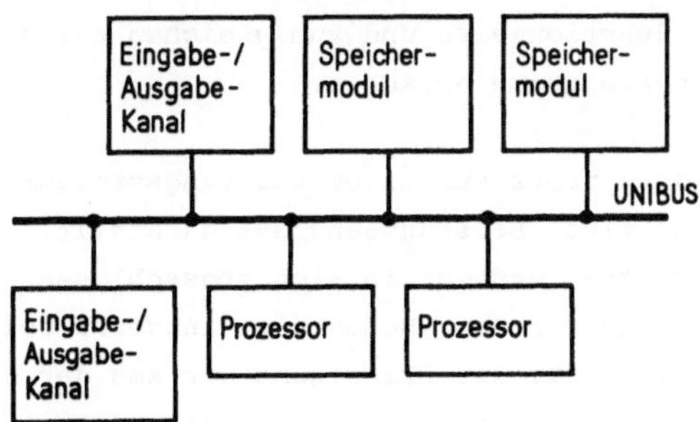

Fig. 4.12 Verbindung der Einheiten über eine
gemeinsame Sammelschiene (UNIBUS)

Die Notwendigkeit nach vom von-Neumann-Konzept abweichenden Computerarchitekturen ergibt sich vor allem aus den <u>Leistungsgrenzen
für konventionelle Monoprozessoren</u>, welche trotz verbesserter
Technologie aufgrund physikalischer Gesetze absehbar sind. Schon
heute sind Rechenanlagen mit sogenannter <u>unkonventioneller Struktur</u>
bekannt und stehen auch teilweise im Routineeinsatz. Aus den entsprechenden Konzepten wie Pipelining und Parallelismus greifen wir
hier kurz drei Möglichkeiten auf; für weitere Studien sei z.B. auf
Stone [STONE 75] verwiesen.

In <u>Pipeline-Rechnern</u> werden die Verarbeitungsschritte so aufgeteilt
und gruppiert, dass sie in mehreren Einzelprozessoren hintereinander ausgeführt werden können. Wenn nun gleichzeitig mehrere gleiche
Aufgaben zu erledigen sind, werden im Sinne einer Fliessbandtechnik
gleichartige Verarbeitungsschritte auf spezialisierte Einzelprozessoren konzentriert. Dabei werden zu einem bestimmten Zeitpunkt mehrere Aufgaben in den verschiedenen Teilelementen abgewickelt. Dieses Prinzip findet selbstverständlich auf der Ebene der einzelnen
Operationen wie auch auf der Ebene ganzer Rechnerkomponenten (z.B.
Rechenwerk) Anwendung. <u>Vektorrechner</u> bestehen aus mehreren parallelen Rechenwerken, welche jedoch durch ein einziges gemeinsames Steuerwerk gesteuert werden. Ein Vektorrechner arbeitet deshalb zu einem
bestimmten Zeitpunkt immer nur an einem einzigen Programm für viele gleichartige Daten, wobei dieselbe Operation gleichzeitig auf
mehreren Rechenwerken ausgeführt wird. <u>Multiprozessoren</u> ergeben
sich schliesslich aus dem Zusammenschluss von mehreren Prozessoren
und Speichern, wobei die einzelnen Komponenten weitgehend voneinander unabhängig funktionieren und zum gleichen Zeitpunkt mehrere
verschiedenartige Programme ablaufen.

Die Erkenntnis, dass trotz ständiger Leistungssteigerung der zentrale Prozessor öfter einen Leistungsengpass darstellt, hat zur Aus-
lagerung von Funktionen und von in sich abgeschlossenen Aufgaben in
spezielle Prozessoren geführt. Schon seit längerer Zeit stehen
<u>Front-End-Prozessoren</u> für die Erledigung der aus der Datenfernver-
arbeitung anfallenden Operationen im Einsatz, und analog kann die
Bearbeitung der Zugriffe auf Datenbanken einem <u>Datenbank-Prozessor</u>

übertragen werden. Es liegt deshalb nahe, den Gedanken weiter zu
verfolgen und auch andere Funktionen an separate Prozessoren zu de-
legieren. So kann man sich gut vorstellen, dass man in Zukunft für
einzelne Programmiersprachen eigene Prozessoren verwenden wird, und
auch die arithmetischen Operationen könnten noch stärker vom zentralen Prozessor losgelöst werden. Diese Ueberlegungen führen zu
einem Entwurf für eine künftige Computerarchitektur, wie sie in
Fig. 4.13 dargestellt ist. Die schon früher beim PDP-11 Rechner
erwähnte Sammelschiene (bus) übernimmt auch hier - selbstverständlich mit wesentlich höherer Leistungsfähigkeit - die Aufgabe, die
Verbindung zwischen den einzelnen Komponenten herzustellen und als
Transportmedium zu wirken.

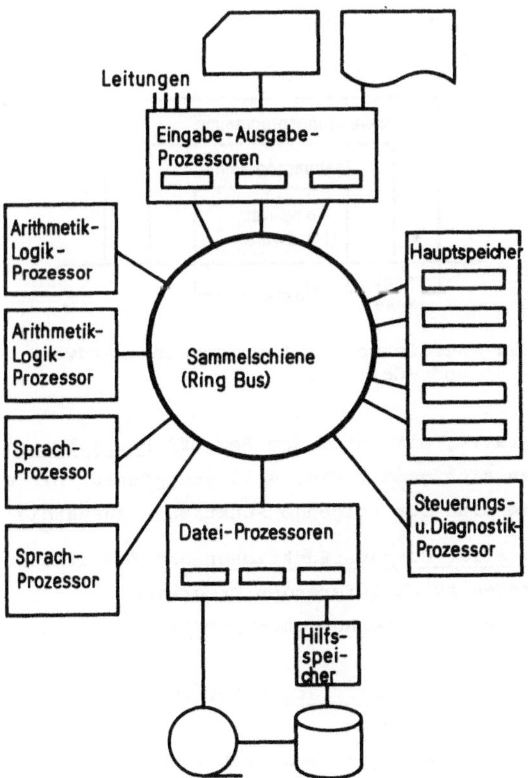

<u>Fig. 4.13</u> Mögliche künftige Computerarchitektur

4.3 Computerprogramme (Software)

4.3.1 Programme des Betriebssystems

Im Abschnitt 3.1 wurde die Gesamtheit aller für einen Computer verfügbaren Programme als dessen Software bezeichnet, und es wurde
festgestellt, dass jeder, der zur Bearbeitung anstehender Aufgaben
den Computer verwenden will, sowohl über die für den Betrieb notwendigen Systemprogramme als auch über funktionstüchtige Anwendungsprogramme verfügen muss. Die Darstellung dieser Zusammenhänge
und Abhängigkeiten in einem Schalenmodell (Fig. 4.14) zeigt klar,
dass die Anwendungsprogramme von der Hardware isoliert und ohne Betriebssystem nicht verarbeitungsfähig sind. Die notwendige Brücke
schaffen Systemprogramme, denen verschiedene Aufgaben und Funktionen übertragen sind.

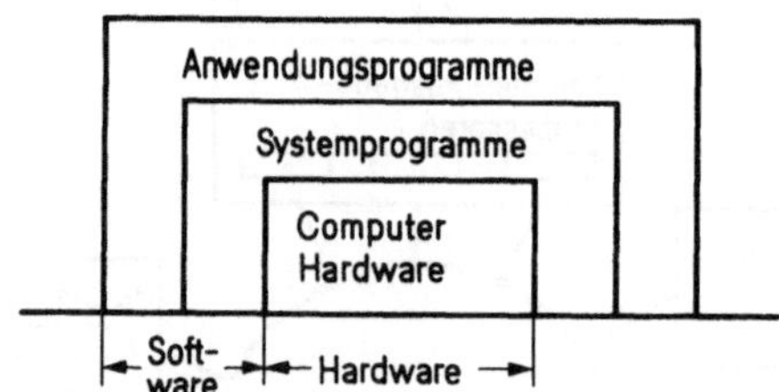

Fig. 4.14 Schalenmodell für Computer-Hardware
und -Software

Die Systemprogramme, oft unter dem Begriff Betriebssystem zusammengefasst, lassen sich gemäss Fig. 4.15 gruppieren. Die eigentlichen
Steuerprogramme sind für folgende Funktionen zuständig:

- Steuerung aller Computerfunktionen und Koordination der
  verschiedenen zu aktivierenden Programme.
- Steuerung der Eingabe/Ausgabe-Operationen für die Anwendungsprogramme.
- Ueberwachung und Registrierung der auf dem Computersystem
  ablaufenden Aktivitäten.
- Ermittlung und Korrektur von Systemfehlern.

Die Uebersetzer (Compiler) sind für die Uebersetzung aus einer
Quellensprache in die Maschinensprache zuständig (siehe Fig. 3.3)
und produzieren erst eigentlich ausführbare Programme. Ein Betriebssystem verfügt meistens über Uebersetzer für mehrere
Programmiersprachen, so dass vom Anwendungsprogrammierer jeweils
die für eine bestimmte Aufgabe am besten geeignete Sprache gewählt
werden kann. Zum festen Bestand gehören sicher die traditionellen
Sprachen FORTRAN und COBOL und neuerdings stehen auch PL/1 und vor
allem PASCAL auf den meisten Rechnern zur Verfügung. Diese beiden
Sprachen eignen sich vom Sprachkonzept her besonders gut zur Unterstützung der strukturierten Anwendungsentwicklung und zum Schreiben
von Programmen, welche den Regeln der strukturierten Programmierung
entsprechen. Unter vielen Betriebssystemen sind auch die speziell
auf den Dialogbetrieb ausgelegten Sprachen BASIC und APL benützbar;
dazu kommen weitere Vertreter aus dem "babylonischen Angebot" an
Programmiersprachen.

Die Fehlersuche in Programmen kann durch geeignete Testhilfen wesentlich beschleunigt und die Produktivität der Programmierer dadurch
gesteigert werden. Testhilfen erlauben es, die Abarbeitung eines
Programms im Detail zu verfolgen und allfällige Fehler rasch zu
lokalisieren.

Viele Computer-Arbeitsgänge sind nicht spezifisch für eine einzige
Anwendung; manche Funktionen werden immer wieder in verschiedenstem
Zusammenhang benötigt. Deshalb ist es unerlässlich, dass ein Betriebssystem eine umfassende Sammlung von Dienstprogrammen zur
freien Benützung zur Verfügung stellt. Kopier- und Verschiebe-
programme, Routinen für die Verwaltung von Programmbibliotheken,
Editierprogramme zur Unterstützung der interaktiven Programmentwicklung, Sicherungs- und Verschlüsselungsprogramme gehören ebenso
in diese Sammlung wie Programme für das Sortieren und Mischen von
Daten. Als Beispiel für ein wichtiges Dienstprogramm und zur Erläuterung der in vielen Anwendungen beanspruchten Sortierfunktion
soll nun ein Sortierprogramm näher betrachtet werden.

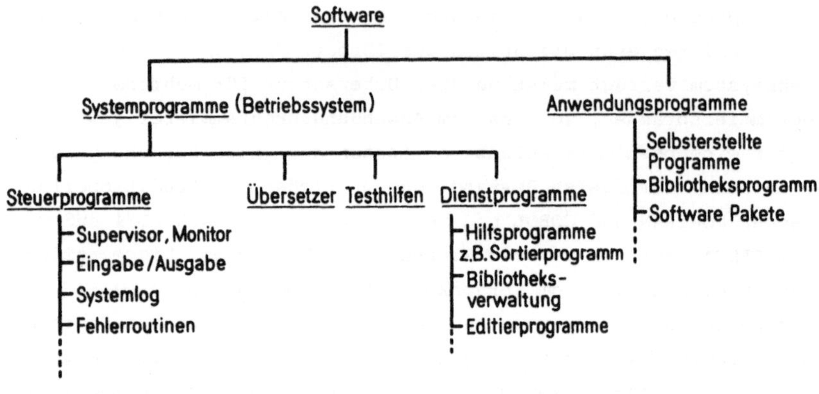

Fig. 4.15 Software-Gliederung

4.3.2 Beispiel eines Dienstprogramms: Sortieren

Die Bedeutung des Sortierens kam schon mehrfach zur Sprache. Die
sequentielle Datenverarbeitung (Abschn. 1.2) baut darauf auf, und
physische Datenstrukturen (Abschn. 2.4) machen in vielen Fällen Gebrauch von der Sortierreihenfolge der gespeicherten Daten. Daher
spielen Sortierprogramme eine zentrale Rolle beim Computereinsatz.

Das allgemeine Sortierproblem lautet:

> Die Datensätze einer sequentiellen Datei sind so zu ordnen,
> dass ihr Sortierschlüssel eine aufsteigende (bzw. absteigende)
> Folge) bildet.

Eine sortierte Datei ist somit immer eine eindimensionale Anordnung
nach einem ganz bestimmten Gesichtspunkt. Beispiele dafür sind
jedermann geläufig: Ein Telefonverzeichnis (nach Alphabet), ein
Stundenplan (nach der Zeit), ein Inhaltsverzeichnis (nach Kapiteln
und Abschnitten). Zwei Fragen sind aber eingehender zu diskutieren:

- Wie sind Sortierschlüssel aufgebaut?
- Welcher Arbeitsaufwand ist mit dem Sortieren grosser Datenmengen verbunden?

Die <u>Struktur eines Sortierschlüssels</u> wird am Beispiel Telefonverzeichnis sofort deutlich (vgl. auch Fig. 2.2): Während der gesamte
Datensatz "Telefonabonnent" die Merkmale "Familienname, Vorname,
Frauenname, Beruf, Strasse, Hausnummer, Telefonnummer" enthält, ist
die Reihenfolge des Eintrags im Telefonbuch einzig durch den Sortierschlüssel "Familienname (1), Vorname (2), Frauenname (3)" bestimmt. Die Zahlen in Klammern bezeichnen dabei den <u>Rang</u> des Merkmals innerhalb des Sortierschlüssels. Die Sortierung berücksichtigt
einzig das Merkmal mit dem vordersten Rang, solange damit eine
Differenzierung möglich ist. Bei identischen Werten des Merkmals
im vordersten Rang wird sukzessive auf die folgenden Ränge zurückgegriffen, wie folgendes Beispiel zeigt:

```
MAYER        KURT
MEIER        ERNST
MEIER        HANS        (-BINKERT)
MEIER        HANS        (-BRUNNER)
MEIERHANS    ALBERT
MEYER        BEAT
```

Der Name Meier tritt mehrfach auf, daher wird die Reihenfolge der
Vornamen, bei HANS gar jene der Frauennamen relevant.

Ein Sortierschlüssel ist somit ein Merkmal oder eine Kombination
von Merkmalen, so dass für verschiedene Datensätze aufgrund der
aktuellen Werte ihrer Sortierschlüssel eine bestimmte Reihenfolge
festgelegt werden kann. Sind die aktuellen Werte in verschiedenen
Datensätzen identisch, so werden zur Unterscheidung Merkmale hinte-
ren Ranges berücksichtigt. Sind alle Merkmale des Sortierschlüssels
identisch, so ist die Reihenfolge der entsprechenden Datensätze
unter sich undefiniert. - Ein Sortierschlüssel kann aus beliebigen
Merkmalen eines Datensatzes zusammengestellt werden (nicht nur aus
den vordersten wie in obigem Beispiel).

Bei allen bisherigen Sortierüberlegungen haben wir angenommen, dass
jedermann weiss, wie die Reihenfolge für ein bestimmtes Merkmal
lautet, dass also MEIER vor MEYER kommt und "7" vor "12". Diese

Frage der Reihenfolge enthält aber eine ganze Menge von Problemen.
So gibt es verschiedene Reihenfolgedefinitionen:

- <u>Lexikographische oder alphabetische Ordnung</u>: Die Schriftzeichen werden wortintern einzeln als Sortiermerkmal betrachtet; der Rang der Zeichen ist <u>von links her</u> 1, 2, 3, ...
  Die Reihenfolge der einzelnen Zeichen (Kollationsfolge) muss
  festgelegt werden, wobei aber üblicherweise zuerst das Leer-
  zeichen (Blank), nachher das lateinische Alphabet folgt. Die
  Einordnung der 10 Ziffern und der übrigen Zeichen ist weniger
  standardisiert. Beispiel einer alphabetischen Sortierung:
    acht, achtundneunzig, achtzig, eins, vier, zwei
                                (alphabetisch aufsteigend)
- <u>Numerische Ordnung</u>: Die verschiedenen Werte werden aufgrund
  ihrer numerischen Bedeutung geordnet; Beispiel:
    1, 2, 4, 8, 80, 98   (numerisch aufsteigend)
- <u>Speziell definierte Ordnung</u>: Für besondere Fälle kann eine
  Reihenfolge auch explizit definiert werden; Beispiel
  (offizielle Reihenfolge der Schweizer Kantone): Zürich, Bern
  Luzern, Uri, ... , Genf, Jura.

Leider werden in der Praxis Sortierreihenfolgen oft schlecht definiert oder eingehalten, sei es wegen fehlender Computer-Kompa-
tibilität (verschiedene Zeichensätze, vgl. Fig. 1.2), sei es wegen
sprachspezifischen Problemen. Als Beispiel dafür wollen wir kurz
das Problem der deutschen Umlaute betrachten, wo offiziell A und Ä
bezüglich alphabetischer Einordnung gleichwertig sind. Die viel-
verwendete Darstellung des Ä durch AE führt aber zu einer anderen
Reihenfolge. Das kommt übrigens nicht nur von der Computerverwen-
dung her; auch in der normalen Schreibmaschinenschrift wird bei
Wortanfängen Ae statt Ä geschrieben. Daher sind die AERZTE im
Telefonbuch gelegentlich schwierig zu finden!

Eine korrekte <u>Sortierschlüssel-Formulierung</u> muss für jedes einbe-
zogene Merkmal den Rang und die zu verwendende Sortier-Ordnung angeben. Als Beispiel diene eine Sortierung von Adressen innerhalb
einer Ortschaft; der Sortierschlüssel lautet:

Strassenname (1, alphabetisch aufsteigend)

Hausnummer   (2, numerisch aufsteigend)

So wird jede konkrete Sortieraufgabe durch den Sortierschlüssel
eindeutig definiert. Jetzt soll noch der dafür notwendige <u>Arbeits-
aufwand</u> abgeschätzt werden. Dazu diene die Skizze eines konkreten
Sortierverfahrens für grosse Datenmengen. Der Leser erkennt daran
auch, wie grosse Datenmengen behandelt werden können, die weit über
die Speicherkapazität eines Arbeitsspeichers hinausgehen.

Ausgangspunkt für die Sortieraufgabe ist eine sequentielle Datei
D_a, deren Datensätze vorerst irgendeine Reihenfolge aufweisen und
gemäss einem neuen Sortierschlüssel S umzusortieren sind. Das an-
gestrebte Ergebnis, die Zieldatei, heisse D_z. D_a und D_z haben den
gleichen Inhalt, sind aber anders geordnet. Die Sortierarbeit muss
dabei innerhalb des Computers mit seinem relativ beschränkten
Arbeitsspeicher (Fig. 4.16) abgewickelt werden.

<u>Fig. 4.16</u>   Das Sortierproblem

Für kleine Datenmengen, d.h. wenn sich der gesamte Inhalt von D_a
auf einmal im Arbeitsspeicher unterbringen lässt, ist das Sortieren
natürlich einfach. Das sehen wir sofort an einem manuellen Beispiel,
dem Sortieren von Spielkarten. (Der Leser bilde dazu selber einen
Sortierschlüssel mit Rang und Reihenfolge von Farbe und Wert!)
Wenn wir alle Karten auf einem Tisch auslegen können, lassen sie
sich anschliessend direkt in richtiger Reihenfolge einsammeln. Analog geschieht dies für kleine Datenmengen im Arbeitsspeicher des
Computers, wobei schnelle Verfahren ganz ähnlich funktionieren wie
das binäre Suchen (vgl. 2.1.3) für Einzelabfragen (für Einzelheiten
zu internen Sortierverfahren siehe [WIRTH 76]). Und analog benötigen schnelle interne Sortierprozesse etwa $_2\log(n)$ Vergleiche pro

Datensatz, wenn n Datensätze zu sortieren sind.

Beim internen Sortieren ist n allerdings klein, in der Grössenordnung von ein paar Dutzend. Was machen wir nun, wenn Tausende
von Datensätzen zu sortieren sind, wie in unserem alten Beispiel,
dem Telefonbuch von Zürich (n = 200'000)? Hier zerlegen wir den
Sortierprozess in zwei Phasen, eine interne und eine externe.

In der ersten Phase, dem internen Sortierprozess, erzeugt man aus
D_a mit m kleinen, unabhängigen Sortierprozessen hintereinander
eine neue stückweise sortierte Datei D_t; D_t bestehe aus m sortierten Teilfolgen.

In der zweiten Phase, dem externen Sortierprozess, müssen die m
sortierten Teilfolgen zu einer einzigen sortierten Gesamtfolge D_z
zusammengefügt werden. Dies kann offensichtlich nicht innerhalb des
Arbeitsspeichers geschehen; man löst dies durch wiederholtes
Mischen von stückweise sortierten Dateien.

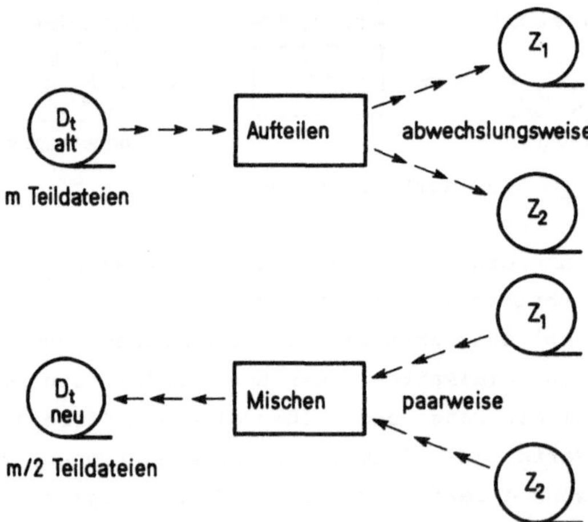

Fig. 4.17 Ein Zweier-Mischschritt

Jeder Zweier-Mischschritt (Fig. 4.17) reduziert die Anzahl der
sortierten Teilfolgen auf die Hälfte. Der Mischschritt beginnt mit
dem sequentiellen Aufteilen von m Teilfolgen auf die Zwischenspeicher Z_1 und Z_2, welche abwechslungsweise die 1., 3., 5., ... bzw.
die 2., 4., 6., ... Teilfolge übernehmen müssen und somit anschliessend je etwa die Hälfte der Daten von D_t enthalten. Darauf
werden die Daten von den Zwischenspeichern Z_1 und Z_2 wieder auf den
alten Speicher zurückkopiert, wobei aber jetzt je zwei geordnete
Teildateien paarweise zu einer geordneten Teildatei zusammenge-
mischt werden. Dieser Mischprozess erfolgt datensatzweise sequentiell und benötigt keinen grösseren Arbeitsspeicher.

Durch wiederholtes Anwenden dieses Zweier-Mischschrittes lassen
sich nun beliebig grosse Dateien sortieren; jeder Mischschritt
halbiert die Zahl der verbleibenden sortierten Teildateien, bis
nur noch eine einzige, D_z, übrig bleibt. Bei m sortierten Teildateien in der Ausgangsdatei D_t zu Beginn der externen Sortier-
phase benötigen wir $_2\log(m)$ Zweier-Mischschritte bis zum Ergebnis
D_z. Und damit haben wir das gesuchte Sortierverfahren für grosse
Datenmengen gefunden sowie ein Mass für den Sortieraufwand. In
grober Abschätzung bringt nämlich eine Verdoppelung der Anzahl von
zu sortierenden Datensätzen

- eine Verdoppelung der Durchlaufzeiten für das Dateikopieren
  im Mischschritt, und
- eine Erhöhung der Anzahl nötiger Mischschritte um 1.

Mathematisch bedeutet dies, dass der Sortieraufwand für n Datensätze proportional ist zu $n*_2\log(n)$; er steigt also für grosse n
nur schwach überproportional mit der Zahl der zu sortierenden Datensätze!

Die Dienstprogramme, die dem Computerbenützer die Programmierung
der Sortier- und Mischprozesse (englisch Sort-Merge) abnehmen, sind
meist Musterbeispiele für Programmoptimierung; das ist eine natürliche Folge der grossen Bedeutung und Häufigkeit von Sortierprozessen in der Datenverarbeitung. Diese Programme arbeiten sowohl
beim internen Sortieren als auch beim externen Mischen mit raffi-

nierten Verfeinerungen der oben skizzierten Methoden (dynamische
Sortierbäume, Mehrphasenmischen, Pufferoptimierung) und reduzieren
damit den Sortieraufwand nochmals auf Bruchteile. Die wesentliche
relative Abschätzung $n*_2\log(n)$ bleibt aber auch für diese verbesserten Verfahren als Massstab gültig.

4.3.3 Computer-Firmware

Die traditionelle Trennung zwischen Hardware und Software hat sich
in den letzten Jahren etwas verwischt, indem einzelne Funktionen
sowohl hier wie dort realisiert werden können. Dies wurde ausgelöst und ermöglicht durch technologische Entwicklungen und kommt
dem Streben nach erhöhter Verarbeitungsgeschwindigkeit entgegen.
Dabei überträgt man Funktionen des Betriebssystems auf eine spezielle Art in die Hardware; das Produkt wird mit dem Begriff Firmware bezeichnet (Fig. 4.18). Die Firmware hat die Form von Mikro-
programmen, Folgen von Mikroinstruktionen, welche die Interpretation einer normalen Maschineninstruktion beschreiben (siehe
Fig. 3.2). In bestimmten Maschinen werden die Mikroprogramme in
einem programmierbaren Kontrollspeicher untergebracht. Dies erlaubt, Mikroprogramme dynamisch zu ändern oder die Interpretation
der Benutzerprogramme an deren spezifische Eigenschaften anzupassen, wie dies etwa die Architektur des Burroughs B1700 Computers
ermöglicht.

In diesem Rahmen können wir lediglich auf diese Entwicklungen hinweisen, für weitere Ausführungen zur Mikroprogrammierung sei etwa
auf [KAESTNER 78] verwiesen.

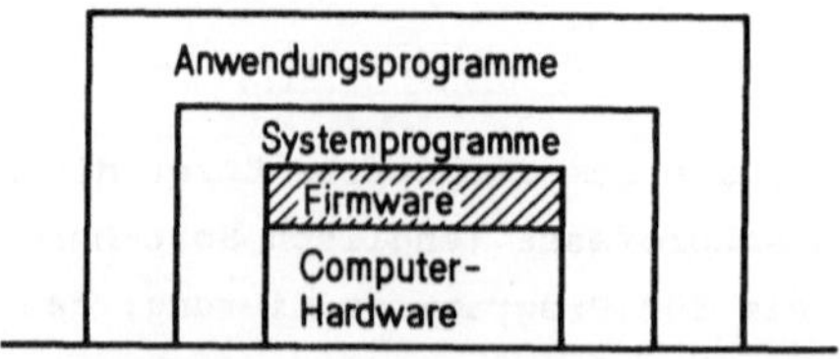

Fig. 4.18 Hardware/Software-Schnittstelle:
          Firmware

4.4 Einsatz des Computersystems

4.4.1 Computer-Betriebsarten

Die ersten Computer wurden ausschliesslich für umfangreiche Rechenaufgaben aus dem technisch-wissenschaftlichen Bereich eingesetzt.
Später folgten dann Massenverarbeitungen für kommerzielle Aufgabenstellungen auf anderen Maschinen. In allen Fällen bearbeitete der
Rechner jeweils ein einziges Programm auf einmal,und erst nach dessen Abschluss konnte ein neues Programm gestartet werden. Diese
serielle Datenverarbeitung, auch Monoprogrammierung genannt, ist
vom Betriebssystem relativ einfach zu steuern, sie macht aber in
vielen Fällen einen sehr schlechten Gebrauch von den Computerressourcen. Das Geschwindigkeitsgefälle zwischen den verschiedenen
Maschinenteilen macht sich extrem bemerkbar, und häufig muss die
Zentraleinheit warten, bis wieder neue Daten zur Verarbeitung verfügbar sind. Mit dem Ziel einer besseren Ausnützung der Hardware
wurden später gleichzeitig mehrere Programme zur Bearbeitung bereitgestellt. In diesem Fall können die verschiedenen Geräteteile
simultan an verschiedenen Programmen arbeiten,und sobald sie bei
einem Programm nicht mehr weiterkommen (also warten müssten), wird
zum nächsten weitergeschaltet. Ein Prioritätensystem sorgt innerhalb der konkurrierenden Programme für Ordnung. Die simultane
Verarbeitung, auch Multiprogramming genannt, erlaubt mit ihrer
Aufgabenschachtelung eine Verkürzung der Gesamtarbeitszeit. Wie
gross der Zeitgewinn (Δt) wirklich ist, hängt aber davon ab, wieviel zusätzliche Zeit das Betriebssystem selber zur Steuerung des
Simultanbetriebs benötigt. Ist diese Zeit grösser als Δt, so ist
Multiprogramming nicht rentabel (Fig. 4.19).

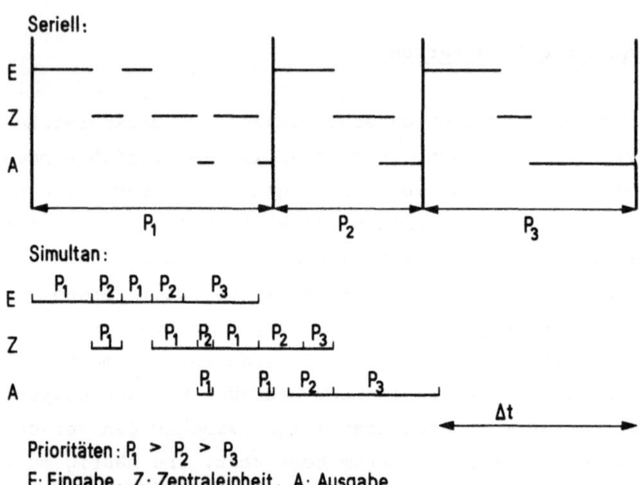

Fig. 4.19 Vergleich serielle Abarbeitung –
simultane Abarbeitung von Programmen P_i

Eine spezielle Art des Simultanbetriebs ergibt sich dann, wenn mehrere Benutzer den Computer gleichzeitig interaktiv benützen wollen. Die dafür geeignete technische Lösung, <u>Time sharing</u> genannt, teilt den Zentralrechner den einzelnen Benutzern nacheinander und zyklisch Zeitabschnitte T_i in der Grössenordnung von 100 Millisekunden zu (Fig. 4.20).

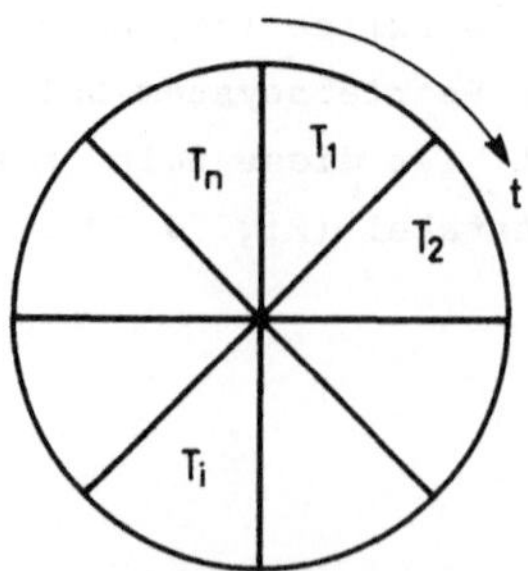

Fig. 4.20 Time sharing: Zeitzuteilung bei der interaktiven
Benützung des Computers durch mehrere Benutzer

Die pro Zeitabschnitt durchführbaren ca. 10^5 Maschinenoperationen geben <u>jedem</u> Benutzer den Eindruck, eine Maschine ausschliesslich für sich zur Verfügung zu haben, da der interaktive Benutzer viel mehr Zeit mit Nachdenken als mit Rechnen verbringt.

4.4.2 Computer-Benützungsarten

Die mannigfaltigen Möglichkeiten, mit einem Computer zu arbeiten, lassen sich einigen wenigen Klassen zuordnen. Eine erste Hauptunterscheidung berücksichtigt, in welchem Kontakt der Benutzer eines Programms mit diesem während der Ausführungsphase steht (Stapelbetrieb-Dialogbetrieb-Echtzeitbetrieb), während sich eine zweite Klassifizierung davon ableitet, ob jeder Benutzer sein eigenes Programm verarbeitet oder ob alle vom gleichen Programm bedient werden (Teilnehmerbetrieb-Teilhaberbetrieb).

Im <u>Stapelbetrieb</u> (batch processing) ordnet man alle zu verarbeitenden Programme in einen Stapel ein - die Eingabe kann lokal oder über Fernverarbeitung erfolgen -, worauf die Programme unter Beachtung einer Prioritätenfolge eines nach dem andern abgearbeitet werden, ohne dass eine Interaktion mit dem Benutzer besteht. Kennzahl zur Beurteilung des Stapelbetriebs ist die <u>Verweilzeit</u> (turn around time), gemessen von der Programmabgabe bis die Resultate in der Hand des Benutzers sind (Fig. 4.21, oben).

Im <u>Dialogbetrieb</u> (auch interaktiv oder konversationell genannt), steht der Benutzer in ständiger Interaktion mit dem Computer, und sein Programm verlangt von ihm immer wieder Reaktionen. Der Standort des Benutzers ist wiederum unwesentlich, dieser kann unmittelbar neben dem Computer oder auch weit entfernt und über Datenfernverarbeitung angeschlossen sein (Fig. 4.21). Kennzahl für den Dialogbetrieb ist die <u>Antwortzeit</u> (response time), welche angibt, wie lange ein Benutzer an einem Terminal auf jede Antwort warten muss.

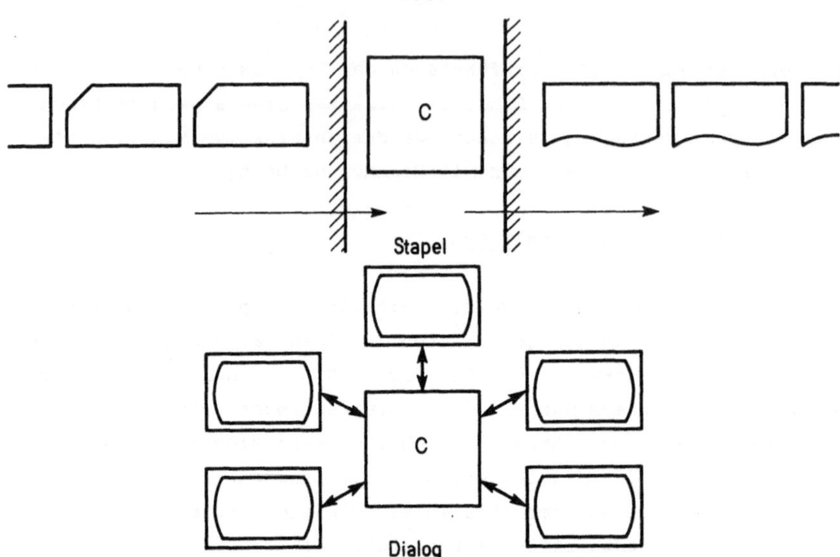

Fig. 4.21   Computerbenützung: Stapelbetrieb - Dialogbetrieb

Bei einer weiteren Benützungsart, dem Echtzeitbetrieb (real time
processing) geht es darum, einen (meist rasch ablaufenden) Prozess
in der realen Welt mit Computerfunktionen zu unterstützen (Bsp.:
Verkehrssteuerung, Laborautomation). Dazu gilt es, die Computerverarbeitung so effizient zu gestalten und die Resultate so frühzeitig zu erhalten, dass der in Echtzeit ablaufende Prozess nicht
gestört wird oder gar aufgehalten werden muss. Echtzeit kann also
Antwortzeiten von Millisekunden oder auch Minuten bedeuten.

Arbeiten alle Benutzer Th_i (Fig. 4.22) mit dem gleichen Programmkomplex P (Bsp.: Reservationssysteme von Fluggesellschaften) so
hat man einen Teilhaberbetrieb; von einem Teilnehmerbetrieb
spricht man hingegen, wenn jeder Benutzer Tn_i sein separates
eigenes Programm P_i ausführt.

Die verschiedenen Klassifikationen von Benützungsarten lassen sich
übrigens voll kombinieren. Sowohl der Stapelbetrieb als auch Dialogbetrieb und Echtzeitbetrieb können als Teilhaber-, aber auch als
Teilnehmerbetrieb funktionieren.

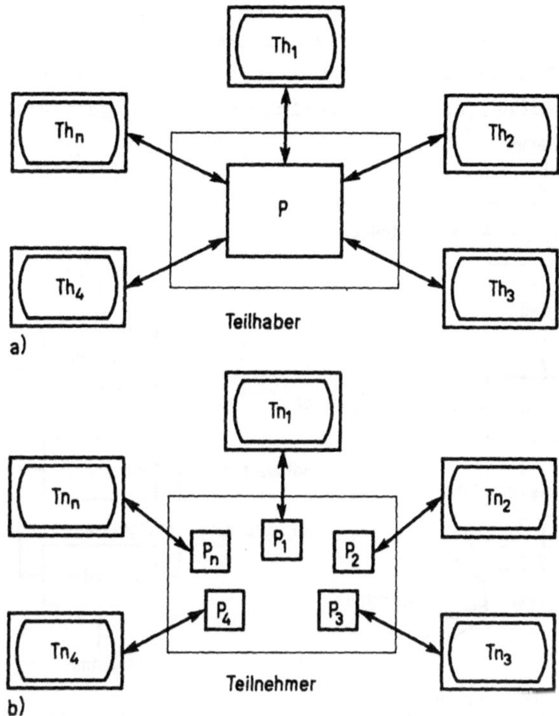

<u>Fig. 4.22</u> Computerbenützung: Teilhaberbetrieb -
Teilnehmerbetrieb

4.4.3 <u>Computer-Einsatzarten</u>

Der Computer wurde anfänglich ausschliesslich, aber auch heute
noch häufig für <u>reine Datenverarbeitung</u> (Fig. 4.23 a) eingesetzt.
Dabei sind Rechenaufgaben zu erledigen, die bei technisch-wissenschaftlichen Problemen meistens rechenintensiv (numerisches Rechnen) und bei kommerziellen Anwendungen hauptsächlich Eingabe/
Ausgabe-intensiv sind. Probleme der reinen Datenorganisation oder
der Datenübertragung fehlten am Anfang völlig.

Ein erster Schritt in diese Richtung wurde mit der <u>Nachbildung von realen Systemen</u> auf dem Computer gemacht (Fig. 4.23 b). Zwar verlangen Simulationen recht viele arithmetische Operationen; verschiedene Schritte sind aber auch rein nichtnumerisch und erfordern eine umfangreiche, aber computerinterne Datenorganisation.

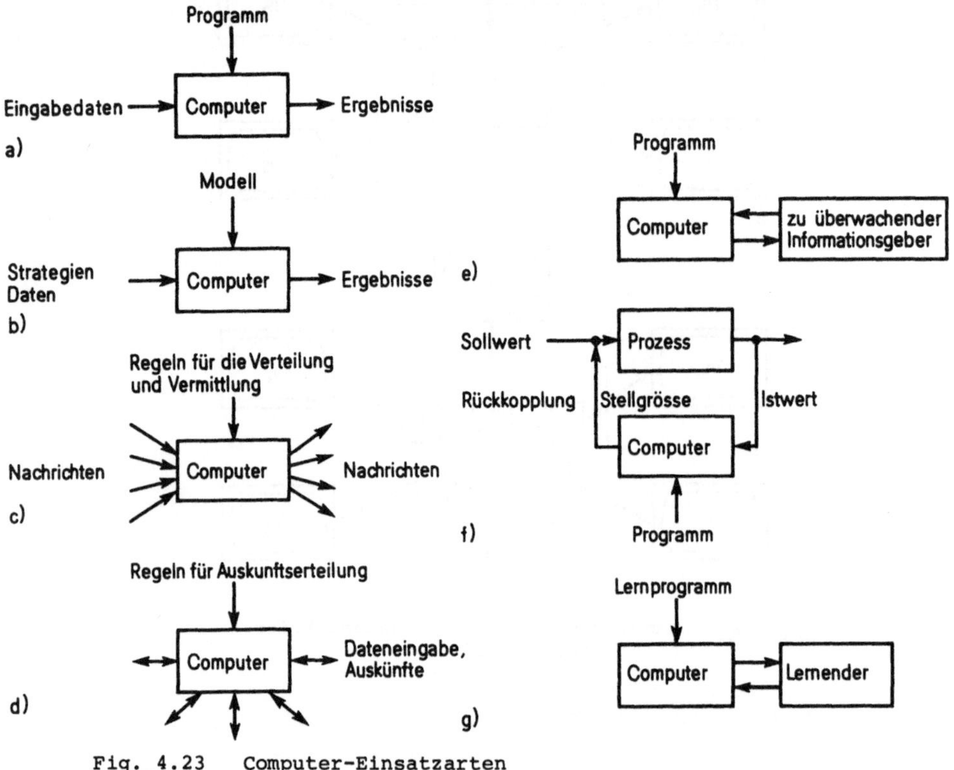

<u>Fig. 4.23</u>   Computer-Einsatzarten

a) Reine Datenverarbeitung

b) Nachbildung auf dem Computer (Simulation)

c) Nachrichtenvermittlung

d) Informations- und Auskunftssysteme

e) Ueberwachungs-Steuersysteme

f) Regelsysteme

g) Programmierter Unterricht

Beim Computereinsatz für die <u>Nachrichtenvermittlung</u> (Fig. 4.23 c)
fallen kaum eigentliche Rechenaufgaben an, ähnlich wie beim
Computer als Zentrum eines <u>Informationssystems</u> (Fig. 4.23 d). Die
Computerbeanspruchung ist aber trotzdem sehr komplex. Der Einsatz
des Computers in <u>Steuer- und Regelsystemen</u> wie auch beim computergestützten Unterricht (Fig. 4.23 e-g) stellt zusätzliche Ansprüche,
vor allem in Richtung Echtzeitbetrieb und Dialogfunktionen.

Die genannten Einsatzarten zeigen deutlich, welch vielfältige und
komplexe Aufgaben der Computer heute erfüllen muss und welch unterschiedlichen und anspruchsvollen Anforderungen Hardware und
Software von Computersystemen dabei zu genügen haben.

5 Daten-Ein- und -Ausgabe

5.1 Mensch und Maschine

5.1.1 Charakteristische Arbeitsweisen

Es gibt im Bereich der Informationsverarbeitung typische Problemstellungen für Menschen, aber auch solche für Maschinen. Beispiele
zeigen dies anschaulich:

Typische Probleme für den Menschen:
- Gegeben ist die Fotografie eines teilweise gefüllten Sportstadions; wie gross ist die Zahl der Besucher?

- Gegeben sind zwei verschiedene Portraitaufnahmen; handelt es sich
bei den beiden Aufnahmen um dieselbe Person?

- Wir haben eine schlechte Telefonverbindung; können wir trotzdem verstehen, was der Partner sagt?

Typische Problemstellungen für die Maschine:
- Gegeben sind die Preisetiketten von hundert eingekauften Gegenständen im Supermarkt; was kosten diese gesamthaft?

- Gegeben ist eine komplizierte mathematische Formel; was ergibt
ihre Berechnung?

- Gegeben sind verschiedene Kreditofferten mit unterschiedlichen
Zinssätzen und Konditionen; welches ist die günstigste?

Mensch und Maschine arbeiten sehr unterschiedlich. Wer den Computer
sinnvoll einsetzen will, sollte daher nicht den irreführenden Begriff "Elektronen-Gehirn" benützen, weil die menschliche Denkweise
und die Arbeitsweise eines elektronischen Datenverarbeitungs- und
Speichersystems wesentlich voneinander abweichen. Aus obigen Beispielen und aufgrund persönlicher Erfahrungen wird der Leser
leicht eine ganze Reihe von Unterschieden ableiten können (Tab.
5.1).

F ä h i g k e i t	Mensch	Computer
- den Ueberblick über eine Situation zu gewinnen,	+	-
- ein Problem zu strukturieren,	+	-
- schnell grobe Schätzungen zu machen,	+	-
- sichere und genaue Angaben zu liefern,	-	+
- viele gleichartige Auswertungen vorzunehmen,	-	+
- nicht zu ermüden,	-	+
- Strukturen zu erkennen (Bilder),	+	-
- Nebensächliches zu übersehen,	+	-
- logisch zu schliessen.	+(?)	+(?)

Tab. 5.1 Informationsverarbeitung bei Mensch und Maschine

Die letztgenannte Fähigkeit, nämlich logisch schliessen zu können,
ist bei Mensch und Maschine ganz spezifisch und voneinander sehr
verschieden ausgebildet:

- Der Mensch ist (bei guter Ausbildung und höchster Konzentration!)
  imstande, Beweise zu führen, Schlüsse zu ziehen und Zusammenhänge
  aufzufinden.

- Der Computer ist imstande, logische Bedingungen und Abhängigkeiten mit grösster Leichtigkeit exakt auszuwerten, sofern diese
  eindeutig fixiert sind.

Nebst diesen Unterschieden in Arbeitsweise und typischer Problemstellung unterscheiden sich Mensch und Maschine aber auch stark in
der Art der Datendarstellung. Dabei geht es hier nicht um die
technische Form (elektronisch, Druckschrift etc.), sondern um die
logische Gliederung der dargestellten Aussagen.

- Maschinen arbeiten am rationellsten mit präzis codierten, gleichartigen, detaillierten und redundanzfreien Daten. (Bsp.: Telefonnummern, numerische Verschlüsselungen, Formulareinträge etc.);
  die Grösse der Datenmenge ist von geringerer Bedeutung.

- Menschen benützen gerne umfassende und kombinierte Darstellungen
  (z.B. audiovisuell) mit genügend Redundanz, wie sie unsere Spra-

che und Schrift aufweisen (Füllwörter, Dehnungs-H, Gross- und
Kleinschrift etc.); die Menge der auf einmal aufnehmbaren Detail-
Information ist sehr beschränkt (Beispiel Telefonnummern!).

Die Aufgabe der Daten-Aus- und -Eingabe besteht nun primär darin,
Daten aus einer internen, der Maschine angepassten Form in eine
externe, benützernahe Form umzusetzen und umgekehrt. Mit der zuneh-
menden Leistungsfähigkeit des Computers hat sich dabei die Schnittstelle der Uebergabe immer mehr verschoben. Am Anfang musste der
(schon immer anpassungsfähige) Mensch dem Computer sehr stark ent-
gegenkommen, wie die nachfolgenden Beispiele zeigen, während heute
der Computer immer mehr dafür eingesetzt wird, die Umformungen
zwischen benutzernahen Datenformen und computernahen Codierungen
selber durchzuführen.

Beispiele für die Interaktion Mensch-Maschine aus mehreren Jahrzehnten:

<u>1950:</u> Darstellung von Computerprogrammen durch den Programmierer
in schwer lesbarer Ziffernform; praktisch nur Ziffern (keine
Buchstaben) auf dem Computer; Programmierung von Tabellier-
maschinen durch Stecken von Drahtverbindungen.

<u>1960:</u> Textverarbeitung ist möglich; höhere Programmiersprachen;
erste Betriebssysteme zur Unterstützung des Operators.

<u>1970:</u> Optische Leser; Bankschalter-Terminals; interaktive spezia-
lisierte Verwaltungssysteme (z.B. Flugreservationssysteme);
Betriebssysteme für Terminalnetze.

<u>1980:</u> Interaktive Dokumentationssysteme; persönliche Bürocomputer
als Universalmaschine für Bürotätigkeiten; automatische
Identifikation von Unterschriften etc.

Die Beispiele zeigen, dass der Computer und die daran angeschlossenen Geräte der Arbeitsweise des Menschen laufend entgegengekom-
men sind, und dass viele manuelle Arbeiten für die Bedienung des
Computers selber überflüssig wurden, weil die "Betriebssysteme"
diese Bedienung übernommen und dem Computer selber übertragen haben. Der Mensch soll also nicht mehr länger die Maschine unterstüt-

zen, wie das in den Anfängen der Computertechnik unumgänglich war,
sondern er soll von der Maschine in seiner eigenen Arbeit unterstützt werden.

Diese Ueberlegung gilt besonders ausgeprägt für die Daten-Ein- und
-Ausgabe und die zugehörigen Hilfs- und Zwischenarbeiten, wie Lochkarten ablochen, ausgedruckte Listen verteilen etc. Ein- und Ausga-
be-Geräte kommen immer mehr direkt dort zum Einsatz, wo die Daten
entstehen, bzw. gebraucht werden, also an Schaltern, bei Registrierkassen oder im Büro. Diese Erscheinung der An-Ort-Datenerfassung
und -anzeige ist bezeichnend für die Bewegung der Maschine zum
Menschen hin. Die Zukunft wird dabei das Sortiment der angebotenen
maschinellen Dienste noch wesentlich erweitern und verfeinern.

5.1.2 Unterschiedliche Benutzergruppen

Nicht alle Benutzer von Computereinrichtungen haben die gleiche
Einstellung zu solchen Geräten. Die Unterschiede rühren einerseits
von der Art der Anwendung her (Steuerformulare wirken immer weniger
sympathisch als Flugscheine), anderseits aber ist die Art der Vorkenntnisse und die Verantwortlichkeit der Betroffenen von wesent-
licher Bedeutung. Wenn daher ein Computer-Einsatz nicht auf Kenntnisse und Einstellung der Benutzer abgestimmt ist, kann dies leicht
zu unerwarteten Schwierigkeiten führen.

Ganz grob sollen hier <u>vier Stufen von Benutzern</u> unterschieden wer-
den:
- Computer-Fachleute (Computer specialists)
- Ständige Benutzer (Professional users)
- Gelegentliche Benutzer (Casual users)
- Organisations-Fremde (Unskilled persons)

<u>Computer-Fachleute:</u> Programmierer und solche Anwender (Ingenieure,
Oekonomen, Kaufleute), welche selber mit Hilfe bestimmter Sprachen
und Abfragetechniken eigene Problemlösungen auf dem Computer entwerfen und benützen. Diese Computer-Fachleute kennen die technischen Möglichkeiten; sie schätzen die kurze, kompakte, oft codierte

Arbeitsweise, die für Fachleute im Umgang mit dem Computer üblich
ist.

Ständige Benutzer: Personen, welche im Rahmen ihrer (oft admini-
strativen) Berufstätigkeit den Computer an ihrem Arbeitsplatz vorfinden und benützen, wie Schalterbeamte, Auskunftspersonen, Doku-
mentalisten, Disponenten etc. Diese ständigen Benutzer kennen die
Möglichkeiten ihrer speziellen Computer-Anwendung; sie werden gezielt für die Spezialfunktionen dieser Anwendung ausgebildet, sie
wollen und sollen aber keine eigentlichen Programmierkenntnisse er-
werben oder Arbeiten auf dem Computer ausführen, die nicht mit ihrer
Haupttätigkeit direkt zusammenhängen.

Gelegentliche Benutzer: Personen ausserhalb eines permanenten Kon-
taktkreises zu einer bestimmten Computeranwendung, aber mit gelegentlichen Berührungspunkten. Dazu gehören die meisten Erwachsenen
in einer hoch-organisierten Gesellschaft (Bürger, Kunden, Passagie-
re etc.). Der gelegentliche Benutzer ist im allgemeinen nicht ge-
willt und nicht fähig, auf computertechnische Belange Rücksicht zu
nehmen; er muss so geführt werden, dass er automatisch das Gewünschte tut (z.B. ein Formular richtig ausfüllt).

Organisations-Fremde: Personen ohne Erfahrung mit dem administrati-
ven Spiel einer hochorganisierten Gesellschaft, also z.B. Kinder,
Angehörige fremder Völker, aber auch administrativ Unbeholfene,
Kranke etc. Diesen Personen kann keine direkt maschinell verwert-
bare Datenformulierung zugemutet werden.

Die geschilderten Unterschiede zwischen diesen Gruppen führen zu
einigen Folgerungen, die bei der Gestaltung des Kontaktes zwischen
einer Computer-Applikation und den davon Betroffenen zu beachten
sind:

- Organisations-Fremde sind immer über eine Zwischenperson (Aus-
  kunftsstelle, Betreuer etc.) anzusprechen.

- Gelegentliche Benutzer können insbesondere dann direkt für die
  Dateneingabe (über Formulare oder sogar über Tastaturen) und für
  das Datenablesen beigezogen werden, wenn ihnen der Nutzen dieser
  Tätigkeit unmittelbar zugute kommt oder ersichtlich ist (z.B.

beim Bezug eines Fahrausweises, bei Geldeinzahlung und -rückzug, für Fahrplan-Auskünfte). Aber auch für diese Fälle sind nur <u>ganz einfache</u> Verfahren brauchbar, die <u>selbsterklärend</u> sind. "Schöne Handschrift" darf nie vorausgesetzt werden.

- <u>Ständige Benutzer</u> können über einen Schulungs-Prozess in die richtige Benützung des Systems eingeführt werden; sie können daher <u>auch kompliziertere Funktionen</u> benützen, und man darf von ihnen <u>qualifizierte Arbeit</u> (inklusive wenn nötig saubere Schrift) erwarten. In den meisten Fällen sind ständige Benutzer ohnehin in einem Anstellungs- oder anderen Abhängigkeitsverhältnis zum Besitzer des Computer-Anwendungs-Systems. Komplizierte Funktionen sollen auf Anfrage durch das Computersystem selbst erläutert werden; bei inkorrekter Benützung soll das System eine korrekte Wiederholung verlangen. Auch für ständige Benutzer darf aber das Sortiment der Funktionen <u>keine Widersprüche</u> oder <u>unlogischen Bezeichnungen</u> enthalten.

- <u>Computer-Fachleute</u> sollen bei ihrem Umgang mit einem Computersystem <u>auf Wunsch</u> auf allen Ballast (lange Befehlsbegriffe, Erläuterungen, Vorfragen etc.) verzichten können. Nicht verzichtet werden darf aber auf Massnahmen zur Datensicherung, da gerade der Spezialist diesen Problemen gerne weniger Interesse schenkt oder sie missachtet.

Der Leser möge sich selber aufgrund der aufgezeigten Gliederung darüber Rechenschaft geben, ob und wie weit ihm bekannte Computeranwendungen den aufgestellten Forderungen bezüglich Benützer-Gruppen tatsächlich genügen.

5.1.3 Dialog, Interaktivität

Bisher haben wir Daten-Eingabe und Daten-Ausgabe als zwei ziemlich symmetrische, aber getrennte Prozesse betrachtet; dass die Begriffe "Eingabe" und "Ausgabe" sich immer auf den Computer (und nicht auf den Menschen) beziehen, kommt übrigens davon, dass alle dafür notwendigen Arbeiten im Programm für den Computer beschrieben werden.

Die Zusammenarbeit zwischen Benutzer und Datensystem ist nun aber
im allgemeinen <u>nicht</u> auf <u>einseitige</u> Datenübertragungen beschränkt;
auch wenn das auf Sonderfälle zutreffen kann (z.B. Versand von Ein-
ladungen oder Sammeln von Volkszählungsdaten). Im Normalfall bewegen sich die Daten zwischen Mensch und Maschine zyklisch hin und
her (Fig. 5.1). Die Frequenz dieses Zyklus hängt dabei von verschiedenen Einflussgrössen ab, so unter anderem

- von der Arbeitsweise des Menschen (Denkzeit),
- von der Arbeitsweise des Computers (Betriebsmodus),
- von der transferierten Datenmenge,
- von den verwendeten Medien.

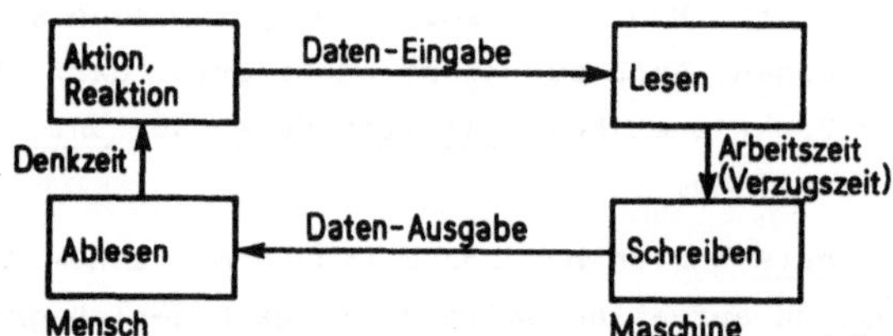

<u>Fig. 5.1</u> Modell des Interaktions-Zyklus

Die <u>Denkzeit des Menschen</u> kann dabei ganz unterschiedliche Werte
annehmen, wie folgende Beispiele zeigen:

- Flugreservationssystem beim Flugscheinverkäufer: Zehntelssekun-
  den;
- Flugreservationssystem beim Passagier: Sekunden bis Minuten;
- Fehlersuche in einem ausgedruckten Computerprogramm: Minuten
  bis Stunden oder Tage.

Aber auch die <u>Arbeitszeit des Computers</u> (oder die Verzugszeit
(elapsed time) des gesamten Rechenzentrums) nimmt verschiedene
Grössenordnungen an:

- Prozess-Steuerung: Millisekunden bis Sekunden.
- Flugreservationssystem: Verzugszeit bis zum Erscheinen einer
  Antwort auf dem Bildschirm: 1 - 5 Sekunden.
- Berechnen einer Brückenplatte: Rechenzeit: Minuten bis Stunden.

- Berechnen einer Brückenplatte: Verzugszeit: Tag (da so grosse Arbeiten je nach Betriebsregeln des Rechenzentrums nur nachts gerechnet werden).

Werden bei der Datenausgabe <u>grosse Listen</u> verlangt, so hat eine Forderung nach sehr kurzen Arbeits- oder Verzugszeiten des Computers normalerweise keinen Sinn, da der Empfänger die grosse Menge der Ergebnisse gar nicht entsprechend rasch lesen und verarbeiten könnte.

Aus dieser Ueberlegung folgt, dass offenbar ein <u>sinnvolles Verhält-nis</u> zwischen den verschiedenen Daten-Ein- und -Ausgabemedien, den übertragenen Datenmengen und den Arbeits- und Denkzeiten bestehen muss; andernfalls wird der Interaktionszyklus gestört oder vollständig unterbunden. Tab. 5.2 zeigt einige repräsentative Kombinationen.

Charakteristik des Zyklus	Ein/Ausgabe-Medien	Mensch	Maschine
Umfangreiche Arbeiten, Rechnungen, Daten aufbereiten	Lochkarten, Magnetbänder, Kassetten,etc.	intensive Vorbereitungen	Stapelverarbeitung
Kurze Abfragen	Tastatur, Bildschirm	sehr rasche Fragestellung	interaktive Arbeit
Daten eintasten	Tastatur, Bildschirm	andauerndes Schreiben	interaktiv, wenig belastet

<u>Tab. 5.2</u>   Typische Kombinationen von Arbeitsweise und Medien

Eine nur partielle Auslastung des Computers durch einen Einzelbenutzer ist in einem Vielbenutzersystem durchaus richtig, da die Maschine während dieser Zeit für andere Benutzer arbeitet. Die Umkehrung dieser Regel gilt jedoch nicht, denn eine Unterbelastung des Benutzers, der auf die Antwort der Maschine <u>warten</u> muss, ist unerwünscht. Der <u>Arbeitsrhythmus des Menschen</u> zählt, er darf nicht zerstört werden. Wenn einfache Fragen nicht in wenigen Sekunden,

kompliziertere Probleme nicht in Minuten beantwortet werden können,
so sollte auf eine interaktive Bearbeitung verzichtet werden. Der
Grund dafür kann an verschiedenen Orten liegen, insbesondere in der
Grösse des Problems und in der Leistungsfähigkeit oder Beanspruchung der Maschine. Der System-Ingenieur muss den Mut haben, in
einem solchen Fall keine Terminal-Interaktivität vorzutäuschen, da
doch kein unmittelbares Zwiegespräch mehr möglich ist. Als Lösung
kommt eine klassische Stapel-Verarbeitung in Frage oder eine Arbeitsweise, bei welcher der Mensch eine passende Zwischenarbeit
mit der interaktiven Computertätigkeit verbinden kann.

Obwohl wir in diesem Unterabschnitt jede Art von Daten-Transfer
zwischen Computer und Benutzer als Interaktion bezeichnet haben,
wird üblicherweise nur die schnelle Frage-Antwort-Arbeitsweise
"interaktiv" oder "Dialogbetrieb" genannt. Wenn die Antwortzeit
den Sekunden- oder Minutenbereich übersteigt, besonders wenn lange
Listen, Lochkarten und Magnetbänder eingeschaltet werden, so gehört eine solche Arbeitsweise zum Stapelbetrieb. Wir werden im folgenden diese Abgrenzung zwischen Dialogbetrieb und Stapelbetrieb
benützen.

Für echt interaktive Systeme kommen somit nur Daten-Ein- und -Aus-
gabegeräte in Frage, die im Sekundenbereich arbeiten können. Auch
unter diesen ist die Auswahl sehr gross, wie in den folgenden Abschnitten zu zeigen sein wird.

Zum Abschluss der Ausführungen über die Interaktivität ist wohl die
Bemerkung angebracht, dass sich Interaktivität in modernen Computersystemen nicht allein auf die Kommunikation Mensch-Maschine beschränkt. Eine ähnliche Struktur wie in Fig. 5.1 ergibt sich beim
partnerschaftlichen Kontakt zwischen zwei Computersystemen, welche
beide ihre eigene Arbeitsgeschwindigkeit haben und somit je einen
eigenen Arbeitsrhythmus aufweisen. Diese Arbeitsrhythmen müssen in
allen Systemen mit parallelen Prozessoren und in Netzwerken koordiniert werden. Für die Einzelheiten sei auf die Spezialliteratur
über Netzwerke verwiesen.

5.2   Daten-Eingabe und Eingabemedien

5.2.1   Der Datenerfassungsweg

Dateneingabe und Datenerfassung bezeichnen jenen Prozess, bei dem
Daten über die reale Welt (z.B. Buchhaltungsdaten, Messergebnisse,
Abstimmungsergebnisse) nach geeigneter Umformung in den Computer
hineingeführt werden. In der Praxis benötigt dieser Prozess oft
mehrere Zwischenstationen. Es ist zweckmässig, dabei zu unterscheiden, ob
- ein Mensch (für eine Anmeldung, Umfrage, Notiz etc.) oder
- ein Gerät (Messgerät, Zähler etc.)
der eigentliche Datenlieferant ist.

Den Menschen als Partner in einem Datensystem haben wir schon in
Abschnitt 5.1 untersucht. Das Eingabe-Problem besteht hier darin,
zuerst über eine geschickte Fragestellung aus dem angesprochenen
menschlichen Datenlieferanten die Rohdaten herauszuholen und diese
anschliessend so umzuformen, dass sie von der Maschine verarbeitet
werden können. Dieser Prozess zerfällt in drei Phasen, das Aufschreiben, das Codieren (Normieren) und das Maschinenlesbarmachen,
zum Beispiel durch das Abtippen auf einem Kartenlocher oder einem
Terminal.

An einem Beispiel sei das verdeutlicht: In einer Verwaltung werden
für eine bestimmte Anmeldung vom Antragsteller Name, Geschlecht und
Beruf benötigt.

- Aufschreiben: MEIER, MAENNLICH, MAURER

- Codieren: MEIER, ☒ M   ☐ W,   248 (gemäss Code-Liste)

- Abtippen: MEIER,   M,   248

Das Durchlaufen aller drei Phasen des Datenerfassungsweges ist allerdings in bestimmten Fällen sehr unhandlich. So drängt es sich in
unserem Beispiel auf, das dreimalige Niederschreiben des Namens
MEIER durch Zusammenfassen der Phasen zu reduzieren. Bei der Erfassung des Geschlechts kann die Entlastung gar noch grösser sein, in-

dem eine Auswahl vorgegeben wird und der Ausfüller des Formulars durch Ankreuz-Antworten vom Aufschreiben ganzer Wörter ("MAENN-LICH") befreit wird. Dennoch sind für andere Fragen die drei Phasen unumgänglich, da beispielsweise die Codierung des Berufs nicht dem "gelegentlichen Benutzer" überlassen werden kann. Es ist sinnvoll, Verkürzungen der Datenerfassung überall dort anzustreben, wo dies ohne Beeinträchtigung der Datenqualität möglich ist. In manchen Fällen kann die Datenqualität durch geeignete Fragen und Formulare sogar verbessert werden. Denn der Mensch wird als Datenlieferant durch die Fragestellung unterstützt, aber auch beeinflusst. Für Beispiele sei auf den folgenden Unterabschnitt 5.2.2 verwiesen.

Der konventionelle dreiteilige Weg sowie einige wichtige Verkürzungen sind in Fig. 5.2 zusammengestellt.

Die Praxis zeigt gelegentlich noch andere als die soeben geschilderten Verkürzungsmöglichkeiten. Es lohnt sich, vor allem bei Grossanwendungen, in jedem einzelnen Problemfall die Frage nach dem geeignetsten Verfahren neu zu stellen.

Bei der Ermittlung des in Bezug auf Wirtschaftlichkeit "besten" Datenerfassungsweges dürfen die einzelnen Phasen nicht isoliert betrachtet werden. Gut erfasste und codierte Daten erlauben eine hohe Arbeitsgeschwindigkeit beim Maschinenlesbarmachen. Und rein maschinelle (z.B. optische) Leseverfahren stellen anderseits sehr hohe Ansprüche an die Vorbereitungsarbeiten, weshalb das manuelle Abtippen auch heute keineswegs eine überholte Technik ist. In jedem Fall müssen alle Phasen des Datenerfassungsweges gut aufeinander abgestimmt sein.

Genaue Abschätzungen des Datenerfassungsaufwandes lassen sich erst aufgrund eines Versuchsbetriebes ermitteln. Bei dieser Gelegenheit können auch Fragebogen und Formulare auf ihre Verständlichkeit und Zweckmässigkeit überprüft werden.

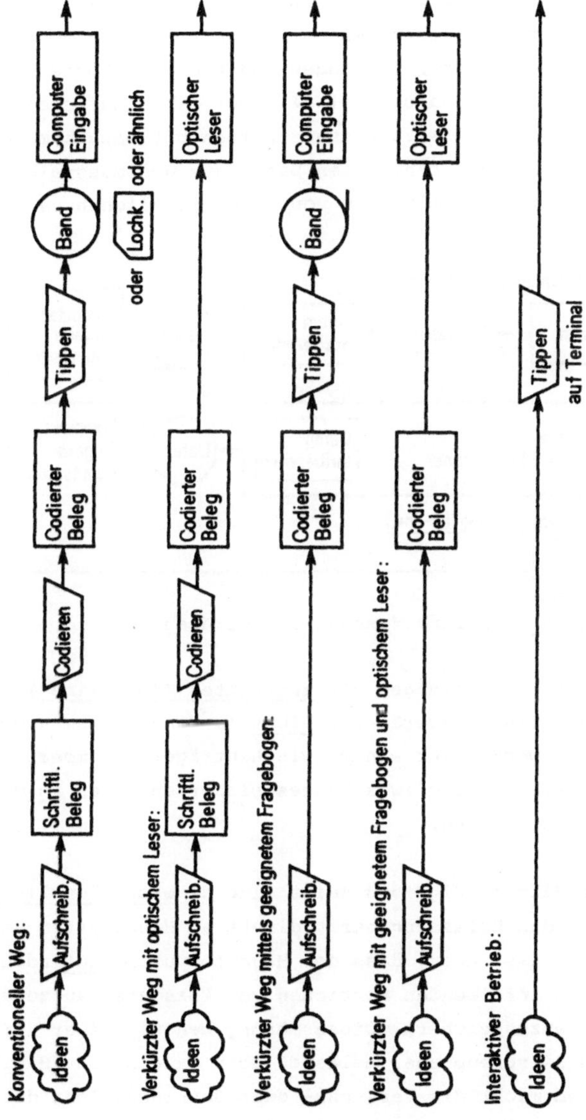

<u>Fig. 5.2</u>   Lange und kurze Datenerfassungswege

Beim maschinellen Datenerfassungsweg werden die Daten mit der gewünschten Genauigkeit - soweit dies messtechnisch möglich ist - direkt aus einem Gerät übernommen. Die Daten sind also bereits codiert und maschinenlesbar vorhanden und bedürfen höchstens noch einer Umformung (z.B. analog/digital) oder einer Aufbereitung. Dazu gehören in Technik und Naturwissenschaften oft Datenkompressionen (Eliminieren von nicht benötigten Daten aus den Messreihen) und Datenbereinigungen (Eliminieren von offensichtlichen Fehl-Messungen).

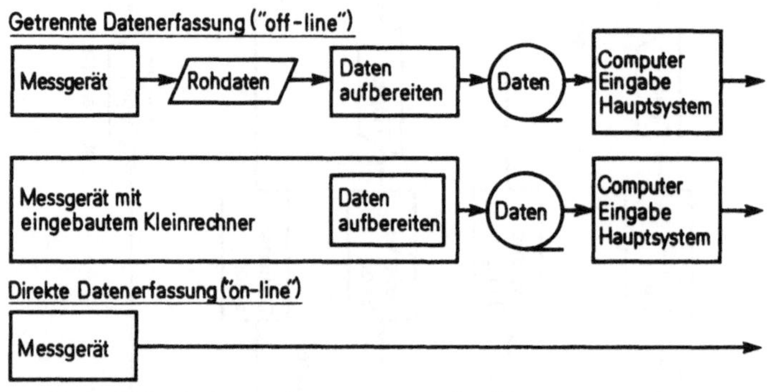

Fig. 5.3 Datenerfassung aus Geräten

Fig. 5.3 zeigt oben Lösungen mit getrennter ("off-line") Datenerfassung. Das Erfassungsgerät ist nicht am Hauptsystem angeschlossen; die Daten werden auf einem Zwischenträger gesammelt. Erst anschliessend gelangen die zwischengespeicherten Daten in das Hauptsystem zur Verarbeitung.

Das unterste Bild in Fig. 5.3 zeigt eine direkte ("on-line") Datenerfassung, wo das Erfassungsgerät direkt am Hauptsystem angeschlossen ist. Das heisst aber, dass der Hauptcomputer laufend bereit sein muss, die anfallenden Portionen von Messdaten aufzunehmen und intern zwischenzuspeichern. Diese Lösung benötigt zwar keine Hardware für die Zwischenphase, belastet aber dauernd das Haupt-Computer-System und macht die Versuchs- oder Betriebszeiten des Erfassungsgerätes von den Betriebszeiten des Hauptsystems abhängig. Wenn in technischen Laboratorien gewisse Versuche 24 Stunden durchlaufen und fortwährend Daten produzieren, so zwingt dies bei der on-line-Lösung auch das Gross-System zum 24-Stundenbetrieb. Das ist einer der Gründe, weshalb für solche Zwecke immer mehr kleine Datensammelsysteme getrennt eingesetzt werden, damit das Gross-System erst nach der Datensammelphase während relativ kurzer Zeit für die eigentliche Datenauswertung eingesetzt werden muss.

5.2.2 Fragestellungen und Fragebogen

Bei der Betrachtung des Datenerfassungsweges wurde deutlich, dass die Transformation menschlicher Gedanken in formatierte Aussagen (ROT,58,NEIN) eine wichtige, aber keineswegs problemlose Aufgabe darstellt. Das wichtigste Hilfsmittel dafür und gleichzeitig die angenehmste Unterstützung für den Befragten ist eine geeignete Fragestellung.

Fragen haben entweder einen vorgesehenen Antwortbereich, oder sie sind offen, wobei allerdings der Rahmen der möglichen Antworten noch sehr unterschiedlich sein kann.

- Fragen mit vorgegebenem Antwortbereich:
    - Ja/Nein-Fragen
    - Auswahl-Fragen (multiple choice, Menü-Technik)
- Offene Fragen:
    - Fragen mit codierbarer Antwort (z.B. nach dem Beruf)
    - Allgemeine offene Fragen (z.B. "Was denken Sie über xxxx ?")

In der Datenverarbeitung sind formatierte Daten besonders einfach zu behandeln. Daher sind Ja/Nein-Fragen, Auswahl-Fragen und Fragen mit codierbarer Antwort von besonderer Bedeutung und werden anschliessend erläutert. Die allgemeinen offenen Fragen führen hingegen zu Antworten, welche entweder nur unformatiert, also als Text, oder dann erst nach einem zusätzlichen und im allgemeinen schwierigen Interpretationsprozess formatiert erfasst werden können; diese Fragen seien daher hier nicht weiter betrachtet.

Art, Schwierigkeiten und Varianten der Fragestellungen lassen sich anhand von <u>Beispielen</u> wohl am besten erkennen:

- <u>Ja/Nein-Fragen:</u>

  "Sind Sie Ausländer?"

  "Sind Sie männlich?" (oder logisch gleichwertig: "Geschlecht?")

  "Führt diese Strasse nach Babylon?" (und wenn man es nicht weiss?)

  "Werden Sie Ihre Frau nicht mehr schlagen?" (Eine typische dialektische Trickfrage; sowohl "ja" wie "nein" gibt zu, "bisher geschlagen zu haben").

- <u>Auswahl-Fragen:</u>

  "Zivilstand?" (Auswahl gesetzlich vorgeschrieben; eindeutig)

  "Anzahl Kinder?" (Frage nach einem numerischen Wert; eindeutig)

  "Welche Weltsprachen sprechen Sie?" (Die Auswahl kann vorgegeben werden; der Befragte kann aber Mehrfachnennungen machen).

  "Lieben Sie Brahms?" (mit Auswahl: Ja, Nein, Ich kenne Brahms nicht, Keine Meinung)

- <u>Offene Fragen mit codierbarer Antwort:</u>

  "Beruf?" (Aus einer vorbereiteten Berufsliste mit Code-Angabe für jeden Beruf kann jeder Antwort ein präziser Merkmalswert zugeordnet werden; gleichzeitig werden damit Synonyme wie "Metzger" und "Fleischer" eliminiert)

  "Kreditkarten?" (Auswahl gross, Mehrfachnennungen möglich; ev. ist die Zahl der Mehrfachnennungen zu beschränken)

  "Namen der Kinder?" (Auch kurze Wörter, Namen etc. lassen sich formatiert erfassen.)

Diese Fragebeispiele zeigen unmittelbar, dass als Ziel jeder Fragestellung ein oder mehrere Merkmalswerte gewonnen werden müssen. Je nach Fragestellung gehören zu den vorgesehenen Werten auch "unbestimmt", "keine Meinung" und ähnliche Begriffe. Für die Beschaffung von <u>guten</u> (= richtigen, einfach zu interpretierenden, problemlosen) Daten sind folgende <u>Grundsätze</u> zu beachten:

- Fragen Sie direkt und einfach, mit Begriffen, die der Ausfüller des Fragebogens (und nicht nur der Verwaltungsbeamte) kennt!

- Stellen Sie Fragen aus der Sicht des Beantworters, nicht aus

der Sicht der Auswertungen, die Sie damit machen wollen! (Also:
"Wieviele Kinder haben Sie?" und nicht: "Welche Kinderabzüge beanspruchen Sie bei den Steuern?")

- Vermeiden Sie Fragen über Vergangenes; das Gedächtnis ist unsicher! Rückwirkende Datenerhebungen sind oft wertlos.

- Fragen mit impliziten Unterstellungen und Nebeneffekten sowie
  Trickfragen sind aus ethischen und datentechnischen Gründen verboten!

Fragestellung und Definition der für die Datenverarbeitung benötigten Merkmale gehören sehr eng zusammen; sie bilden die zentrale
Problemstellung beim Entwurf eines Datensystems.

Nun wenden wir uns der <u>technischen Formulierung</u> der Fragen zu, also
von Frage und Antwort auf Formularen, auf Bildschirmen und ähnlichen Darstellungsmitteln. Dabei spielt das jeweilige Medium selbstverständlich bezüglich Frageformulierung eine wesentliche Rolle.
Beispiele:

- Formular: "Geschlecht : ☐ M ☐ W (bitte ankreuzen)"
- Fernschreiber oder Bildschirm: "Geschlecht: (Tippen Sie M oder
  W ein)"
- Telefon: "Sind Sie männlich oder weiblich?"

Es ist im Rahmen dieses Buches nicht möglich, alle Medien parallel
zu behandeln. Daher soll als Beispiel die technische Frageformulierung für <u>Fragebogen und Formulare</u> behandelt werden. Der lange Datenerfassungsweg führt die Ideen dabei über Aufschreiben, Codieren und
Tippen (vgl. Fig. 5.2) in die computergespeicherte Form. Je nach
Typ der Frage sind nun die Verkürzungen dieses Weges sehr einfach
oder mühsam. So ist der Einsatz eines <u>optischen Lesers</u> natürlich
vor allem geeignet für Auswahlfragen (Markierungsleser, vgl. 5.2.5),
da für offene Fragen im allgemeinen nicht nur Markierungen, sondern
Code-Zahlen, Namen, Adressen etc., also Ziffern und Buchstaben,
automatisch gelesen werden müssen, was einen wesentlich grösseren
technischen (und damit auch finanziellen) Aufwand bewirkt.

Einige Beispiele von Frageformulierungen auf Fragebogen zeigen die verschiedenen Verkürzungsmöglichkeiten. Dabei ist das Feld rechts aussen jeweils für eine Eintragung durch Fachpersonal ("ständige Benutzer") bestimmt.

- <u>Lange Form: Aufschreiben, Codieren, Tippen:</u> Code:

  BERUF: ....

  wird abgetippt

- <u>1 Verkürzung: Aufschreiben, Codieren,</u> Code:

  <u>(optisch Lesen):</u>

  BERUF: ....

  wird optisch gelesen

- <u>1 Verkürzung: Aufschreiben = Codieren,</u> keine Umcodierung;

  <u>Tippen:</u> L,H,W,G oder 1,2,3,4

  ZIVILSTAND: ☐ <u>L</u>EDIG ☐ VER<u>H</u>EIRATET wird abgetippt

  ☐ VER<u>W</u>ITWET ☐ <u>G</u>ESCHIEDEN

- <u>1 Verkürzung: Aufschreiben, (keine Codie-</u>

  <u>rung), Tippen:</u>

  NAME (bitte Blockschrift): ⌊_⌊_⌊_⌊_⌊_⌊_⌊_⌊_⌊_⌊_⌊_⌊_⌋

- <u>2 Verkürzungen: Aufschreiben = Codieren,</u>

  <u>(optisch Lesen):</u>

  ZIVILSTAND: ☐ LEDIG ☐ VERHEIRATET

  ☐ VERWITWET ☐ GESCHIEDEN

Bei der letzten Variante, also bei der Verkürzung des gesamten Weges auf einen einzigen Schritt, muss der Datenlieferant selber die Daten in maschinenlesbarer Form niederschreiben. Das ist bei "ständigen Benutzern" (vgl. 5.1.2) problemlos, bei "gelegentlichen Benutzern" oder gar "Organisations-Fremden" jedoch nur in Ausnahmefällen mit Erfolg möglich. Sogar das Ankreuzen stellt für viele Leute ein Problem dar, auch wenn man Fragebogen meist direkt mit einem Beispiel einleitet:

Bitte Zutreffendes ☒ ankreuzen!

Trotzdem werden unerwartete Ergebnisse wie folgende eintreffen ☐ ☒

oder es wird gar das Nichtzutreffende durchgestrichen! Und da ist jede Maschine überfordert.

Für die Erfassung von Daten von "gelegentlichen Benutzern" oder von "Organisations-Fremden" ist es daher empfehlenswert, eine Phase der Dateneingabe durch eine Person von der Qualifikation des ständigen Benutzers ausführen zu lassen. Jemand muss das Material "ansehen". Das kann bei einfachen Fragestellungen sogar die Datentypistin sein, wobei diese aber nicht mit irgendwelchen Nachforschungs- oder Korrekturarbeiten belastet werden darf, weil dadurch ihr Arbeitsrhythmus sofort zerstört wird.

Ein Fragebogen oder ein anderes Datenerfassungsformular enthält allerdings meist nicht bloss eine Fragestellung, sondern eine Reihe von Fragen, wobei selten alle vom gleichen Typ sind und daher mit unterschiedlichen Codierschritten umgeformt werden müssen. Es ist empfehlenswert, durch eine geeignete Anordnung der Fragen auf dem Formular sowohl die Beantwortung wie die Weiterbearbeitung zu erleichtern. Einige dafür geeignete Massnahmen sind in Fig. 5.4 dargestellt und anschliessend kommentiert.

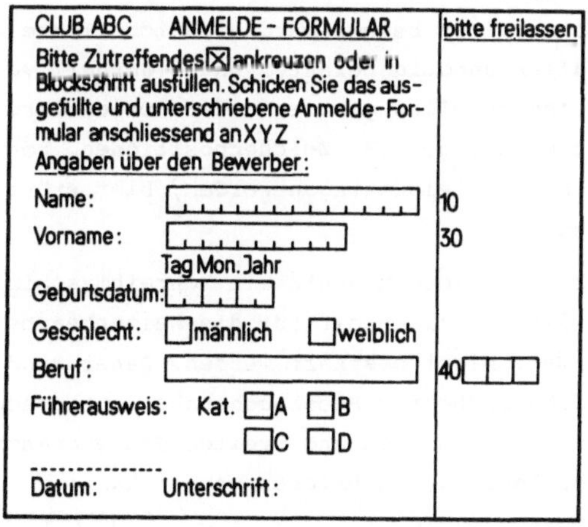

CLUB ABC ANMELDE - FORMULAR | bitte freilassen

Bitte Zutreffendes ☒ ankreuzen oder in Blockschrift ausfüllen. Schicken Sie das ausgefüllte und unterschriebene Anmelde-Formular anschliessend an XYZ.

Angaben über den Bewerber:

Name: 10

Vorname: 30

Tag Mon. Jahr

Geburtsdatum:

Geschlecht: ☐ männlich ☐ weiblich

Beruf: 40

Führerausweis: Kat. ☐ A ☐ B ☐ C ☐ D

Datum: Unterschrift:

Fig. 5.4 Fragebogengestaltung (Beispiel Club-Anmeldung)

- Jedes Formular soll eine <u>Bezeichnung</u> erhalten, mit der es intern
  und extern durch die Benutzer angesprochen werden kann (also z.B.
  "Adressformular", "Adressmeldung"; aber <u>nicht</u>: "Erfassungsbeleg",
  das ist eine EDV-technische und nicht benutzerorientierte Bezeichnung!).

- Im Kopf soll nebst der Formularbezeichnung der <u>Ausgeber des For-
  mulars</u> ersichtlich sein. Hieher gehören auch allgemeine Ausfüll-
  Anweisungen, die nicht bloss für einzelne Fragen Bedeutung haben.

- Die Reihenfolge der einzelnen Fragen soll <u>natürlich</u> sein, also
  sind Fragen zur Person, zur Familie, zu Finanzen etc. je zu gruppieren.

- Die <u>Anordnung der Beschriftung</u> ist wesentlich: alle Erläuterungen
  müssen <u>oberhalb</u> oder ev. auf der gleichen Höhe wie die Eintragung
  stehen, sonst sind sie beim Ausfüllen (insbesondere mit Schreibmaschine!) verdeckt und werden nicht beachtet. Einzig die kleinen
  Quadrätchen zum <u>Ankreuzen</u> setzt man zweckmässigerweise <u>links</u> zum
  entsprechenden Text, weil dieser oft ungleich lang ist; so entsteht ein ruhigeres Formular-Bild.

- <u>Platz für Codierung, Eingangsvermerke etc.</u> ist global zu reser-
  vieren ("bitte freilassen"), aber er darf nicht mit Erläuterungen
  für interne Mitarbeiter belegt werden. Solche Texte würden den
  externen Ausfüller unnötig belasten und eventuell verwirren; für
  die internen Dienststellen gibt es andere Orientierungskanäle.
  EDV-technische Hinweise, z.B. Zeichenpositionen, können in diesem reservierten Teil eingetragen werden, hier stören sie den
  Ausfüller nicht.

- Sehr viele Formulare werden heute mit <u>Schreibmaschine</u> ausgefüllt.
  Das ist wegen der Leserlichkeit für die Weiterbearbeitung sehr
  angenehm und darf nicht bestraft werden. Daher sind die vorgesehenen Schreibbereiche für Blockbuchstaben entsprechend offen-
  zulassen, damit mit schmalen und breiten Schreibmaschinen einfach
  linksbündig fortlaufend geschrieben werden kann:

gut: `Brugger            `   schlecht: `B r u g g e r`

Text mit der Schreibmaschine in Häuschen einzupassen, ist nicht
nur zeitraubend, sondern vor allem nutzlos und macht alle Vortei-

le der Schreibmaschine wieder zunichte!

- <u>Einseitige Formulare</u> sind besser! Das gilt für das Ausfüllen (Schreibmaschine), für die Bearbeitung, aber auch für die Erstellung von Kopien. <u>Grosse</u> Erläuterungen gehören daher nicht auf die Frontseite, sondern vorgedruckt auf die Rückseite des Formulars; selbstverständlich ist in diesem Fall deutlich darauf hinzuweisen.

- <u>Sonderfälle</u> können ein Formular sehr stark belasten. Wenn die Sonderfälle Ausnahmen sind (z.B. unter 20%), so erstelle man für den Normalfall einen Standardfragebogen; für die Sonderfälle lohnt sich ein Sonderformular (vgl. 8.1.2; 80-20 Regel).

Die hier aufgestellten Hinweise und Ratschläge gelten analog für die gesamte Datenverarbeitung. Gute Datenerhebungsformulare sind ein Anzeichen für zweckmässige EDV - und umgekehrt!

5.2.3 <u>Eingabe-Geräte (Ueberblick)</u>

Die eigentliche Eingabe von Daten aus dem Nicht-EDV-Bereich (Menschen, manuelle Karteien, Formulare etc.) in den Computer - das Maschinenlesbarmachen - geschieht entweder ein- oder zweistufig:

- einstufig: interaktive Datenerfassung, on-line-Datenerfassung

- zweistufig: getrennte Datenerfassung, off-line-Datenerfassung

Die dafür eingesetzten Medien sind vielfältig; ihre Entwicklung ist noch keineswegs abgeschlossen. Ein Ueberblick (Tab. 5.3) kann helfen, die Geräte und Datenträger zu gliedern, so dass der Leser auch künftige Entwicklungen analog einordnen und damit ihr Einsatzgebiet abschätzen kann.

Eingabe-Medium	Vorstufe für getrennte Datenerfassung		ohne Vor-stufe	Hauptstufe für Daten-verarbeitung und interaktive Datener-fassung. Lese-Gerät
	Gerät	Zwischen-datenträger		
Tastatur	Karten-locher	Lochkarten		Lochkarten-Leser
Tastatur	Fern-schreiber	Lochstreifen		Lochstreifen-Leser
Tastatur	Schreib-station	Magnetband		Magnetband-Station
Tastatur	Schreib-station	Magnetplatte		Magnetplatten-Station
Tastatur	Schreib-maschine	Papier		optischer Handschrif-tenleser
Spezial-medien	Spezial-leser	Standard-medium		Standardleser
Tastatur			Dialog	Schreibtastatur (Terminal)
2-dim. Medien			Dialog	graphisches System
optische Markierung			Lesen	optischer Leser
Spezial-medien			Lesen	Spezial-Leser

<u>Tab. 5.3</u>   Ein- und zweistufige Dateneingabe

Weitaus am häufigsten werden Daten über eine <u>Tastatur</u> (engl. key-
board) in maschinenlesbare Form gebracht. Die Tätigkeit des <u>Ein-
tippens</u> ist wohlbekannt (Schreibmaschine, Registrierkasse, Taschenrechner etc.). Dabei kann das Eintippen einerseits durch Personen
erfolgen, die primär andere Funktionen haben (Verkäufer, Reserva-
tionsbeamte, Ingenieure etc.), anderseits aber auch durch speziali-
siertes Datenerfassungspersonal, meistens Frauen, da diese für
solche Aufgaben flinker sind. Aus der Zeit, da die Lochkarte in der
Datenverarbeitung dominierte, stammt die Berufsbezeichnung "Locherin"; heute wird allgemeiner "Datentypistin" (besser wäre "Datenschreiberin") verwendet.

Eine geübte Schreiberin bringt etwa 3000-9000 Anschläge pro Stunde auf die Tastatur, je nach Art der Daten und Anforderungen (nur Ziffern oder alle alphanumerischen Zeichen, eventuell auch Grossbuchstaben und Spezialzeichen) und Art des Geräts.

Die für das Datenschreiben benützten <u>Geräte</u> bieten einen viel grösseren Komfort als eine Schreibmaschine und sie sind mit vielen Hilfsfunktionen ausgerüstet, die das Eintippen von Daten einfacher und sicherer machen. Dabei ist davon auszugehen, dass normalerweise nicht Texte (wie auf einer Schreibmaschine), sondern <u>viele gleichartige Datensätze</u> (vgl. Abschn. 1.4) einzugeben sind. Diese Datensätze (z.B. Adressen, Artikelbezeichnungen, Zahlungen) haben alle weitgehend die gleiche Form und werden tabellenartig geschrieben. Die wichtigsten <u>Hilfsfunktionen</u> auf Datenerfassungsgeräten sind daher:

- <u>Anordnungshilfen:</u> Tabulator, Ueberspringen von Feldern, Zeilensprung.

- <u>Kopierfunktionen:</u> Gleichbleibende Teile (sehr häufig bei Adressen, Namen etc.) können vom vorhergehenden Datensatz oder von einer vorbereiteten Speichertabelle einkopiert werden (und müssen damit überhaupt nicht mehr geschrieben werden); Leerfelder werden automatisch gefüllt.

- <u>Prüffunktionen:</u> Viele Datenfelder enthalten Datenelemente, deren Wertebereich automatisch überprüft werden kann (z.B. "numerisch"); andere werden in einem zweiten Arbeitsdurchgang ("<u>Prüfen</u>") nochmals eingetippt und mit den schon erfassten Daten auf Identität verglichen.

Ein <u>Datenerfassungs-Arbeitsplatz</u> ist auf diese Art viel mehr als ein einfacher Schreibplatz, und die Benützung der Hilfsfunktionen erlaubt eine weit höhere Arbeitsleistung, als wenn alle einzugebenden Zeichen und Leerschläge effektiv abgetippt werden müssten.

Die Funktion des <u>Prüfens</u> spielt in der Datenerfassungspraxis eine sehr wichtige Rolle. In grösseren Betrieben wird diese Aufgabe oft einer zweiten Person übertragen: die erste besorgt die eigentliche Datenerfassung; die zweite tippt von den Originalbelegen die besonders fehlerempfindlichen Daten (vor allem Zahlen) nochmals ein. Dabei stellt das Erfassungsgerät eventuelle Differenzen fest und meldet diese sofort. Die Prüfleistung (in Anzahl Zeichen pro Stunde) ist dabei wesentlich höher als die Schreibleistung bei der Erstererfassung.

Datenerfassungs-Arbeitsplätze verfügen nebst der Tastatur häufig auch über einen Anzeigebildschirm (Bsp. s. Fig. 5.5). Der Schreiber kann darauf sehen, was er eingetippt hat; die aktuelle Schreibposition wird durch eine Marke (Cursor) auf dem Bildschirm angezeigt. Damit lassen sich Fehler beim Eintippen sehr einfach korrigieren. Während auf älteren Lochkarten-Lochern die Daten zeichenweise sofort gestanzt wurden und damit nicht mehr korrigiert werden konnten (man musste bei Fehlern eine neue Karte erstellen), erfolgt in modernen Systemen zuerst eine interne elektronische Zwischenspeicherung. Erst wenn eine Zeile (oder ein grösserer Block) korrekt eingegeben ist, erfolgt die Uebertragung auf das eigentliche Eingabemedium. Der Anzeigebildschirm dient aber nicht nur der Fehlerkorrektur, er erlaubt auch, die Datenerfassung durch vorgegebene Fragen formularähnlich ("Maske") zu unterstützen (vgl. Fig. 5.5). Die Datenerfassung lässt sich damit bedeutend anwenderfreundlicher gestalten.

```
┌─────────────────────────┐
│ NAME :  meier           │
│ VORNAME: hans▲          │
│ ADRESSE:                │
│ PLZ,ORT:                │
└─────────────────────────┘
```

<u>Fig. 5.5</u> Bildschirm mit Maske und Cursor (▲)

Moderne Datenerfassungsgeräte bieten nicht nur mehr Funktionen als ältere Locher, sie benötigen auch aufwendige Ergänzungsgeräte (Datenstationen, Speicher). Es lohnt sich daher oft, magnetische Zwischendatenträger (Magnetplatten, Magnetbänder) nicht direkt an jeden einzelnen Datenerfassungsplatz anzuschliessen. In den letzten Jahren sind <u>Datenerfassungssysteme</u> (Fig. 5.6) entstanden, welche

selber Kleincomputersysteme sind, die ausschliesslich der Dateneingabe und gewissen Listendruckaufgaben dienen.

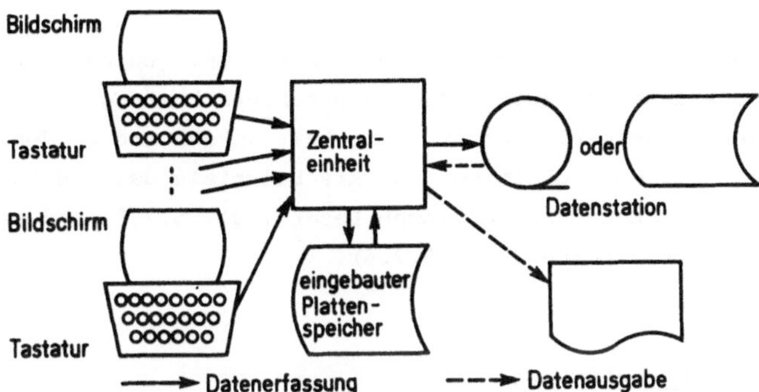

<u>Fig. 5.6</u> Datenerfassungssystem

Ein Datenerfassungssystem enthält mehrere Arbeitsplätze (mit Tastatur und Bildschirm), eine Zentraleinheit mit Plattenspeicher
(worauf alle Daten von den Einzelarbeitsplätzen gesammelt werden),
eine Datenstation für den Zwischendatenträger (Wechselplatte oder
Band) sowie oft einen Zeilendrucker; dieser kann zusammen mit der
Datenstation für Listendruck-Arbeiten eingesetzt werden (als zusätzliches off-line-Ausgabegerät).

Tastaturen werden für die Dateneingabe auch <u>direkt</u> am Hauptcomputer
angeschlossen. Dazu dient das <u>Terminal</u>, meist bestehend aus einer
Tastatur, einer Bildschirm-Anzeige und der dafür benötigten Steuer-
logik. <u>Interaktive Dateneingabe</u> ist im allgemeinen technisch aufwendiger, aber flexibler als die getrennte Dateneingabe; sie ist
vor allem dort zweckmässig, wo unmittelbar bei der Dateneingabe
durch Vergleiche mit bereits gespeicherten Daten bessere Datenprü-
fungen möglich sind oder wo durch den Zugang zu gespeicherten Datenbeständen die Datenerfassung erleichtert werden kann.

Sehr viele Daten lassen sich leicht alphanumerisch darstellen und
somit problemlos über Tastaturen in den Computer eingeben. Für
<u>geometrische</u> Zeichnungen, Kurven, Flächen etc., welche erst nach
mühsamer Umrechnung als Zahlen, Tabellen und Funktionen darstell-

bar sind, sind aber andere Darstellungsformen angemessener. Dafür
werden automatische Umsetzungsgeräte eingesetzt (vgl. 5.2.6).

Die Datenerfassung ist ein besonders kritischer und auch teurer
Schritt im Ablauf der automatischen Datenverarbeitung. Daher sind
sehr viele Spezialgeräte dafür entwickelt worden und werden sicher
auch in Zukunft entwickelt werden. Als Beispiele dafür dienen die
kurzen Darstellungen über optische Leser (vgl. 5.2.5) und über
graphische Dateneingabe (vgl. 5.2.6).

5.2.4 Zwischen-Datenträger

Jede getrennte Datenerfassung bringt die Daten nicht in einem Zug
von der Eingabestation (Tastatur) in den Hauptcomputer, sondern
speichert sie zuerst auf einem Zwischen-Datenträger. Was auf den
ersten Blick als reine Verzögerung erscheint, hat aber einen sehr
erwünschten Puffereffekt. Arbeitsrhythmus und Verfügbarkeit des
Menschen einerseits und des Hauptcomputers anderseits werden so
entkoppelt. In den Anfängen des Computers war diese Entkoppelung
technisch unumgänglich (Lochkarten und Stapelverarbeitung), heute
ist sie für viele Arbeiten aus ökonomischen Gründen weiterhin erwünscht.

Als Zwischendatenträger kommen verschiedene Medien in Frage, alle
haben ihre Vor- und Nachteile. Während Lochkarten und Lochstreifen
sehr robuste Datenträger sind, die auch in Werkstatträumen verwendet werden können, bieten magnetische Medien den Vorteil der
Wiederverwendbarkeit und Kompaktheit. Die nachfolgende Charakterisierung verschiedener Zwischendatenträger erlaubt einen groben
Ueberblick über das weite Feld von Medien, das dem Datenorganisator
zur Verfügung steht.

Lochkarten (punched cards) in der international standardisierten
Form (80 Kolonnen mit 12 Zeilen möglicher Lochpositionen) sind seit
Jahrzehnten im Gebrauch und sehr leicht zu handhaben; sie können

nämlich nicht nur gelocht, sondern auch mit den eingestanzten Daten
bedruckt werden und sind dann von Auge lesbar. Karten lassen sich
in einem Lochkartenpaket auch sehr einfach auswechseln und hinzufü-
gen. Eine einmal gestanzte Karte ist allerdings nicht mehr abänder-
bar (falsche Karten müssen ersetzt werden). Spezialformen von
Lochkarten sind:

- <u>Verbundkarten:</u> Die Karte dient zuerst als schriftlicher Beleg;
  anschliessend wird der Inhalt dieses Beleges direkt in die gleiche Lochkarte gestanzt und wird damit maschinenlesbar. Beim Entwurf des Formularaufdrucks auf den Beleg ist darauf zu achten,
  dass die abzulochenden Daten nicht durch die Stanzeinrichtung
  auf dem Kartenlocher für die Locherin verdeckt wird.

- <u>Mark-Sensing-Karten:</u> Auch hier ist die Karte zuerst schriftlicher
  Beleg, allerdings nur für Strichmarkierungen. Diese werden anschliessend in einem separaten Arbeitsgang durch einen einfachen
  optischen Leser (vgl. 5.2.5) gelesen und in die gleiche Karte als
  Löcher eingestanzt. Darauf kann die Karte als normale Lochkarte
  verwendet werden.

- <u>Port-a-Punch-Karten:</u> Vorperforierte, aber nicht voll ausgestanzte
  Marken auf der Karte erlauben dem Benutzer, mit einer Nadel
  manuell (ohne grosse maschinelle Einrichtungen) Löcher einzu-
  drücken und damit maschinenlesbare Daten zu erzeugen.

Neben der Standardlochkarte mit 80-Kolonnen gibt es auch Sonder-
formate für spezielle Computerfamilien und Bedürfnisse. Ein Hauptnachteil der Lochkarte ist ihr sehr beschränkter Inhalt pro Einheit.

<u>Lochstreifen</u> (paper tapes) bilden einen kostengünstigen, robusten
Datenträger, der allerdings nicht visuell lesbar und auch etwas
unhandlich ist. Lochstreifen werden heute meist durch magnetische
Datenträger ersetzt.

<u>Magnetbänder</u> (magnetic tapes) sind sehr leistungsfähige Datenträ-
ger. Allerdings erfordern Magnetbänder, die direkt mit regulären
Magnetbandstationen verarbeitet werden sollen, entsprechende

(teure!) Stationen am Datenerfassungsgerät (vgl. 2.2.4), was im
allgemeinen nur für Datensammelsysteme mit mehreren Arbeitsplätzen
in Frage kommt. Daneben gibt es aber auch billigere und langsamere
Magnetbänder, meist in Form von <u>Magnetband-Kassetten</u>, welche mit
billigen Stationen, meistens als Bestandteilen von Kleincomputern
und Terminals, auskommen. Dies macht das Magnetband für viele
Zwecke nutzbar; andererseits erschwert die Vielzahl an Magnetband-
"Normen" den Datenverkehr zwischen verschiedenen Computersystemen
ausserordentlich und ist ein typisches Beispiel für fehlende technische Kompatibilität.

<u>Magnetplatten</u> (magnetic disks) bieten analoge Vor- und Nachteile
wie Magnetbänder. Grosse Wechselplatten als Datenträger kommen nur
für Datenerfassungssysteme in Frage. Dagegen sind die <u>Weichplatten</u>
(floppy disks) sehr robuste Plattenkonstruktionen, als Zwischendatenträger gut geeignet (vgl. 2.2.3) und weit verbreitet.

<u>Beschriebenes Papier</u> kann ebenfalls als Zwischendatenträger ver-
wendet werden, indem z.B. eine Schreibmaschine als Datenerfassungsgerät und ein optischer Leser (vgl. 5.2.5) als Lesegerät benutzt
wird. Hauptvorteile dieser Lösung sind die visuelle Lesbarkeit der
Daten und die problemlose kompakte Speicherung, Hauptnachteil ist
die aufwendige optische Dateneingabe.

Eine <u>Beurteilung</u> der verschiedenen Datenträger für eine spezielle
Anwendung muss nicht primär die speichertechnischen Eigenschaften
dieser Medien berücksichtigen, denn wir dürfen annehmen, dass Geräte und Medien technisch einwandfrei funktionieren. Von grösserer
Bedeutung sind folgende Fragen:

- Gibt es <u>Datenerfassungsgeräte</u>, welche für eine bestimmte Anwendung besonders geeignet sind (besonders angepasste Hilfsfunktionen, spezielle Gerätekombinationen wie Registrierkassen, etc.)?

- Ist die <u>Kompatibilität</u> der Datenträger von besonderer Bedeutung?
  (Jeder zusätzliche Typ von Datenträgern erschwert die Kompatibilität).

- Dient der Datenträger auch <u>anderen Zwecken</u> als der reinen Daten-
weitergabe? (Eine Lochkarte z.B. kann auch visuell gelesen werden
und dient so als rasche Auskunftsquelle, während magnetisch gespeicherte Daten visuell nicht lesbar sind.)

Zwischendatenträger sind typische <u>Kompromisse</u>, wie das Beispiel der
Lochkarte zeigt: Der Mensch möchte nur den visuell lesbaren Text,
der Computer nur den maschinenlesbaren Eintrag; die Kombination
beider Teile ist etwas unförmig und für jeden Benutzer nicht ideal.
Aber sie erfüllt ihren Zweck. Und gerade wegen dieser Doppelfunk-
tion hat übrigens die Lochkarte bis heute für kleine und für spezielle Anwendungen durchaus ihre Bedeutung bewahren können.

5.2.5 <u>Optische Datenerfassung</u>

Fantasie und Wirklichkeit weichen im Bereich der Computermöglich-
keiten und -Anwendungen oft voneinander ab. Kaum irgendwo ist diese Diskrepanz auch für den Aussenstehenden besser sichtbar als im
Gebiet der optischen Zeichenerkennung. Natürlich kann man Striche,
Ziffern, Buchstaben, ja Handschrift mit elektronischen Geräten lesen und weiterverarbeiten. Der Aufwand dafür ist aber so erheblich,
dass er sich nur für ganz sorgfältig ausgewählte und analysierte
Problemkreise rechtfertigt. Das sei am Beispiel der <u>Postleitzahlen</u>
kurz beleuchtet.

Als zu Beginn der 60-er Jahre die Postleitzahlen eingeführt und
ziemlich gleichzeitig neue Briefsortiermaschinen bei den Postver-
waltungen in Betrieb genommen wurden, konnte man verschiedenenorts
hören, dass jetzt oder bald die Briefpost vollautomatisch sortiert
werde. Aber noch heute geschieht die Sortierung normalerweise zwar
stark mechanisiert und unter <u>Verwendung</u> der Postleitzahlen (damit
braucht man zum Postsortieren z.B. keine Kenntnisse der Verkehrs-
geographie mehr!), aber die Postleitzahlen werden <u>visuell</u> von den
Briefen abgelesen. Für eine automatische Adress-Erkennung wäre
eine viel weitgehendere Normierung aller Adressen (auch der hand-
geschriebenen!) nötig. Es ist interessant festzustellen, dass die

sowjetische Postverwaltung bereits heute in dieser Richtung sehr weit geht und Standard-Adressen verlangt, wobei die Postleitzahl in vorgedruckte Felder auf dem Briefumschlag geschrieben werden muss.

Dieses Beispiel der Postleitzahlen zeigt, dass die optische Zeichenerkennung - obwohl bei Spezialanwendungen weit fortgeschritten und verbreitet - noch längst nicht überall angewendet werden kann, wo dies vom Problem her an sich gegeben wäre. Die optische Zeichenerkennung erfordert nämlich nicht nur teure technische Einrichtungen, sondern stellt auch an den Benutzer, der die Belege schreibt, recht hohe Anforderungen (vgl. 5.1.2). Dabei müssen allerdings reine Markierungsleser, OCR-Schrift-Leser und Handschriftleser auseinandergehalten werden.

Markierungsleser: Ein Markierungsleser ist imstande, einfache Ja/Nein-Markierungen von einem Blatt Papier abzulesen. Fig. 5.7 zeigt als Beispiel einen Fragebogen, bei welchem die Markierung von Hand angebracht werden kann. Es ist klar, dass manuelle Markierungen nicht allzu klein sein dürfen und dass der Markierungsleser auch gewisse Schreibungenauigkeiten tolerieren muss.

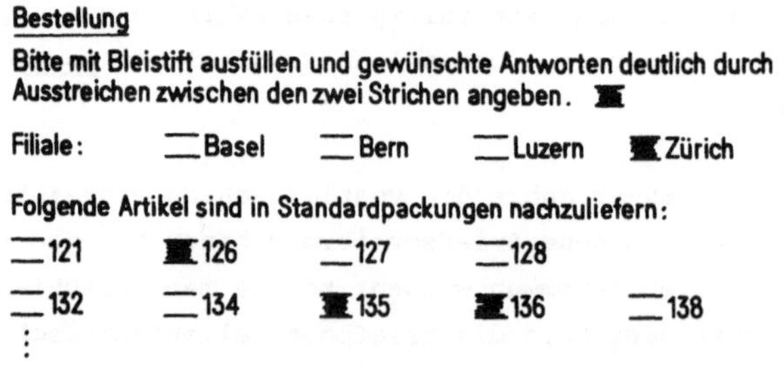
Bestellung

Bitte mit Bleistift ausfüllen und gewünschte Antworten deutlich durch Ausstreichen zwischen den zwei Strichen angeben.

Filiale: Basel Bern Luzern Zürich

Folgende Artikel sind in Standardpackungen nachzuliefern:

121 126 127 128

132 134 135 136 138

Fig. 5.7 Bestellbogen mit Handmarkierungen

Nicht alle Daten eignen sich für eine Formulierung als Antwort auf Ja/Nein-Fragen (z.B. Namen! vgl. 5.2.2). Und bei Anwendungen, wo wirklich nur "angestrichen" werden muss, müssen die Formulare oft sehr viele Möglichkeiten vorgedruckt enthalten. Obwohl Geräte

existieren, welche mehrere Hundert Handmarkierungen auf einem gewöhnlichen Formular im Format A4 lesen können, ist daher dem Einsatz eine natürliche Grenze gesetzt. Markierungsleser sind aber
recht verbreitet, vor allem dort, wo schon bei manuellen Verfahren
sehr intensiv mit einfachen Strichformularen gearbeitet wurde,
also bei Lagerkontrollen, bei Bestellscheinen zwischen Filiale und
Hauptlager etc. Der Druck von Markierungsleserformularen stellt bezüglich Präzision und Farben sehr hohe Ansprüche.

Eine andere Art von Markierungslesern liest <u>vorgedruckte Strich-
codes</u>, die meist einen Gegenstand oder einen Artikel (Typ von Gegenständen) <u>identifizieren</u>. Als Beispiel sei die Artikelidentifi-
zierung erwähnt, die bereits heute in Europa und in den USA auf
vielen Supermarkt-Artikeln aufgedruckt ist (Fig. 5.8). Wenn nun ein
Geschäft seine Registrierkassen mit optischen Lesern ausstattet, so
fällt die Eintipp-Arbeit an der Registrierkasse dahin. (Noch ist
aber diese Anwendung der optischen Markierungslesung wenig verbreitet.) Typische Einsatzgebiete für vorgedruckte Strichcodierungen
sind Fälle, wo die Identifizierung eine grosse Bedeutung hat und
wo eine grosse Organisation betroffen ist, also z.B. in Bibliotheken (Bücher, Benutzer), Fabriken zur Herstellung von pharmazeuti-
schen Produkten etc. Für die Festlegung der Codierungen (Weiss/
Schwarz-Kombinationen, Strichdicken) und ihre Anordnung ist die
enge Zusammenarbeit des Anwendungsorganisators mit dem Hersteller
des optischen Markierungslesers empfehlenswert.

<u>Fig. 5.8</u> Artikelidentifizierung
auf Preisetikette

<u>OCR-Schrift-Leser:</u> OCR steht für "Optisches Zeichen-Lesen" (<u>o</u>ptical <u>c</u>haracter <u>r</u>eading). Als OCR-Schriften werden ganz allgemein Maschinenschriften bezeichnet, die für die maschinelle Schrift-Erkennung speziell geschaffen wurden; es gibt davon verschiedene Formen (vgl. Fig. 5.9).

A B C D E F G H I J K L M N O P Q R S T U V W X Y Z

<u>Fig. 5.9</u> Alphabet in OCR-A-Schrift

OCR-Schriften stellen immer einen <u>Kompromiss</u> dar: Sie sollen für Menschen visuell lesbar sein, anderseits aber nur Zeichen enthalten, die deutlich von allen anderen unterscheidbar sind. Da unsere gewohnten Schriftzeichen diese zweite Forderung teilweise schlecht erfüllen (0/Null, 1/1, 1/i etc.), sind die Zeichen der OCR-Schriften etwas verändert, um die Unterscheidbarkeit zu verbessern. Der regelmässige Benutzer gewöhnt sich sehr rasch an die Veränderungen. Dank den auswechselbaren Schriftköpfen in den <u>Kugelkopfschreibmaschinen</u> stehen OCR-Schreibmaschinen bei Bedarf heute praktisch in jedem Büro zur Verfügung.

Ein Hauptanwendungsgebiet für OCR-Schriftleser bilden Betriebe mit vielen Einzelbelegen, welche dezentral erstellt werden (z.B. Frachtbriefe). Optische Leser werden aber auch etwa eingesetzt, um bei der Umstellung eines Betriebes von manuellen Büromethoden auf EDV die bisherigen Daten ein erstes Mal auf maschinelle Datenträger zu übertragen. Der Preis für das optische Lesen beträgt aber ein Mehrfaches der Lesekosten von Daten ab Lochkarten, Magnetbändern etc., so dass der optische Beleg - für den Menschen so praktisch, weil visuell lesbar! - als <u>allgemeiner Datenträger</u> heute noch nicht konkurrenzfähig ist.

<u>Handschrift-Leser:</u> Wir haben bisher weder beim Markierungsleser noch beim OCR-Schrift-Leser erläutert, wie der Lesevorgang technisch abläuft. Das sei für das Verständnis des Handschriftlesers ganz kurz nachgeholt.

In den Anfängen der optischen Leser mussten die Zeichen meist mit
speziellen, magnetisierbaren Griffeln und Tinten geschrieben werden. Heute benützt man die üblichen Schreibwerkzeuge. Zum Lesen
wird im Prinzip ein Lichtstrahl auf eine bestimmte Stelle des zu
lesenden Schriftstücks gerichtet, worauf aus der reflektierten
Lichtmenge bestimmt werden kann, ob diese Stelle beschrieben oder
leer ist.

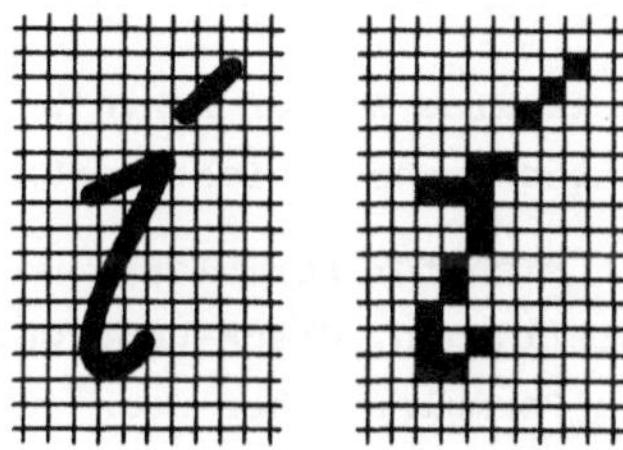

Fig. 5.10 Raster-Abtastung von Handschrift-Zeichen

Das Ergebnis dieses ersten Schritts des Leseverfahrens ist ein
Bit-Muster, wie dies in Fig. 5.10 dargestellt ist: Aus dem Handschrift - i (links) ist das Bitmuster (rechts) geworden. Ein zwei-
ter Schritt besteht aus der computermässigen Berechnung des Zeichens "i" aufgrund der markierten Bits. Dieser zweite Schritt, die
eigentliche <u>Zeichenerkennung</u> (pattern recognition), ist bei Handschriften im allgemeinen schwierig und umfasst statistische Prüf-
verfahren und ähnliche Prozesse. Denn ein Zeichen muss auch erkannt werden können, wenn es in anderer Handschrift, oder etwas
grösser oder etwas verschoben auf den Lese-Raster in Fig. 5.10 geschrieben wurde. Daher versuchen erfolgreiche Handschrift-Lese-
Verfahren solche Zufälligkeiten zu eliminieren und nur wesentliche
Unterschiede zwischen den geschriebenen Zeichen zu erfassen. Als
Beispiel dafür zeigt Fig. 5.11 eine Lösung für <u>Ziffern</u>-Handschrift-
Erkennung. Bei dieser Lösung wird der Schreibende so geführt, dass
allzu individuelle Schriften nicht mehr auftreten sollten und dass
gleichzeitig die Position der Zeichen genügend präzis festgelegt
ist. Dazu dienen vorgedruckte Felder, Rechtecke mit zwei Punkten.

<u>Fig. 5.11</u> Ziffern-Abtastung in vorgedruckten Feldern

Der Schreibende soll

- innerhalb des Rechtecks eine Ziffer schreiben,
- dabei Punkte und Rechtecksrahmen nicht berühren.

Dieses Verfahren eignet sich für Formulare, wo Zahlen im Vordergrund stehen (Bsp. Bestellungen, Check-Ueberweisung); vorteilhafterweise werden auf dem Formular daher noch ausgefüllte Beispiele für Ziffern 0, 1, ..., 9 direkt vorgedruckt. Als Resultat erhält man damit ausgefüllte Ziffern wie etwa in den Beispielen rechts in Fig. 5.11. (Die Variationsmöglichkeiten sind jetzt gering, so könnte z.B. die "1" auch links von den Punkten stehen.) Bei der Abtastung wird nun nicht etwa das ganze Rechteck überstrichen; der Abtastestrahl folgt nur den sieben <u>numerierten Verbindungsstrecken</u> im Abtastschema. Daraus erhalten wir unmittelbar hochsignifikante Angaben: Bei der Null werden alle Verbindungsstrecken ausser Nr. 7 überschnitten, bei der Zwei sind es alle ausser 3 und 6, usw. Wir erhalten somit aus der Abtastung ein <u>einfaches Bit-Muster</u> von nur 7 Bits, aus dem wir die 10 Ziffern erkennen müssen, was im allgemeinen mit hoher Sicherheit möglich ist.

Aus dem Beispiel geht wiederum hervor, dass Kompromisse zwischen gewohnter Schrift (Schreibstil, Leserlichkeit) und Maschinenbedürfnissen nötig sind und dass diese das Problem der Zeichenerkennung wesentlich entschärfen können. Noch ist allerdings das automatische Lesen von Handschriften alles andere als problemlos. Anderseits gelingen Forschung und Entwicklung auf Spezialgebieten erstaunliche Erfolge. Als Beispiel dafür sei ein <u>Unterschriften-Erkennungssystem</u> erwähnt, das Unterschriften nicht nur auf ihre optische Form analysiert, sondern <u>dynamisch</u> beim Schreiben Federdruck und -Geschwindigkeit in die Untersuchung einbezieht und damit schon heute eine

viel grössere Sicherheit als jede rein visuelle Unterschriftenüber-
prüfung gewährt.

Die Ausführungen über die optische Datenerfassung zeigen, dass in
jedem Fall eine sehr genaue Kenntnis der Bedürfnisse und Fähigkeiten des Anwenders nötig ist. Diese Analyse und die technischen Vorbereitungen für den Einsatz optischer Leser (Formulardruck, Programmierung) sind nur bei sehr grossen oder häufigen Anwendungen
wirtschaftlich vertretbar. In den anderen Fällen ist die konventionelle Datenerfassung mit Eintippen der Daten trotz des damit
verbundenen Arbeitsaufwandes problemloser und günstiger.

5.2.6 Geometrische Daten, graphische Dateneingabe

Die meisten Computeranwendungen in Wirtschaft und Verwaltung, aber
auch in der Technik, arbeiten mit Daten in verbaler oder numeri-
scher Form (Namen, Texte, Zahlen). Daneben gibt es in zunehmendem
Mass vor allem im technischen und wissenschaftlichen Bereich Com-
puter-Probleme, die zweidimensionale (Zeichnungen, Flächen) oder
gar dreidimensionale Gebilde (Körper, Flächen im Raum) betreffen.
Natürlich lassen sich diese geometrischen Objekte ausmessen und
durch Zahlen darstellen. Diese Arbeit (Digitalisierung) ist aber
manuell aufwendig und verhindert, dass der Benutzer in seiner gewohnten und bewährten Arbeitsweise mit diesen geometrischen Gebil-
den umgehen kann.

Wenn daher der Computer als echter Partner in Entwurfs- und Ar-
beitsprozessen mit geometrischen Daten eingesetzt werden soll (Bsp.
Architekt mit Grundrissvarianten, Elektroingenieur mit Schaltschema,
Chemiker mit dreidimensionalem Molekülmodell), so muss der menschliche Partner in geometrischer Form arbeiten können.

Der Computer allerdings bearbeitet auch geometrische Daten intern
in der üblichen numerischen, digitalisierten Form. Noch existieren
keine diesen Problemen besser angepasste Speicher- und Verarbei-
tungssysteme. Der Datenerfassungsprozess soll jedoch die Umformung

von externen zwei- oder dreidimensionalen Darstellungen in die
interne numerische Form automatisch durchführen.

Die für die Erfassung geometrischer Daten eingesetzten Geräte gehören in zwei Gruppen, die sich in Arbeitsbereich und Betriebsart
unterscheiden.

- Geräte für die automatische Abtastung von Plänen, Zeichnungen,
  Fotografien etc.: Abtaster (scanner).

- Geräte für geometrischen bzw. graphischen Dialog

Der Abtaster (scanner) dient der automatischen Datenerfassung direkt ab Originalen. Er findet Anwendung einerseits für bestimmte
graphisch orientierte Arbeiten auf regulären Computersystemen
(Kartographie, optische Leser (vgl. 5.2.5), Bildauswertung etc.),
anderseits aber in grossem Umfang in der Druckindustrie, wo die
Herstellung von Mehrfarbenreproduktionen heute weitgehend elektronisch gesteuert wird. Der Abtaster überstreicht dabei das einzule-
sende Originalbild zeilenweise mit einem Lichtstrahl, dessen Re-
flexion gemessen wird. Verschiedene Farben können mit Farbfiltern
isoliert werden.

Beim interaktiven graphischen Arbeiten erscheinen die bearbeiteten
geometrischen Darstellungen auf einem Bildschirm. Der Benutzer kann
diese Darstellungen ergänzen oder ändern, indem er - genau wie auf
einem Blatt Papier - von bisherigen Punkten und Linien ausgehend
neue Elemente anbringt. Dazu stehen ihm verschiedenartige technische Lösungen zur Verfügung.

Am naheliegendsten, aber recht aufwendig, ist der Lichtstift
(light pen), mit welchem der Benutzer direkt auf dem Bildschirm
Punkte antippen und "zeichnen" kann. (Selbstverständlich ist dies
nur mit besonders dafür eingerichteten Bildschirmen möglich.) Andere graphische Systeme arbeiten mit einem vom Bildschirm getrennten
Zeicheninstrument oder mit Steuerknöpfen, welche erlauben, den
Arbeitspunkt (Cursor) auf dem Bildschirm in allen Richtungen zu bewegen und damit zu "zeichnen". Diese Systeme sind wesentlich billiger und erlauben dennoch einen sehr flexiblen graphischen Betrieb.

Es fehlt hier der Platz, die graphische Datenverarbeitung und ihre
oft verblüffenden Effekte gerade im interaktiven Betrieb eingehender zu schildern, und jede Beschreibung verblasst ohnehin vor jeder
noch so kurzen Demonstration interaktiver graphischer Systeme; eine
solche sei dem interessierten Leser daher warm empfohlen.

5.3   Daten-Ausgabe und Ausgabemedien

5.3.1 Ausgabe-Geräte (Ueberblick)

Die Datenausgabe stellt im allgemeinen weniger schwierige Probleme
als die Dateneingabe, da das Ausgangsmaterial, nämlich Daten in
maschinenlesbarer Form im Computer, bereits in präzisester Art vorhanden ist. Es geht bei der Datenausgabe nur mehr darum, diese vorhandenen Daten auf einem geeigneten Ausgabemedium zur Darstellung
zu bringen. Diese Ausgabemedien sind je nach Verwendungszweck der
Ausgabedaten allerdings recht unterschiedlich; die Entwicklung von
Spezialgeräten ist keineswegs abgeschlossen. In der Zusammenstellung (Tab. 5.4) werden daher nur die wichtigsten Ausgabegeräte mit
ihren Hauptleistungen (Grössenordnungen) aufgeführt.

Unter Datenausgabegeräten versteht man primär Einrichtungen, welche
Texte und Figuren produzieren, die direkt oder nach einem zusätzlichen Arbeitsgang (z.B. Rückvergrösserung von Mikrofilm) vom
Menschen visuell aufgenommen oder sonstwie ausserhalb des Computers
(z.B. in der Prozess-Steuerung) verwendet werden können. Daneben
gibt es die schon früher behandelten Fälle (vgl. 2.2.3, 2.2.4,
5.2.4), wo Daten nur zwischengespeichert werden müssen, um nachher
erneut durch ein Eingabegerät in den Computer zu gelangen. Eigentlich gehört auch der Weg "Textdrucker - optischer Leser" zu diesen
Zwischenspeichermöglichkeiten. Wegen der Schwierigkeiten mit der
optischen Zeichenerkennung ist dieses optische Zwischenspeicherver-
fahren aber nur in Ausnahmefällen einsetzbar.

Ausgabe-Gerät	Ausgabe-Geschwindigkeit	produziert	auf	Empfänger	interaktiv
Zeilendrucker	5 - 150 Zeilen/s 10^2-10^4 Zeichen/s	Zeichen, Text	Papier	Mensch, Archiv	-
Fernschreiber	10-20 Zeichen/s	Zeichen, Text	Papier	Mensch	möglich
Plotter	10-10^2 cm/s	Figuren	Papier	Mensch	-
COM	10^5 Zeichen/s	Zeichen, ev. Figuren	Mikrofilm	Archiv (Mensch)	-
Lichtsatzmaschine	10^3 Zeichen/s	Zeichen, Text Druckschrift	Film	Druckplatten (Mensch)	-
Bildschirm, alpha-numerisch	abhängig von Uebertragungsrate der Leitung	Zeichen, Text	Bildschirm	Mensch	+
Bildschirm, Figuren		Figuren	Bildschirm	Mensch	+
Spezialgeräte für Anzeige	verschieden	nach Bedarf	Spezial-medien	Mensch	möglich
Spezialgeräte Prozesskontrolle	verschieden	Signale	nach Bedarf	Geräte	-
Magnetbandstation	10^5-10^6 Byte/s	Zeichen	Magnetband	als Zwischen-speicher	-
Magnetplattenstation			Magnetplatte		-
Kartenstanzer	10-10^3 Byte/s	Zeichen	Lochkarten		-
Streifenstanzer			Lochstreifen		-

Tab. 5.4 Datenausgabe-Geräte

Die Zwischenspeicherung wurde in 5.2.4 ausführlich behandelt. Im folgenden seien Aspekte der Datenausgabe zuhanden eines menschlichen Empfängers erläutert.

Einige der wichtigsten Unterscheidungs-Kriterien für Datenausgabe-Medien und -Verfahren sind:

- Schriftlicher Beleg oder kurzfristige Anzeige: Drucker, Fernschreiber und andere Geräte erzeugen schriftliche Belege (hard-copy), welche sowohl unmittelbar bei der Erstellung als auch später eingesehen werden können und auch Archivfunktionen dienen. Allerdings verbrauchen sie Papier oder ein anderes Schreibmaterial, und der Schreibvorgang umfasst auch mehr oder weniger mechanische (relativ langsame, teure) Arbeitsgänge. Demgegenüber sind optische Anzeigen auf Bildschirmen oder akustische Meldungen über Telefon etc. ohne materiellen Beleg schnell und billig, aber nicht dauerhaft.

- Text oder Figuren: Die meisten Computeranwendungen sind auf alphanumerische Arbeiten ausgerichtet, bei denen die Daten intern und extern zweckmässigerweise in normierten Schriftzeichen ausgedrückt werden. Für besondere Fälle ist aber eine graphische Darstellungsform angemessen.

- Qualität der ausgegebenen Daten: Schriftqualität, Kopierfähigkeit, Haltbarkeit etc. können je nach Medium stark variieren. Zu der Bedeutung der Schriftqualität vgl. 5.3.3.

- Leistungsfähigkeit: Die Geschwindigkeit der Datenausgabe kann sehr unterschiedliche Werte annehmen und wird entweder durch die Leistungsfähigkeit des Ausgabegeräts begrenzt oder aber durch die Datenübertragungsrate der Verbindungsleitung oder des angeschlossenen Kanals.

- Spezialbedürfnisse: Für Sonderanwendungen existieren verschiedenste Spezialdrucker und -geräte (besondere Schriften, Druckpapiere, Formate, Sicherheitsvorkehren etc.), auf die hier nicht weiter eingegangen wird.

In den letzten Jahren ist das Angebot im Bereich der Ausgabegeräte massiv erweitert worden; die heutigen Geräte sind leistungsfähiger, zuverlässiger und billiger. Eine der wichtigsten Entwicklungen ist dabei der immer umfassendere Einsatz der <u>Kathodenstrahlröhre</u> (CRT = cathode ray tube), des <u>Bildschirms</u>, als Datenausgabegerät.

Während vielen Jahren beherrschten ausschliesslich <u>mechanische Drucker</u> das Feld der Datenausgabe; ihr rhythmischer Lärm dominierte die grossen Rechenzentren. Obwohl diese Zeilen-Drucker von grosser Leistungsfähigkeit sind (bis 30 Druck-<u>Zeilen</u> pro Sekunde, also etwa 4000 Zeichen/s), noch heute voll im Einsatz stehen und auch weiter produziert werden, bietet ihre elektro-mechanische Druckeinrichtung ernst zu nehmende Probleme bezüglich Zuverlässigkeit und Geschwindigkeit, Abnützung und Service. Die Anzeige auf dem Bildschirm benötigt keine Mechanik, sie ist ausschliesslich mit elektronischen Mitteln realisierbar und damit schnell und leicht zu warten.

Die bekannteste Anwendung in der Computerwelt findet der Bildschirm als Anzeigegerät in <u>Terminals</u>. Eine Tastatur und ein Bildschirm bilden die äusserlich sichtbaren Teile eines einfachen Terminals. Wir dürfen aber nicht vergessen, dass weitere lebenswichtige Teile zu einem solchen Gerät gehören: Eine minimale oder auch eine etwas ausgebautere <u>Elektronik</u> für die Steuerung des Terminals und seiner Hilfsfunktionen (Datenerfassung und Kommunikation mit dem zentralen Computersystem), sowie ein <u>interner Speicher</u> für die auf dem Bildschirm sichtbaren Zeichen. Dieser interne Speicher wird (ausser beim Spezialfall der Speicherröhre) zur Aufrechterhaltung des Bildes auf dem Bildschirm laufend abgefragt, sonst würde dieses (wie beim Fernsehen) wieder erlöschen. Dabei ist die Grösse (und damit der Preis) dieses internen Speichers natürlich direkt von der Art und Anzeigekapazität des Bildschirms abhängig:

- <u>Ein Textbildschirm</u> benötigt einen kleinen Speicher mit ca. 10^4 Bits Kapazität (15 Zeilen x 80 Zeichen x 8 Bits).

- <u>Ein Figurenbildschirm</u> braucht einen grossen Speicher mit ca. $4 \cdot 10^6$ Bits Kapazität (Annahme: Schirmgrösse 40 cm x 40 cm, Auflösung 0.2 mm).

Die <u>Geschwindigkeit des Terminals</u> als Ausgabe-Medium ist natürlich
nicht durch die Schreibleistung des Bildschirms begrenzt, sondern
durch die Uebertragungsrate der für den Computeranschluss benützten
Telefonleitung. Eine gute Leitung überträgt vielleicht 2400 bit/s.
Das bedeutet, dass schon die Uebertragung eines vollen <u>Textbild</u>-
schirms bis 4 Sekunden benötigt. Es ist daher nicht zutreffend,
Bildschirmterminals rein technisch als echte Sofort-Anzeiger
(0 Sekunden!) zu betrachten! Für graphische Arbeiten ist ein Anschluss über Telefonleitungen völlig ungenügend; dafür ist ein
schneller direkter Anschluss an einem Computersystem nötig.

Der Terminal-Bildschirm ist aber längst nicht der einzige Anwen-
dungsbereich für Bildschirme in Anzeigegeräten. Immer mehr wird
der Bildschirm auch in Drucksystemen als <u>Bildgenerator</u> eingesetzt:

- Für die Herstellung von <u>C</u>omputer-<u>O</u>utput auf <u>M</u>ikrofilm (COM) werden die einzelnen Seiten auf einem systeminternen (und damit sehr
  schnellen) Bildschirm aufgezeichnet und von da aus auf eine Position des Mikrofilms optisch abgebildet (belichtet).

- Lichtsatzmaschinen benützen einen Bildschirm zur Generierung
  jedes einzelnen Zeichens (inkl. beliebiger Sonderzeichen); diese
  Zeichen werden optisch auf einen Originalfilm belichtet, der
  nachher für die Herstellung der Druckplatten verwendet wird.
  (Datenqualität vgl. 5.3.2).

- Höchstleistungs-Zeilendrucker arbeiten nicht mehr mit mechanischen Ketten- oder Trommeldruckern, sondern mit einem Fotokopier-
  verfahren. Dabei wird das Originalbild der zu druckenden Seite
  auf einem Bildschirm aufgezeichnet und dieses elektrostatisch auf
  die Drucktrommel übertragen. Die schnellste mechanische Bewegung
  ist hier nur noch der gleichförmig drehende Seitentransport und
  nicht mehr ein Zeichenanschlag!

Die erwähnten und manche anderen technischen Entwicklungen zeigen,
dass sehr viel Arbeit geleistet wurde, um die Datenausgabe in jeder
Hinsicht zu verbessern. Neu auf dem Markt erscheinende Geräte ver-
breitern die Auswahl. Somit kann keine allgemein gültige Regel aufgestellt werden, welches Ausgabe-Medium "das beste" ist. Erst eine
sachliche Analyse von Bedürfnissen, technischem Angebot und Preisen

kann diese Frage für eine spezifische Anwendung entscheiden.

5.3.2 Text-Ausgabe

Die Ausgabe von Schriftzeichen stellt, wie wir schon mehrfach festgestellt haben, die häufigste Aufgabe des Ausgabe-Prozesses dar.
Daher ist in vielen Rechenzentren das dafür vorhandene Sortiment an
Geräten recht gross und flexibel. Es lohnt sich, für grössere Anwendungen die technischen Eigenschaften dieser Geräte eingehend zu
studieren, um eine optimale Ausgabeorganisation zu erreichen, da
die Kosten der Datenausgabe die Gesamtkosten der Datenverarbeitung
erheblich beeinflussen.

Für solche Ueberlegungen seien in diesem Abschnitt zwei Beispiele
skizziert: die Zeilensteuerung und die Lesbarkeit der Schrift.

Zeilensteuerung:
Jede Organisation eines Computer-Ausdrucks benützt in irgendeiner
Form die Möglichkeit, Zusammengehöriges auf eine Zeile zu schrei-
ben. Je nach verwendetem Ausgabe-Medium kommt es nun darauf an,
ob Zeilen möglichst aufgefüllt werden sollen oder nicht. Bei
Zeichen-Schreibern (z.B. Fernschreiber, viele Bildschirme), werden
Zeilen von links nach rechts geschrieben; ist die Zeile beendet,
erfolgt der Sprung auf den nächsten Zeilenanfang. Dabei ist es
nicht nötig, Zeilen aufzufüllen. Hingegen ist das Anbringen von
Leerstellen am Zeilenanfang aufwendig. Anders beim Zeilendrucker.
Hier werden ganze Zeilen in einem Arbeitsgang gedruckt, dazwischen
erfolgt ein Papiervorschub um 1 oder 2 Zeilen (für Leerzeilen).
Daher ist es wichtig, jede Zeile möglichst voll auszunützen, da
hier die Druckkosten nach Zeilen und nicht nach Zeichen gerechnet
werden. Breitformate von Formularen sind daher im allgemeinen
rationeller als Hochformate. Leerzeilen sind nicht als "Druck
einer Zeile von Zwischenräumen" zu programmieren (wie dies gelegentlich vorkommt!), sondern als Vorschub von zwei statt einer
Zeile Papier! In jedem Rechenzentrum erhält der Interessent Auskunft über die entsprechenden Programmiermassnahmen sowie über

mögliche und erwünschte Papierformate, Seitenvorschübe und ähnliches.

Lesbarkeit der Schrift:

Die verschiedenen Ausgabemedien liefern recht unterschiedliche Schriftarten in unterschiedlicher Qualität. Das gilt für Bildschirme so gut wie für Druckwerke. Auf Bildschirmen drehen sich die Unterschiede um die Grösse von Schirm und Schrift, um ihre Form und um die Farbe der Anzeige (grün auf schwarz, weiss auf schwarz, schwarz auf weiss etc.). Dabei sind die Anforderungen bezüglich Lesbarkeit natürlich sehr unterschiedlich: Ein Kontroll-Bildschirm an einer Datenerfassungsstation kann viel kleiner und billiger ausgestattet werden als beispielsweise ein Terminal-Bildschirm, an welchem ein Journalist einen Zeitungsartikel redigiert und dabei dauernd seine Augen auf den Bildschirm richtet. Bereits existieren arbeitsphysiologische Untersuchungen über Ermüdungserscheinungen bei dauernder Arbeit am Bildschirm. Arzte empfehlen, die Arbeit am Bildschirm mit regelmässigen Pausen zu unterbrechen, um den Augen eine Erholung zu gönnen.

Fachnr.	Typ	Name des Fachs	*	Dozenten	Std.	Mo	Di	Mi	Do	Fr	Sa	Lokal
90-092	V	ANALYSI3 II	0	KNUS, M.	6	8-10		8-10		8-10		HG V
90-092	U	ANALYSI3 II	0	KNUS, M.	2			10-12				CAB D2
90-092	K	ANALYSI3 II	0	KNUS, M.	1		11-12					HG D5.2
90-252	G	GEOMETRIE II, MIT U	0	VOSS, K.	4	10-12				10-12		HG IV
90-262	V	LINEARE ALGEBRA II	0	SPECKER, E.	4		15-17			8-10		HG IV

Fachnr.	Typ	Name des Fachs	*	Dozenten	Std.	Mo	Di	Mi	Do	Fr	Sa	Lokal
90-2		**2.Semester**										
90-092	V	Analysis II	0	Knus, M.	6	8-10		8-10		8 10		HG F7
90 092	U	Analysis II	0	Knus, M.	2			10-12				HG E5
90-092	K	Analysis II Nach Vereinbarung mit den Assistenten	0	Knus, M.	1							
90 252	G	Geometrie II	0	Rueff, M.	4	10 12			10 12			HG F5
90 262	V	Lineare Algebra II	0	Voss, K	4		14 16		8 10			HG F5

Fig. 5.12   Unterschiedliche Schriftqualitäten

Aber auch die Computerschriften auf Papier weisen sehr grosse Unterschiede in Lesbarkeit und Qualität auf. Dabei wird noch allzu häufig die Schrift der üblichen Zeilendrucker (Fig. 5.12 oben)

als "die Computerschrift überhaupt" betrachtet und für alle Zwecke
einfach hingenommen. Abgesehen von der schlechten Druckqualität auf
manchen Druckern, welche das Fotokopieren erschwert oder beinahe
unmöglich macht, ist aber die übliche Grossschrift an sich eine
schlecht lesbare Schrift. Moderne Lichtsatzmaschinen erlauben einen
Computerausdruck nicht nur in Gross- und Kleinschrift (das bieten
auch viele Zeilendrucker), sondern in klassischer Druckqualität
(Fig. 5.12 unten). Der Aufwand für diesen Ausdruck ist allerdings
erheblich. Sobald aber der Computerausdruck nicht das Endprodukt,
sondern das Original für eine fotomechanische Vervielfältigung darstellt, lohnt sich der Mehraufwand (Beispiele: Stundenpläne, Telefonverzeichnisse etc.). Eigene Untersuchungen haben gezeigt, dass
bei Auflagen über 3000 Exemplaren die Mehrkosten für den besseren
Satz durch Minderkosten beim Druck mehr als aufgewogen werden, weil
nämlich die bessere Schrift viel kleiner sein kann, ohne deswegen
an Leserlichkeit zu verlieren. So konnte zum Beispiel bei den Stun-
denplänen der ETH Zürich (Fig. 5.12) die Seitenzahl von 400 Seiten
auf 250 Seiten reduziert werden, dies allein durch den Einsatz des
Lichtsatzes und die dadurch mögliche stärkere Verkleinerung. Bei
einer Auflage von 10'000 Exemplaren ergibt dies eine erhebliche
Einsparung, gepaart mit einer wesentlich besseren Präsentation.

Der Einsatz von Datenverarbeitungsautomaten hat die Textproduktion
(im allgemeinsten Sinn, nicht für literarische Texte!) in den letzten Jahren vervielfacht. Diese Texte richten sich an irgendwelche
reale Adressaten und müssen diesen in geeigneter Form unter die
Augen kommen. Dabei wird der EDV-Organisator folgende <u>Datenausgabe-
und Verteilungs-Verfahren</u> unterscheiden müssen:

- <u>Rasche Anzeige</u> einer Information mit momentaner Bedeutung:
  Anzeige auf Bildschirm (ev. Fernschreiber), <u>individuell</u> auf Anfrage (Beispiel: Platzreservation) oder <u>allgemein</u> über Bild-
  schirmnetz (Beispiele: Abflugübersicht im Flughafen, Börsenkurse).

- <u>Rascher persönlicher Ausdruck</u> einer Information: Schreibterminal
  (Beispiel: Bankterminal).

- <u>Ausdruck grosser Datenmengen</u> für nachträgliche (manuelle) Bearbeitung oder für Archivzwecke: Liste oder Mikrofilm. (Beispiel:

Bankinterne Liste aller Börsengeschäfte).

- <u>Persönlicher Ausdruck</u> einer Information ohne Zeitdruck: Ausdruck
  stapelweise gemeinsam mit vielen ähnlichen Meldungen, anschliessend Postversand (Beispiel: Lohnabrechnungen). Bei allen Versand-
  arbeiten sind Sortierung und technische Bearbeitung der Ausdrucke
  von grosser Bedeutung.

- <u>Unpersönlicher Ausdruck:</u> Herstellung eines (guten) Originalaus-
  drucks, anschliessend Reproduktion mit Hilfe von Vervielfälti-
  gungs- und Offsetdruckmaschinen. (Beispiel: Telefonverzeichnis).

Leider werden in der Praxis noch oft Schnelldrucker und andere
leistungsfähige Ausgabegeräte unzweckmässig eingesetzt. In diese
Kategorie gehören die Herstellung von Mehrfachexemplaren einer bestimmten Liste durch mehrfachen Ausdruck (Fotokopien sind viel billiger!), die 1:1-Foto-Reproduktion von Listen (während oft eine
Verkleinerung nicht nur billiger, sondern auch handlicher wäre),
usw. Solche (teuren) Fehler sind vermeidbar, setzen aber die Bereitschaft des EDV-Organisators voraus, seine Aufgabe nicht auf den
reinen Computerbereich zu beschränken, sondern die Datenausgabe bis
zur Ankunft beim Empfänger als <u>Gesamtproblem</u> zu behandeln und zu
lösen.

5.3.3 <u>Graphische Datenausgabe</u>

Bereits in 5.2.6 wurde auf die zunehmende Bedeutung der nicht-ver-
balen Datenverarbeitung hingewiesen; zu den Eingabegeräten gibt es
entsprechend natürlich auch Ausgabegeräte. Auch hier müssen unterschieden werden:

- Geräte für die <u>automatische Herstellung von Zeichnungen</u>, Plänen
  etc.: Plotter.

- Geräte für den <u>graphischen Dialog</u>.

Das <u>automatische Zeichengerät (Plotter)</u> dient der graphischen Datenausgabe mit hoher Zeichenpräzision. (Für bloss grobe Zeichnungen, beispielsweise zur Darstellung von Kurven mit etwa 1% relati-

ver Genauigkeit, genügt die näherungsweise Darstellung mit Hilfe
des Schnelldruckers vollauf und ist viel billiger.) Neben den mechanischen Präzisions-Zeichengeräten, bei denen ein Zeichenstift
programmgesteuert in zwei Dimensionen über das Papier geführt wird,
gibt es auch schnellere Bildschirm-Plotter, wo die Zeichnung auf
einem Figuren-Bildschirm aufgebaut und fotografisch festgehalten
wird. Eine Serie solcher Bilder kann sogar direkt als <u>Trickfilm</u>
gestaltet werden, eine belebte Form graphischer Datenausgabe.

Für das <u>interaktive graphische Arbeiten</u> eignet sich der Bildschirm
natürlich auch vorzüglich als Ausgabegerät. Die Auflösungsfähig-
keit und andere Eigenschaften des Bildschirms variieren allerdings
bei den verschiedenen auf dem Markt verfügbaren Systemen sehr stark
und ebenso die Preise (vgl. 5.3.1). Interaktive graphische Arbeiten
benötigen aber nicht nur ein entsprechendes Ausgabegerät, sondern
einen sehr leistungsfähigen Rechner und sehr hohe Uebertragungsraten in der Verbindungsleitung. Denn "interaktive Graphik" heisst
zum Beispiel die Darstellung der Drehung eines dreidimensionalen
Körpers auf dem Bildschirm, wofür sämtliche Eckkoordinaten des
Körpers laufend (!) in die entsprechende Projektion umgerechnet
werden müssen. Bei komplizierteren Körpern ist damit auch ein
Hochleistungsrechner gut ausgelastet.

Graphische Arbeiten, insbesondere in interaktiven Anwendungen, sind
somit auf leistungsfähige und relativ teure Einrichtungen angewie-
sen. Daher sind erst ganz bestimmte Anwendungen dieser Methoden aus
dem Experimentierstadium herausgewachsen und auch wirtschaftlich
interessant. Besonders geeignet sind Entwurfsarbeiten mit bau-
kastenähnlichen Elementen, wie sie z.B. im elektrischen Komponen-
ten- und Apparatebau, in der Chemie oder im Zeitungssatz vorkommen.
In all diesen Fällen ist das Ergebnis der Arbeit nicht nur eine
Entwurfszeichnung auf dem Bildschirm; aus dieser können anschliessend nämlich mit Computerunterstützung <u>direkt</u> weitere Auswertungen
und Berechnungen gemacht werden, bis hin zur präzisen Zeichnung
von Konstruktionsplänen und zur Erstellung von Stücklisten für die
Arbeitsvorbereitung.

6 DATENBANKEN

6.1 Das Datenbank-Konzept

6.1.1 Daten oder Verarbeitung?

In einem Buch über Datenverarbeitung wirkc diese Titelfrage natür-
lich paradox. Dennoch weist sie auf einen zentralen Unterschied im
Denken hin, der verarbeitungsorientierte Computeranwendungen von
Datenbank-Konzepten unterscheidet.

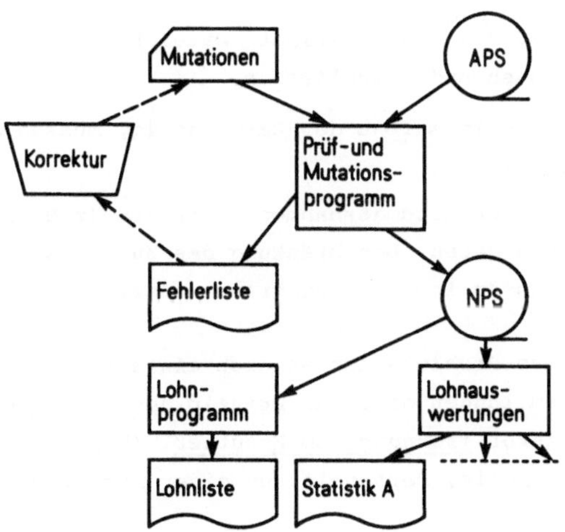

APS= alter Personalstamm
NPS= neuer Personalstamm

Fig. 6.1 Verarbeitungsorientierte Lohnabrechnung

Bei der herkömmlichen EDV-Anwendung stehen die Verarbeitung und damit das Programm im Vordergrund aller Ueberlegungen. Ein Programm
benützt Eingabedaten und produziert Ausgabedaten, welche wiederum
für ein nächstes Programm als Eingabedaten dienen können. So lassen sich grössere praktische Probleme (vgl. Fig. 6.1, Lohnsystem)

durch Zusammensetzen von verschiedenen selbständigen Programmen baukastenartig lösen. Wenn wir die Pfeile in Fig. 6.1 betrachten, erkennen wir die _alternierende Folge_ von Programmen und Dateien; die Verbindung der Programme geschieht über die Daten. Die _Pfeile_ bedeuten "Fluss der Daten _und_ logischer Ablauf des Systems".

Dieses bewährte verarbeitungsorientierte Arbeitskonzept hat einige gewichtige _Nachteile_:

- Bei jedem Durchlauf eines Programms ist der gesamte Inhalt der angeschlossenen Dateien direkt beteiligt (also auch nicht benötigte Teile).

- Die angeschlossenen Dateien stehen während dieser Zeit nur _einem_ Programm zur Verfügung.

- Jedes Programm, das eine bestimmte Datei braucht, muss deren Organisation kennen und anschliessen.

- Sind Aenderungen im Aufbau der Daten nötig, müssen alle Programme geändert werden.

- Schutz- und Sicherheitsmassnahmen jeder Art (z.B. Prüfung der Richtigkeit von Daten, Beschränkung des Zugriffs zu vertraulichen Daten) müssen in jedem Programm einzeln eingebaut werden.

Abhilfe für diese Probleme ist an sich einfach. Auch bei manuellen grossen Datensammlungen gilt das Prinzip der _zentralen Betreuung_ der Daten und ihrer _Trennung vom Benutzer._ (Bsp.: Personendaten in Einwohnerkontrolle, Personalakten einer Firma, Versicherungspolicen etc.):

Alle Daten werden nach zentralen Ordnungsregeln gespeichert, eine zentrale Stelle ist für Speicherung und Ausgabe zuständig und jeder Benützer erhält nur Zugang zu den Daten, die er braucht.

Und genau das ist auch das Prinzip von Datenbanksystemen (data base systems). Im Beispiel "Lohnabrechnung" bilden die Personalstammdaten den _Inhalt_ der Datenbank (Fig. 6.2), während ein zentrales Dienstleistungsprogramm die _Verwaltung_ dieser Daten übernimmt; gemeinsam bilden Inhalt und Verwaltung die _Datenbank._ Ueber die zentrale Verwaltung bringen die Programme Daten in die Datenbank ein oder holen sie heraus.

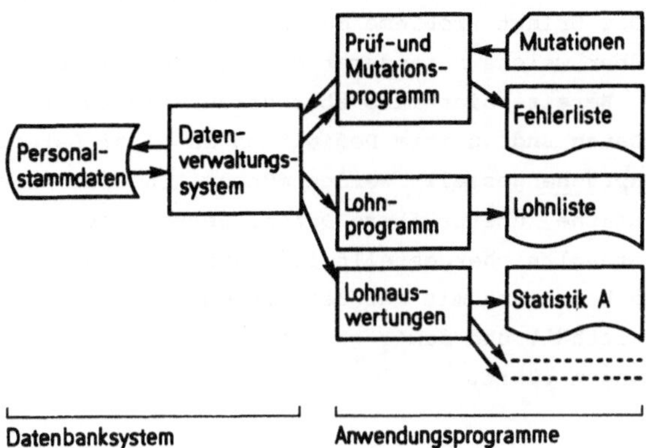

<u>Fig. 6.2</u>   Datenbankorientierte Lohnabrechnung

In dieser datenorientierten Form ist die ganze Datenverarbeitung "um die Daten herum" konzipiert. Die einzelnen Programme bearbeiten die Daten oder Teile davon nur momentan; die Daten bilden das <u>permanente</u> Element des Systems.

Die Einführung eines zentralen Datenverwaltungssystems hat Konsequenzen für den gesamten Betriebsablauf:

- <u>Vorteile:</u> Zusammenfassung aller sonst mehrfach nötigen Funktionen für Datendefinition, Datenorganisation, Datenintegrität; Zugang zu Einzeldaten; einheitliches Konzept; bessere Entwicklungsfähigkeit.

- <u>Nachteile:</u> Abhängigkeit von zentralen Funktionen und Entscheiden; Bereitstellung und Betrieb des Datenverwaltungssystems.

Es wäre falsch, aus der Einführung von Datenbanken in der Datenverarbeitung abzuleiten, dass damit deren Anwendung (also z.B. die Personalverwaltung, das Ersatzteillager etc.) zentralisiert werden muss. Aber eine Datenbank lässt sich kaum betreiben, wenn nicht wenigstens <u>zentrale</u> Organisations<u>regeln</u> für die betroffenen Anwendungen existieren.

Eine Datenbank enthält Daten für eine <u>vielseitige, langfristige
Verwendung</u>. Das bringt Probleme des Datenschutzes und der Datensicherheit, über welche an anderer Stelle (Kap. 7) ausführlich be-
richtet wird. Bereits hier muss aber darauf hingewiesen werden,
dass an die Daten und an ihre Definition in einer Datenbank <u>beson-
ders hohe Ansprüche</u> gestellt werden müssen. In eine Datenbank gehören nur einfache, überprüfbare Daten, deren Unterhalt (Nachführung, Speicherung) sichergestellt ist. Nur so lässt sich vermeiden, dass die Datenbank mit der Zeit zunehmend falsche Angaben und
Widersprüche enthält und damit gesamthaft wertlos wird oder gar zu
falschen Aussagen führt.

6.1.2 <u>Merkmale einer Datenbank</u>

Nicht jede Ansammlung von Daten ist eine Datenbank, obwohl dieser
Begriff heute Mode geworden ist und daher allzuoft gebraucht wird.
Eine "Geld-Bank" ist schliesslich auch weit mehr als eine Ansammlung von Geld; die ganze Organisation zur Verwaltung des Geldes
muss hinzukommen, bis man von einer Bank sprechen kann.

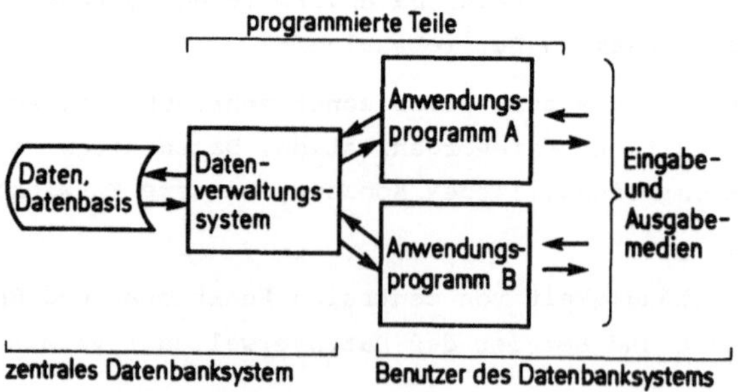

<u>Fig. 6.3</u> Datenbank-Konzept

In Fig. 6.3 wird die funktionelle Gliederung einer datenbankorien-
tierten Computer-Anwendung sichtbar. Es sind zu unterscheiden

- die <u>Daten (oder Datenbasis)</u> als systematisch gespeicherte und verschiedenen Benutzern zur Verfügung stehende Datensammlung,

- das <u>Datenverwaltungssystem (Daten-Management-System, DMS)</u> als
einziger Zugang zu den Daten mit der Aufgabe, diese zu organisieren, ihre Integrität zu wahren und zentrale Funktionen der Datenpflege anzubieten,

- die <u>Anwendungsprogramme</u> als benutzerseitige Partner ("Kunden")
des Datenbanksystems, welche Daten über das Datenverwaltungssystem abfragen und speichern.

Die <u>Schnittstelle</u> zwischen Datenbank und Umwelt liegt zwischen Datenverwaltungssystem einerseits und jedem Anwendungsprogramm anderseits. Kein Anwendungsprogramm kommt direkt an die gespeicherten
Daten. (Programmtechnisch kann man sich den Verkehr zwischen Anwendungsprogramm und Datenverwaltungssystem als Aufruf eines Unter-
programms vorstellen. Das Anwendungsprogramm ist dabei das Haupt-
programm und ruft immer dann eine Funktion des Datenverwaltungssystems auf, wenn es Daten lesen, ändern oder speichern will. Die
Datenübergabe geschieht z.B. über Parameter im Unterprogrammaufruf.)

Aufgrund dieses Konzepts lassen sich nun einige charakteristische
Eigenschaften eines Datenbank-Systems formulieren ("<u>Datenbank-Merk-
male</u>"):

- <u>Strukturierte Datensammlung:</u> Eine Datenbank enthält systematisch
organisierte Daten von kontrollierter Redundanz. (Redundanz nur,
wenn aus Gründen der Datensicherheit oder des schnelleren Zugriffs nötig.)

- <u>Trennung zwischen Daten und Anwendungen:</u> Diese Trennung schafft
klare Kompetenzbereiche, ermöglicht die <u>Datenunabhängigkeit der
Programme</u> (Anwendungs-Programme müssen nicht geändert werden,
wenn die Datenorganisation intern geändert wird) und die <u>Flexibi-
lität der Datenbank</u> (Organisation der Daten nach generellen Optimierungskriterien und unabhängig von einzelnen Anwendungsprogrammen).

- <u>Datenintegrität:</u> Die Datenbank enthält nur korrekte Daten und
stellt deren Aufbewahrung und Schutz vor Missbrauch sicher. Es
dürfen keine falschen und fremden Daten in die Datenbank einge-
speichert werden (<u>Datenkonsistenz</u>), die gespeicherten Daten dürfen nicht zerstört oder verfälscht werden (<u>Datensicherheit</u>) und
die Daten sind der richtigen Verwendung zuzuführen (<u>Datenschutz</u>);
(vgl. auch Kap. 7.)

- <u>Permanenz:</u> Die Daten sind für zukünftigen Gebrauch verfügbar zu
halten.

Ein nicht immer,aber häufig wesentliches Merkmal ist auch:

- <u>Bildung von benutzerorientierten Ausschnitten:</u> Einzelnen Anwendungen stehen nur die benötigten Teile einer Datenbank in ange-
passter Form (externes Schema, vgl. 6.2.2) zur Verfügung.

Die hier genannten Merkmale kennzeichnen in ihrer Gesamtheit ein
sehr anspruchsvolles Datenbanksystem; die heute in der Praxis verfügbaren Systeme sind jedoch meistens bescheidener. Wir wollen die
Datenbank-Merkmale daher nicht eng auslegen. Als <u>Datenbanken</u> seien
<u>organisierte Datensammlungen</u> anerkannt, <u>in welchen die Trennung
zwischen Daten und Verwendung sichtbar ist und wo der Datenintegrität genügend Beachtung geschenkt wird.</u>

Mit dieser Kurzdefinition ist übrigens nicht ausgeschlossen, dass
<u>dezentralisierte Datenbanken</u> (distributed data bases) existieren.
Während Konzept und Systemverwaltung zentral bereitgestellt werden,
können die Daten an sich in verschiedenen Computersystemen gespeichert sein. Allerdings bringen solche Lösungen einen erheblichen
zusätzlichen Verwaltungsaufwand und müssen daher sorgfältig überlegt werden. Eine ähnliche Wirkung wie mit dezentralisierten Datenbanken kann für den Benutzer übrigens mit <u>Datenübertragungs-
netzen</u> erreicht werden.

Ueber Konzepte und Probleme der Datenbanken existiert heute eine
umfangreiche Literatur [z.B. SCHLAGETER/STUCKY 1977]. Der Leser
findet darin Lösungsmöglichkeiten für die angeschnittenen Probleme.

6.1.3 Informationssysteme

Als Schlagwort mindestens so beliebt wie die "Datenbank" ist das
"Informationssystem". Dabei hat das Informationssystem viel grössere Ambitionen. Während die Datenbank relativ statisch Daten aufbewahrt und für einen künftigen Gebrauch bereithält, will das Informationssystem "informieren", also auf irgendwelche Fragen Antworten
geben.

In etwas grober Schematik präsentiert sich ein Informationssystem
gemäss Fig. 6.4.

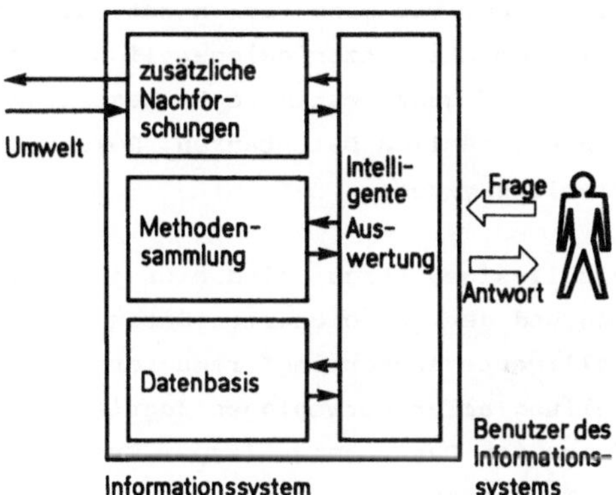

Fig. 6.4 Vollständiges Informationssystem

Der Benutzer hat ein Informationsbedürfnis, stellt eine entsprechende Frage an das System (dieses kann beispielsweise auch ein
Mensch sein) und erhält eine mehr oder weniger passende und richtige Antwort. Das Informationssystem ist somit ein Frage-Antwort-
System; es gibt die Antwort aufgrund verschiedener Quellen, die
intelligent ausgewertet und miteinander kombiniert werden müssen:

- <u>Datenbasis</u>: Gesammelte und systematisch geordnete Daten.
  (Bsp.: Lexikon, Verzeichnisse, computergespeicherte Daten).

- <u>Methodensammlung</u>: Vorhandene Methoden und Erfahrung (Bsp.:
  Statistiken bilden, schätzen, vergleichen, zeichnen, Arbeitstechnik).

- <u>Zusätzliche Nachforschungen</u>: Falls nichts oder zuwenig an Grund-
  lagenmaterial für die Beantwortung einer Frage vorhanden ist, so
  muss zuerst solches Material beschafft werden (Bsp.: Fragebogen,
  Interviews, grössere auswärtige Datensammlung, Bibliothek, Forschung).

Dabei sind diese drei Quellen voneinander nicht unabhängig. Wer
z.B. ein grösseres Lexikon kauft, muss weniger rasch "zusätzliche
Nachforschungen" anstellen, also in eine Bibliothek gehen.

Es ist nun interessant, das Modell von Fig. 6.4 auf computerunter-
stützte Systeme anzuwenden. Es gibt nämlich schon heute automatische Informationssysteme. Das sind aber nicht Universalauskunfts-
stellen, wie sie in Computerwitzen gelegentlich vorkommen, sondern
sie beschränken sich auf ganz bestimmte Fragestellungen. Wir wollen
drei Typen betrachten, nämlich Datenbanken, Dokumentationssysteme,
allgemeine Informationssysteme.

<u>Datenbanken</u>: Die zulässigen Fragen sind hier jene, welche <u>auf ein-
deutige Weise</u> aufgrund der gespeicherten Daten beantwortet werden
können. Die "intelligente Auswertung" reduziert sich in diesem Fall
auf die Bereitstellung aller notwenidgen <u>Zugriffspfade</u> (Datenverwaltung) zur Abfrage der Datenbasis. (Bsp.: Frage an Studentenverwaltung: Wieviele Studenten haben einen täglichen Reiseweg von über
20 km?). Wenn zusätzlich eine Methodensammlung für Prognosen zur
Verfügung steht, lassen sich auch spekulative Auswertungen machen.
(Bsp.: Frage an Studentenverwaltung: Wieviele Studenten werden in
5 Jahren die Hochschule besuchen, wenn der Trend der vergangenen
5 Jahre anhält?). Datenbanken leisten überall dort ausgezeichnete
Dienste als Informationssysteme, wo sich alle Fragen in präziser
Form auf eine geschlossene Gruppe von speicherbaren Daten beziehen.
Zusätzliche Nachforschungen sind durch das System selber nicht
möglich. (Bsp.: Verwaltungen, Banken, Versicherungen, Reservationssysteme).

<u>Dokumentationssysteme</u>: Recht häufig sind in der Praxis die Fälle,
wo zwar die gefragten Daten intern gespeichert sind (Datenbasis),
wo aber die Suchfragen nicht leicht präzis gestellt werden können.

Meist sind die Daten umfangreich und wenig einheitlich formuliert.
(Bsp.: Alle Bücher einer Grossbibliothek.) Der Anwender ist daher
gezwungen, auf Umwegen, mit Ersatzfragen und oft in mehreren
Schritten eine näherungsweise Antwort zu erhalten. Dokumentationssysteme erlauben, Daten aufgrund von Aehnlichkeiten aufzufinden,
wenn sie nicht auf eindeutige Weise abgefragt werden können. (Bsp.
Bibliothek: "Gesucht sind neueste Zeitschriftenartikel über
optische Datenerfassung?"; dazu gehören aber auch "Zeichenerkennung", "optische Leser" und ähnliche Begriffe. Der Bibliothekskata-
log - mit oder ohne Computer - stellt ein typisches Dokumentations-
system dar. Für Literatur vgl. [SALTON 1975]).

Allgemeine Informationssysteme: Die hohe Leistungsfähigkeit des
Computers hat dazu verführt, ihn als selbstverständliches Informa-
tionssystem für fast jede Art von Fragen zu betrachten. Aus dieser
Euphorie stammt der Begriff MIS (Management-Informations-System),
bei dem auf Knopfdruck alle Daten einer Unternehmung in geeigneter
Form für Direktionskonferenzen, Börsenspekulationen oder Personal-
Beförderungen ausgespuckt werden sollen. Diese Vorstellung ist ein
Zerrbild, genauso wie jene vom "Direktionspräsidenten am Terminal".
Es ist sowohl ökonomischer als auch qualitativ besser, für komplexe
Probleme, wie es Managementaufgaben sind, keine vollautomatischen
Informationssysteme vorzusehen. Selbstverständlich lassen sich sehr
viele bereits maschinengespeicherte Daten (aus Verwaltung und Be-
trieb) für die Fragenbeantwortung mitbenutzen. Aber eine Geschäftsleitung, eine politische Behörde oder ein ähnliches Gremium erwartet als Antwort auf eine Frage nicht nackte Zahlen, sondern bewer-
tete und kommentierte Aussagen. Das braucht zusätzliche und oft
sehr auf die einzelne Situation zugeschnittene Auswertungen, deren
Automatisierung sich niemals lohnt (vgl. 80-20-Regel in 10.1.2).

Anderseits lassen sich aber sehr wohl auch in komplizierteren
Fällen automatische Informationssysteme bauen, wenn gleichartige
Fragen häufig gestellt werden (Bsp. Wertpapier-Portfeuille-Opti-
mierungen, Verkehrssteuerungen etc.). In diesen Fällen wird aber
nicht einfach "alles" in der Datenbasis gespeichert, sondern eine
sinnvolle Gruppe zusammenpassender Informationen.

Allzugrosse Komplexität war schon öfters Grund für ein Debakel im Bereich von Datenbanken und Informationssystemen. Die Unterteilung der Daten und ihrer Anwendungen in überblickbare Untersysteme ist die wichtigste Massnahme zur Bewältigung komplexer Probleme.

6.2   Die Benützung einer Datenbank

6.2.1   Abfragen und Mutationen (Transaktionen)

Der Leser weiss jetzt, was eine Datenbank ist. Nun ist noch zu zeigen, wie man eine Datenbank benützt. Dabei gibt es sehr grosse Unterschiede, was sich technisch, kostenmässig und personell auswirkt.

Zugriffe zu Daten werden allgemein Transaktionen genannt. "Transaktion" ist ein Sammelbegriff für Abfragen und Mutationen; "Mutation" wiederum umfasst alles, was Aenderungen in den Einzeldaten betrifft, wie Neuspeicherung, Wertänderung, Löschung.

Eine Grundeigenschaft einer Datenbank liegt darin, dass sie von mehreren Benutzern verwendet wird. Die einmal gespeicherten Daten werden daher normalerweise mehrfach benützt, oder anders formuliert: Im Normalfall sind Abfragen viel häufiger als Mutationen.

Abfragen sind aber auch viel problemloser, da Mutationen den Datenbestand verändern, so dass bei einer falschen Mutation die richtigen Daten ohne Gegenmassnahmen verloren gehen können. Eine falsche Abfrage gefährdet hingegen einzig die Vertraulichkeit. Bei der Analyse eines Datenbankproblems ist somit eine der wichtigsten Charakterisierungen jene nach Häufigkeit und Art der Transaktionen.

Wer aber macht die Transaktionen, wer arbeitet an der Datenbank? Der Leser frage sich an dieser Stelle, wie er selber die Arbeit an der Datenbank sieht. Ist dies für ihn gleichbedeutend mit interaktivem Betrieb am Terminal? Mit Frage-Antwort-Systemen?

Obwohl viele moderne Beispiele von Datenbanken eine solche Optik unterstützen, ist sie im Prinzip unzutreffend. Das Wesen des Datenbank-Konzepts besteht im gemeinsamen Verwalten von Daten für verschiedene Anwendungen. Diese Anwendungen können dabei sehr wohl verschiedene Stapel-Programme sein, die auf die gleichen Grunddaten zugreifen. Denn nicht die interaktive Benützung, sondern die Benützung durch mehrere Benutzer ist datenbankspezifisch.

Nach dieser Klarstellung seien einige Begriffspaare vorgestellt, welche die Verwendung eines Datenbanksystems kennzeichnen.

Das erste Begriffspaar betrifft die Art, wie Daten aus der Datenbank ausgewählt werden, deskriptiv oder prozedural.

- Deskriptiv: Der Benutzer bezeichnet die gesuchten Daten gesamthaft (Bsp.: "Alle Mitarbeiter namens FREI mit Jahrgang 1931."). Das Ergebnis ist im allgemeinen eine Datei von mehreren Datensätzen. Diese Art der Fragestellung ist typisch für den Menschen und für interaktive Abfragen.

- Prozedural: Der Benutzer beginnt bei einem bestimmten Datensatz und folgt darauf einem bestimmten Weg zu nachfolgenden Datensätzen (Bsp.: "Gesucht der Mitarbeiter mit dem alphabetisch ersten Namen, darauf jeweils der nächste."). Das Ergebnis ist eine Folge von Datensätzen, jederzeit aber nur exakt einer. Diese Art der Fragestellung ist typisch für programmierte Bearbeitung.

Ein zweites Begriffspaar charakterisiert die Sprache, in der die Daten abgefragt werden, die Datenmanipulationssprache:

- Eine selbständige Sprache erlaubt einem Benützer - meist am Terminal - mit der Datenbank direkt zu arbeiten. Selbständige Sprachen müssen für den Nicht-EDV-Spezialisten leicht erlernbar sein und benützen daher häufig Formulierungen aus einer natürlichen Sprache (Englisch, Deutsch) oder aus der Mathematik (Mengenlehre).

- Eine eingebettete Datenmanipulationssprache besteht bloss aus einigen zusätzlichen Befehlsbegriffen (Suchen, Lesen, Schreiben etc.), die einer gebräuchlichen Programmiersprache zugefügt wer-

den. Damit können normale Programme Datenbankzugriffe machen,
d.h. ihre Daten in einer Datenbank holen und versorgen.

Das dritte Begriffspaar bezieht sich ausschliesslich auf die Art,
wie Menschen eine Datenbank abfragen, frei oder standardisiert:

- Freie Fragen suchen nach irgendwelchen Zusammenhängen in den Daten
  (Bsp.: "Alle Zwillinge mit grünen Augen."). Besonders selbständige Abfragesprachen unterstützen diese Art von Fragen. Die freie
  Frage kommt vor allem in Forschung und Management vor und bildet
  eher die Ausnahme der Datenbankbenützung.

- Standard-Fragen liefern ganz bestimmte und häufig benützte Angaben (Bsp.: Flugreservationssystem: "Freie Sitze im Flug SR 164
  am 16.8. nach Boston?"). Standard-Fragen sind vorprogrammiert,
  einfach aufzurufen und weitaus die häufigste Form von Abfragen
  von Datenbanken.

Jeder Datenbankzugriff erfolgt aus einem Programm heraus. Auch bei
der "selbständigen Abfragesprache" ist es ein Programm (ein para-
metergesteuertes Abfrageprogramm), das die Aufrufe des Datenverwaltungssystems bewirkt. Fig. 6.5 zeigt, wie die Aktivierungsdauer
eines Programms mit der Oeffnung der Datenbank zusammenhängt.

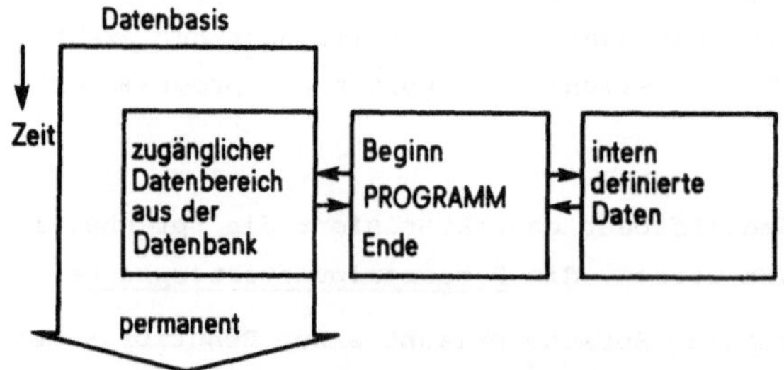

Fig. 6.5 Datenbereiche und Lebensdauer
          eines Programms

Obwohl die Datenbank selber permanent vorhanden ist, ist sie nur
während des Ablaufs eines Programms zugänglich. Jedes Programm
hat Speicherbereiche für interne Daten. Wenn ein Programm aber

Datenbankaufrufe enthält, dann öffnet es zusätzlich die von ihm benötigten Bereiche der Datenbank. Spätestens bei Beendigung des Programms geht dieses _Fenster zur Datenbank_ (Fig. 6.5) wieder zu; die Phase mit Transaktionen ist abgeschlossen.

In der "idealen" Datenbank ist jeder Datenzugriff direkt und ohne Zeitverzug. In der Realität benötigt eine einfache Transaktion (Bsp.: Telefonnummer von HANS MEIER, KRAMGASSE, BERN?") viele tausend Einzeloperationen des Computers, dazu je nach Speicherorganisation einige Sekundärspeicherzugriffe (vgl. Abschn. 2.3)! Es ist somit nicht gleichgültig, in welcher Weise Daten in grosser Zahl abgefragt werden. Mit der Verwendung von Datenbank-Systemen werden zwar viele Probleme der Verwaltung grosser Datenmengen entschärft. Der Aufwand für die zentrale Datenverwaltung darf aber nicht unterschätzt werden.

6.2.2 _Entwurf eines Datenbanksystems_

Hauptzweck eines Datenbanksystems ist es, Daten so zu verwalten, dass sie
- mehreren Benutzern parallel
- auf die Dauer
- effizient
zur Verfügung stehen. Das ist eine sehr anspruchsvolle Aufgabe. Insbesondere die Flexibilität für die Zukunft zwingt dazu, die in eine Datenbank einzubeziehenden Daten äusserst sorgfältig festzulegen (möglichst stabile Grundmerkmale mit eindeutig zuordnungsfähigen Wertebereichen). Aber auch die Ausrichtung auf mehrere Benutzer mit unterschiedlichen Arbeitsweisen (z.B. Massenverarbeitung einerseits, interaktive Abfragen anderseits) stellt Probleme, und die Effizienz ist bei grossen Anwendungen nicht nur eine Kostenfrage, sondern eine nackte Notwendigkeit, um das System überhaupt betreiben zu können [VETTER 82, ZEHNDER 83].

Aus diesen und weiteren Gründen [WEDEKIND 1982, SCHLAGETER/STUCKY 1977] ist der Entwurf eines Datenbanksystems eine schwierige Auf-

gabe, und die Spezialisten bemühen sich seit Jahren, diese Aufgabe
in besser überblickbare Teilaspekte aufzugliedern. Ein Ergebnis
dieser Bemühungen ist das 3-Schema-Konzept in Fig. 6.6 [vgl. ANSI-
SPARC-Report 1975].

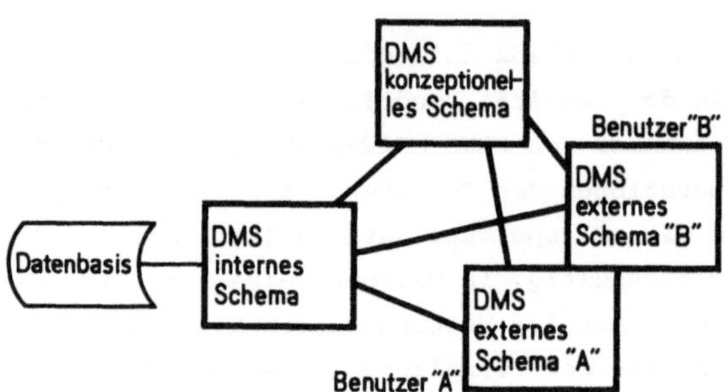

<u>Fig. 6.6</u> Das 3-Schema-Datenbank-Konzept

Im 3-Schema-Konzept ist das Daten-Management-System (DMS) aufgegliedert für verschiedene Typen von Schemata, welche je den Aspekt
des Benutzers, des Computersystems und des Datenbank-Entwerfers
besonders gut darstellen können. Ein Schema ist eine Darstellung
von Datenstrukturen (vgl. Kap. 2).

- <u>Externes Schema:</u> Datenstruktur, wie sie ein ganz bestimmter Benutzer benötigt, z.B. eine Tabelle, eine Liste, eine Hierarchie
  (vgl. Abschn. 2.5). Verschiedene Benutzer können im allgemeinen
  verschiedene Schemata benötigen.

- <u>Internes Schema:</u> Datenstruktur, welche für die eigentliche reale
  Datenorganisation gebraucht wird; effizienzorientierte, physische
  Speicherorganisation (vgl. Abschn. 2.4).

- <u>Konzeptionelles Schema:</u> Datenstruktur, in welcher der Entwerfer
  arbeitet. Das konzeptionelle Schema muss imstande sein, die gesamten Datenbeziehungen logisch darzustellen, ohne diese Darstellung mit Spezialproblemen des Benutzers und der physischen
  Datenorganisation zu belasten.

Diese unabhängige Denkweise im konzeptionellen Schema erlaubt es,
den Entwurf auf logischer Ebene ohne Rücksicht auf Einzelprobleme

auszulegen. Damit ist auch die Trennung der Datenorganisation von den Anwendungsprogrammen institutionalisiert: Eine Neugestaltung der physischen Datenorganisation betrifft nur das interne Schema; neue Benützer werden über existierende oder zusätzliche externe Schemata angeschlossen. Als Datenmodelle für das konzeptionelle Schema eignen sich natürlich vor allem jene, die nicht bereits Anwendungsaspekte oder Effizienzhilfen vorwegnehmen, also z.B. das Relationenmodell (vgl. 2.5.2) [ZEHNDER 83].

Das konzeptionelle Schema selber dient im allgemeinen nicht direkt als Datenverwaltungssystem, sondern nur zu dessen Beschreibung. Es muss anschliessend in das reale interne Daten-Management-System umgesetzt werden, sowie in die Datenbankanschlüsse und Umformungsprogramme für jedes einzelne externe Schema. Auf diese Weise wird aus dem Entwurf das eigentliche Softwarepaket für die Datenverwaltung erzeugt.

6.2.3   Standard-Datenbanksysteme

Die Programmieraufgabe, wie sie am Schluss von 6.2.2 beschrieben wurde, ist anspruchsvoll. Anderseits ist sie typisch für alle Datenbankprobleme, also für eine grosse Zahl von Computer-Anwendungen. Es ist daher zu erwarten, dass für diese Aufgabe fertige Programmiersysteme verfügbar sind, man nennt sie Standard-Datenbanksysteme. Ihre Funktion kann mit der eines Compilers für gewöhnliche Programme verglichen werden; sie ist aber wesentlich komplexer:

- Ein Compiler erzeugt aus einer logischen Beschreibung eines Computerprogramms (in höherer Programmiersprache) ein produktives Programm (in Maschinensprache).

- Ein Standard-Datenbanksystem erzeugt aus einer logischen Beschreibung einer Datenstruktur (in Datenbeschreibungssprache) ein produktives Datenverwaltungssystem sowie Anschlussstellen für die Anwendungsprogramme, damit diese (mit Funktionen einer Datenmanipulationssprache) über Daten aus der Datenbank verfügen können. Dazu verwaltet es zentral alle Datendefinitionen in Datenverzeichnissen (data dictionaries) und stellt Hilfsfunktionen zur Verfügung (für Sicherheit, Daten-Reorganisation etc.).

Standard-Datenbanksysteme gibt es für alle grösseren Computersysteme; sie stammen teils von den Computerherstellern selber, teils wurden sie von selbständigen Software-Firmen entwickelt. Diese Standard-Datenbanksysteme gehen in den meisten Fällen von _einem_ bestimmten Datenmodell aus, sei es hierarchisch, netzwerkartig oder relational/tabellenorientiert, wobei für das Netzwerkmodell sogar eine bestimmte Standard-Datensprache entwickelt wurde [CODASYL 71]. Einzelne neueste Entwicklungen erlauben dem Benutzer wahlweise die Verwendung verschiedener Datenmodelle (vgl. 6.2.2), aber diese Stufe der Flexibilität ist in der Praxis noch kaum verfügbar.

Alle diese Standard-Datenbanksysteme haben Namen, oft Buchstabenkombinationen wie DMS, IMS, IDS und DBMS, wobei D für Daten, I für Information, M für Management und S für System stehen. Die genauen Qualitäten eines Systems lassen sich aber daraus nicht ableiten. Bei Datenbanksystemen handelt es sich um komplexe Gebilde, deren Einsatz genaue Untersuchungen erfordert; wir verzichten hier auf oberflächliche Hinweise. Für genauere Analysen müssen die Unterlagen der Hersteller sowie vergleichende Literatur [PALMER 75] beigezogen werden.

Eine grundsätzliche Frage sei aber noch aufgeworfen: Können und sollen Standard-Datenbank-Systeme überall eingesetzt werden, wo eine Datenbank aufgebaut und betrieben wird?

Die Vorteile sind offensichtlich: Weniger Programmierarbeit, logisch übersichtlicher Entwurf, modulares Vorgehen, grössere Flexibilität bei späteren Aenderungen, vorbereitete und teilweise bereits eingebaute Integritätsfunktionen (Zugriffsüberwachung, Passwortsysteme, automatische Rekonstruktion bei Computerunterbruch etc.).

Die _Nachteile_ liegen primär beim höheren Aufwand für die Installation (Standard-Datenbanksysteme müssen gekauft werden und erfordern sehr grosse Arbeitsspeicher) und im Betrieb (die einzelne Transaktion ist oft aufwendiger als bei direkter Programmierung). Auch ist das angebotene Datenmodell nicht immer ideal für die vorliegenden Anwendungen.

Der Einsatz von Standardsystemen für grosse Datenbankprobleme ist im Zunehmen. (Es handelt sich um einen ähnlichen Prozess wie bei der Auseinandersetzung um den Einsatz höherer Programmiersprachen etwa 15 Jahre früher!) Ganz grob lässt sich die Verwendung von Standard-Datenbanksystemen gemäss Fig. 6.7 empfehlen.

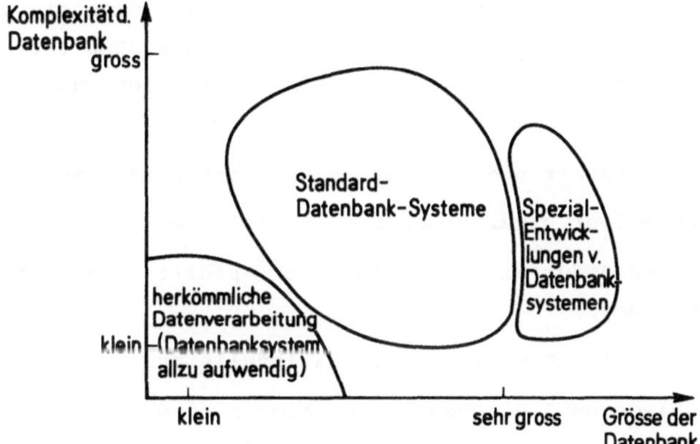

<u>Fig. 6.7</u> Typische Einsatzgebiete verschiedener Datenbanksysteme

Standard-Datenbanksysteme sind für grosse und komplexe Anwendungen geeignet; bei kleinen Problemen sind die Installationskosten zu hoch, bei sehr grossen Problemen können die Leistungsgrenzen kritisch werden und Spezialentwicklungen erfordern. Allzu grosse <u>und</u> komplexe Datenprobleme sind möglicherweise ausserhalb sinnvoller Automationspläne. Sie können durch <u>Unterteilung</u> auf eine zu bewältigende Grösse und Komplexität zurückgebracht werden.

Neben den eigentlichen Standard-Datenbanksystemen stehen in einem

Rechenzentrum auch andere Dienstprogramme für die Datenorganisation
(z.B. indexsequentielle Datenspeicherung), für Sicherheitsprozedu-
ren (z.B. Passwortsysteme) und andere weitere Aufgaben zur Verfügung. Wird auf den Einsatz eines vollen Standard-Datenbanksystems
verzichtet, können mit Hilfe des normalen Betriebssystems und dieser Dienstprogramme Aufbau und Betrieb von Datensystemen jeder Art
sehr erleichtert werden. Es lohnt sich daher, die Dienstprogramme
eines Rechenzentrums zu kennen.

6.2.4   Datenbank-Betreuung

Der Betrieb einer Datenbank ist dadurch geprägt, dass die gespeicherten Daten langfristig verwendbar sein müssen. Das verlangt,
dass auch bei jahrelangem Gebrauch (und eventuellem Ausbau einer
Datenbank

- die Daten verfügbar und korrekt nachgeführt sind (Datenpflege),

- das System selber widerspruchsfrei funktioniert (Systempflege),

- die aktuellen Bedürfnisse der Benutzer erfüllt werden können
  (Dienstleistung),

- der Betriebsaufwand minimal ist (Rationalisierung).

Diese verschiedenen Zielsetzungen erfordern eine laufende Betreuung des Datenbanksystems und insbesondere die Koordination dieser Arbeiten durch eine zentrale Person oder Personengruppe, den
Datenbank-Administrator (DBA). Der Datenbank-Administrator ist für
den Betrieb und alle Aenderungen des Datenbanksystems verantwortlich. Er vereinigt Ueberwachungs-, Verwaltungs- und Entwicklungs-
tätigkeiten, was seine Stellung interessant, aber auch schwierig
macht.

Datenpflege: Normalerweise geschieht diese durch die Benutzer. Der
DBA hat die Benutzer zu überwachen und bei Bedarf durch programmierte Dienstfunktionen zu unterstützen. Bei Systemzusammenbrüchen
regeneriert der DBA die Datenbank aus sichergestellten Kopien der
Daten.

<u>Systempflege:</u> Aenderungen des Systems, vor allem Erweiterungen
(neue Datensatzarten, neue Merkmale etc.), können nur durch den DBA
vorgenommen werden; er generiert nach der Systemänderung die neuen
Dateien und Betriebsprogramme.

<u>Dienstleistung:</u> Die aktuellen Bedürfnisse der Benutzer können sich
ändern. Nebst den selteneren grossen Aenderungen (s. Systempflege)
gibt es häufig kleine administrative Aenderungen. Der DBA verwaltet
die Zugriffsberechtigung (Zuweisen von Passwörtern an die Benutzer,
Zugriffsüberwachung, Datenschutz) und stellt die Zugriffsfunktionen
für die Anwendungsprogramme (externes Schema) zur Verfügung.

<u>Rationalisierung:</u> Aenderungen im Gebrauch der Daten und System-An-
passungen führen oft mit der Zeit dazu, dass die interne Organisation der Daten in der Datenbank nicht mehr optimal ist. Dank der
Datenunabhängigkeit der Programme kann der DBA bei Bedarf die Datenbank <u>reorganisieren</u>, ohne die Funktion der Anwenderprogramme zu
tangieren.

Der Betrieb einer Datenbank erfordert nicht nur Möglichkeiten zur
Datenabfrage und -speicherung. Die kompetente Betreuung der ergän-
zenden Dienstleistungen durch den DBA stellt eine zentrale Aufgabe
dar, wofür in den nächsten Jahren vermehrt Fachleute verfügbar sein
müssen. Nicht nur technische Gründe führen zu dieser Forderung.
Auch gesetzliche Vorschriften betreffend Datenschutz und -sicher-
heit beeinflussen zunehmend den Betrieb von Datenbanken.

7 Datensicherung und Datenschutz

7.1 Das Schutzbedürfnis

7.1.1 Begriffsabgrenzungen

Datenverarbeitung ist normalerweise nicht Selbstzweck oder Spiele-
rei, sondern dient einer Verwaltung, einem Ingenieur, einem Unternehmen bei der Erfüllung praktischer Aufgaben. Wenn wir von einem
Mitglied unserer Gesellschaft erwarten, dass es gute Arbeit leistet,
dann kümmert uns im allgemeinen wenig, welche Art von Hilfsmittel
(Instrumente, Hilfspersonen) dahinter steht. Nur das Gesamtergeb-
nis zählt.

Der vollwertige Einbezug des Computers in unser tägliches Leben
setzt daher voraus, dass dieser "seine Arbeit gut macht", im Normalfall tadellos, und dass mögliche Fehler nicht unverhältnismässi-
gen Schaden anrichten. Diese Denkweise erfordert aber, dass wir den
Computer darauf untersuchen, ob dieser besondere, eventuell neuartige Gefahren in sich trägt, und was dagegen zu unternehmen wäre.

Der Arbeitsbereich des Computers umfasst Daten, Angaben. Diese haben eine Bedeutung oder eine Auswirkung, was sofort auf folgende
Fragen führt:

- Ist eine bestimmte Angabe richtig?

- Steht eine bestimmte Angabe jenen Stellen zur Verfügung, die sie
  benötigen, und wird sie zweckentsprechend verwendet?

- Wird eine bestimmte Angabe vor jenen Stellen geheimgehalten, die
  sie nicht wissen dürfen oder sollen?

Ein Ja auf alle diese Fragen zu geben, ist das Ziel des Datenschutzes. Der Datenschutz ist somit eine sehr allgemeine, der Anwendung nahestehende Grundhaltung, bei welcher jeder Missbrauch von
Daten und Datenverarbeitungsmitteln verhindert werden soll. Eine
wichtige und heute in der Oeffentlichkeit besonders aktuelle Form
des Datenschutzes betrifft den Persönlichkeitsschutz, vor allem

den Schutz der Privatsphäre des Bürgers und Mitmenschen, worauf wir
im letzten Abschnitt dieses Kapitels zurückkommen.

Während der Datenschutz als _Ziel_ eine ordnungsgemässe Datenverarbeitung anstrebt und sich daher vor allem auch an den Anwender -
und den Juristen! - richtet, steht für den Computerspezialisten
die Technik der Durchführung dieses Schutzes im Vordergrund. Dieses "Wie" des Datenschutzes bezeichnen wir mit _Datensicherung_,
(den geschützten Zustand mit _Datensicherheit_ oder _Datenintegrität_).
In den Bereich der Datensicherheit gehören somit alle Massnahmen
technischer und organisatorischer Art, um Daten vor Verfälschung,
Zerstörung und unzulässiger Bekanntgabe zu schützen.

Einige dieser Begriffe sind in den letzten Jahren im deutschen
Sprachraum besonders auch auf Grund der Gesetzgebung [z.B. BUNDES-
DATENSCHUTZGESETZ 77] verbreitet worden:

- _Datenschutz_ (data protection): Schutz der durch die Daten ausge-
  drückten Sachverhalte des realen Lebens, insbesondere bei Daten
  über Personen und ihre Privatsphäre (privacy).
- _Datensicherung_ (data security): Gesamtheit der Massnahmen aller
  Art, vor allem in Organisation, Software, Hardware, zur Sicherstellung des Datenschutzes und für eine grösstmögliche Sicherheit
  der Daten.

Die Terminologie allein löst aber die Probleme nicht. Und es ist
auch nicht damit getan, _Einzelmassnahmen_ als Mittel zur Lösung aller Probleme hochzuspielen. Ein angemessener Schutz lässt sich nur
sicherstellen, wenn er _gesamthaft_ gesehen wird. Es ist daher unter
anderem das Ziel dieses Kapitels, die Einzelbeispiele und -massnah-
men zu einem Gesamtbild und zu einem umfassenden Schutzkonzept zu-
sammenzufügen.

7.1.2 Gefahrenquellen

Jedes Datenverarbeitungssystem, und ganz besonders anspruchsvolle
Systeme mit Fernverarbeitung, mit interaktivem Datenzugriff, mit
24-Stunden-Betrieb und hohem Benutzerkomfort, ist vielerlei Gefahren ausgesetzt. Diese ergeben sich in weitaus den meisten Fällen
aus unbeabsichtigten Fehlern in Geräten, Programmen und Organisation sowie aus Fahrlässigkeit der beteiligten Personen; in seltenen
Fällen ist dagegen böse (kriminelle) oder dumme Absicht im Spiel.

- Unbeabsichtigte Fehler: Durch die Komplexität der Systeme bedingt,
  bleiben z.B. Fehler in Hardware und Software unentdeckt oder es
  erfolgen Fehlmanipulationen. Dadurch entstehen falsche oder unvollständige EDV-Produkte oder sie geraten in die falschen Hände.
  Solche Fehler können an verschiedensten Stellen des Systems auftreten.

- Absichtliche Eingriffe in den ordnungsmässigen Betrieb: Aus ver-
  schiedensten Gründen (von Bereicherungsabsicht bis Zorn) wird der
  Normalbetrieb gestört. Die Eingriffe geschehen meist an erkannten
  Schwachstellen des Systems.

Die beiden Fehlergruppen - absichtlich und unabsichtlich - sind im
Auftreten und in den Auswirkungen aber keineswegs immer unterscheidbar. So kann das irrtümliche Ueberschreiben eines Magnetbands die
gleichen Folgen haben wie die absichtliche Zerstörung. Besonders
empfindliche Daten und ihre Verarbeitung - z.B. dort, wo es um persönliche Angaben oder um Geldwerte geht - sind daher mit zusätzlichen Massnahmen zu schützen, wobei ganz gezielt den Absichten eines
Kriminellen entgegengewirkt werden kann.

Die Gefahren lauern grundsätzlich überall. Fig. 7.1 zeigt verschiedene Angriffspunkte, und es ist wichtig, dass das Sicherheitsdenken
genügend weit "aussen", nämlich in der Umwelt, beginnt. Was nützt
das raffinierteste Betriebssystem, wenn bei einem Grosscomputer die
Klimaanlage aussteigt? Und die teuerste Notstromgruppe ist sinnlos,
wenn das Personal keine "Katastrophen"-Erfahrung hat, d.h. den
Ausnahmefall nicht geübt hat.

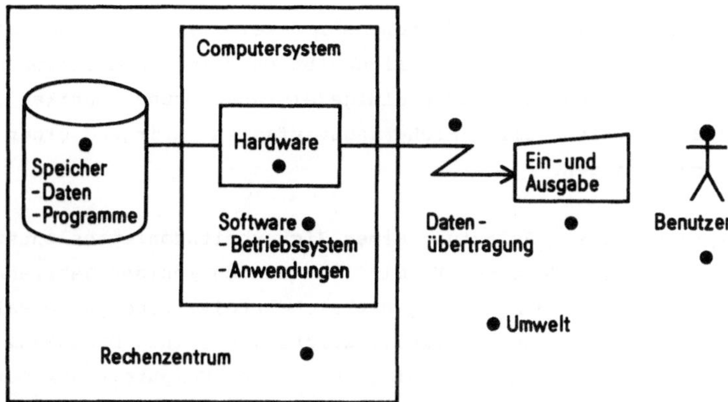

Fig. 7.1 Angriffspunkte für Gefahren

Die Tab. 7.1 vermittelt einen (unvollständigen) Ueberblick über einige Gefahren und ihre Charakteristiken.

Bereich	Gefahrenquelle	Häufig-keit v. Fehlern	Hauptgefährdung		
			Daten-verlust	Daten-verfäl-schung	verbotene Einsicht
Hardware	Zentraleinheit, Elektronik	–	**	*	–
	Sekundärspeicher	*	**	–	**
	Ein-/Ausgabegeräte	**	**	**	**
	Uebertragungsgeräte, Leitungen	**	**	**	**
	RZ-Gebäude, Klima, Elektrizitätsver-sorgung, etc.	**	**	–	–
Software	Betriebssystem, Stapelbetrieb	–	–	–	**
	Betriebssystem, Dialogbetrieb	**	**	**	**
	Anwendungsprogramme	**	**	**	**
Betrieb	Operatoren, RZ-Personal	**	**	–	**
	Datenerfassung	**	–	**	**
	Datenauswertung	**	–	**	**
	Ueberwachung	–	**	–	**
Entwicklung	Problemanalyse,Entwurf	**	**	**	–
	Programmierung	**	–	**	–
	Datenübernahme,Einfüh-rung	**	**	–	**

Tab. 7.1 Einige wichtige Gefahrenquellen (**= sehr gross)

Aus solchen Listen könnte der - falsche - Schluss - gezogen werden,
dass die grosse Zahl von Gefahrenquellen kein systematisches Sicherheitskonzept erlaube. Natürlich gibt es keine hundertprozentige
Sicherheit. Dennoch existieren einige einfache Grundtechniken
(vgl. 7.2.1), welche allen Sicherungsverfahren in irgend einer
Form zugrundeliegen.

Die anspruchsvollste Belastung eines Sicherheitskonzeptes entsteht
beim Angriff durch Computer-Kriminelle. In den wenigen Jahrzehnten
automatischer Datenverarbeitung hat sich bereits eine ganze Palette
von aktiven Missbräuchen ereignet, welche vom reinen Diebstahl von
Computerleistung über die Erschleichung einer Computer-Bank-Gut-
schrift bis zur Einsichtnahme in geheime Kundendossiers reicht
[ROHNER 76] und jedem modernen Kriminalroman gut ansteht. Anderseits
kann aber gerade der Computer wiederum selber für die Verhütung des
Missbrauchs eingesetzt werden. Um dies sichtbar zu machen, sollen
in 7.1.3 einige Besonderheiten automatischer Datensysteme betrachtet werden.

7.1.3 Probleme bei grossen Datensystemen

Die bisher genannten Gefahren für Datenverarbeitungssysteme sind
kaum verschieden von jenen für andere grosse technische Komplexe,
und sie können auch mit ähnlichen Sicherheitskonzepten bekämpft
werden.

Nun ist aber der "Datenschutz" erst parallel mit der Computerent-
wicklung zu einem öffentlich erkannten Problem geworden, obwohl es
auch früher Archive, Register und Verwaltungstätigkeiten gegeben
hat. Also dürfte der Computer mit seiner grossen Rechenleistung,
verbunden mit Speichermöglichkeiten für Milliarden von Zeichen,
eine neue Art von Gefährdung geschaffen haben. Worin liegt diese?
Die berühmteste Formulierung des Problems stammt von George Orwell
in seinem Roman "1984". Dort weiss der "Grosse Bruder" (der Staat)
laufend alles über seine Untertanen. Wir wollen untersuchen, wie-
weit der Computer und moderne Techniken wie Datenbanken und Ueber-
mittlungsnetze Schritte in Richtung "Grosser Bruder" sind.

Daten über das Privatleben von Personen sind schon bisher und ohne
Computer gesammelt worden. Solche Dossiers enthalten Berichte, Hinweise, Fotokopien und Papiere aller Art, wie sie z.B. für Gerichts-
fälle immer nötig sind. Der Aufwand für das Anlegen eines Dossiers
ist beträchtlich; daher werden Dossiers nur angelegt, wenn ein bestimmtes Interesse dafür besteht, wie eben bei gerichtlichen Untersuchungen, für die Polizeifahndung oder in ähnlichen, für den
Durchschnittsbürger eher seltenen Fällen.

Und nun vergleichen wir diese manuellen Datensammlungen mit den
Möglichkeiten in einer öffentlichen Verwaltung, wenn diese mit Mitteln der automatischen Datenverarbeitung arbeitet. Hier sind die
Karteien, Register etc., welche je für einen bestimmten Verwaltungs-
zweck (Steuern, Sozialversicherung, Militärdienst, Gesundheitswe-
sen, Führerscheinkontrolle etc.) unterhalten werden, automatisch
lesbare Dateien. Jeder Bürger kommt in diesen vor, meistens sogar
in Dutzenden von Dateien. Falls nun auch ein automatischer Zusammenschluss dieser Dateien existiert (Datenverbund), so ist es einer
solchen Verwaltung möglich, daraus über jeden Bürger innert kürze-
ster Zeit ein Dossier zu erstellen. Dieses könnte bereits Aussagen
enthalten, die eindeutig ein "Schnüffeln in der Privatsphäre" darstellen (man denke nur schon an Listen aller Wohnsitzadressen, oder
an Angaben des Gesundheitsbereichs oder über die Finanzverhältnis-
se). Dabei sei deutlich festgehalten: Keine Verwaltung erstellt
solche Dossiers laufend von allen Bürgern, da niemand das viele
Papier lesen könnte. Aber die EDV schafft im Prinzip die Voraussetzungen dafür, dass im interessanten Einzelfall praktisch sofort
ein solches Dossier erstellt werden könnte. Dieses hilft bei Ver-
kehrsunfall oder Einbruch (was vorteilhaft sein könnte), aber be-
spitzelt einen unangenehmen Bürger oder politischen Gegner (was
verhindert werden muss).

In Abschnitt 7.3 werden die wichtigsten Schutzmassnahmen gegen den
allwissenden Staat und auch gegen private Schnüffler erläutert.
Aber schon jetzt sind drei Bemerkungen nötig, die die soeben geschilderte Gefahr relativieren:

- <u>Kompatibilitätsschwierigkeiten:</u> Das Zusammenschliessen verschiedenster Dateien zu einem Datenverbund ist technisch nicht so einfach, wie es in der Verkaufspropaganda mancher Computerlieferanten tönt, da Art und Organisation der gespeicherten Daten meist schlecht aufeinander passen. Und allzu grosse integrierte Systeme stossen an Komplexitätsgrenzen (vgl. 6.2.3).

- <u>Aufwand:</u> Der Betrieb eines Datenverbundes mit Angaben über alle intimsten Privatangelegenheiten des Bürgers (die erst noch erfasst werden müssten!) ist so teuer, dass der eigentliche "Grosse Bruder" nicht so bald realisiert werden könnte.

- <u>Gefahr falscher Daten:</u> Viel akuter ist eine ganz andere Gefahr als jene der "zu vielen Daten", nämlich die Verwendung falscher oder verzerrender Angaben über einen Betroffenen. Schon bei wenigen Angaben kann ein Fehler böse Folgen haben (Bsp.: Kreditwürdigkeit, Vorstrafeneintrag, Steuereinkommen).

Wer daher eine Datenbank betreibt oder überhaupt die Datenverarbeitung an wichtiger Stelle einsetzt, hat vordringlich der <u>Richtigkeit</u> der Daten ganz besondere Aufmerksamkeit zu schenken, da sonst der ordnungsgemässe Betrieb nicht gewährleistet ist und die ganze Datenverarbeitung nutzlos wird.

Die Richtigkeit der Daten ist somit bei grossen Systemen eine zentrale Frage; die Datenmengen sind ja derart, dass eine wiederkehrende menschliche Ueberprüfung aller Einzelfälle nicht mehr möglich ist. Also muss nach <u>automatischen Lösungen</u> gesucht werden. Solche setzen voraus, dass bereits beim Entwurf der EDV-Anwendungen entsprechende Vorbereitungen getroffen werden. Dazu gehören präzise Definitionen von Wertebereichen und von gegenseitigen Abhängigkeiten von Datenwerten (Konsistenz einer Datenbank), aber auch technische Massnahmen (z.B. Redundanzerhöhung), auf welche im nächsten Abschnitt zurückzukommen ist.

Grosse, automatisch verwaltete Datensysteme haben ihre Eigenheiten. Der Computer <u>schafft bestimmte Gefahren</u>, er bietet aber auch neue, <u>zusätzliche Schutzmöglichkeiten</u>. Werden diese richtig genutzt, sind automatische Systeme im allgemeinen sicherer als manuelle.

7.2 Datensicherung

7.2.1 Einfache Grundsätze

Im vorangegangenen Abschnitt haben wir eine grosse Vielfalt von
möglichen Gefahren für die Datensicherheit erkannt. Jetzt geht es
darum, Mittel und Massnahmen gegen diese Gefahren zu finden und
einzusetzen. Solche Hilfen gibt es unzählige, und es scheint für
den Nichtspezialisten schwierig, sich in den vielen Einzelmassnah-
men nicht zu verlieren und den Ueberblick zu gewinnen. Daher seien
hier zuerst einige Grundsätze erläutert und erst anschliessend -
im Sinne wichtiger Beispiele - einige der Sicherheitsmassnahmen
dargestellt, wie sie in der Praxis gebraucht werden.

Von diesen allgemeinen Grundsätzen wirken

- gegen Datenverlust und -verfälschung: Sinnvolle Redundanz;
- gegen verbotenen Datenzugriff: Abschirmung und Kontrolle;
- gegen Missbräuche durch Fachleute: Trennung der Kompetenzen.

Sinnvolle Redundanz: Redundanz bedeutet Doppelspurigkeit, mehrfaches Festhalten des gleichen Tatbestandes, z.B. durch Erstellen von
Kopien. Während unsystematische Doppelspurigkeiten wertlos und sogar schädlich sind (man denke an Differenzen wegen unterschiedlicher Datennachführung!), gibt es auch begründete Redundanz. So haben Zugriffsverbesserungen in 2.4.4 zu redundanten Dateien geführt.
Aber auch unter dem Gesichtspunkt der Datensicherung spielt die
Redundanz eine zentrale Rolle. "Verlorene Daten" können nämlich
nur auf Grund von Sicherheitskopien rekonstruiert werden, und Fehler in der Verarbeitung werden aufgrund von Parallelrechnungen erkannt und behoben. Sinnvolle Redundanz heisst aber im allgemeinen
nicht sture Parallelverarbeitung und Verdoppelung des Aufwandes,
obwohl das Kopieren von Daten einfach wäre. Die nachfolgenden Beispiele werden zeigen, dass normalerweise nur Bruchteile des Erst-
aufwands nötig sind, um Daten zu duplizieren und damit abzusichern;
durch geschickte organisatorische Massnahmen und gezielte Geräte-
ergänzungen wird dafür gesorgt, dass bei technischen und menschlichen Fehlern aufgrund von Duplikaten der Informationsstand re-

konstruiert werden kann. (Beispiele für solche geschickten Ergänzungsverfahren gab es schon vor der Automation, man denke etwa an die "Neunerprobe" beim schriftlichen Rechnen!)

Abschirmung und Kontrolle: In einem computergestützten Datensystem wird zweckmässigerweise der Computer selber zur Kontrolle der Zugriffsberechtigung der verschiedenen Benutzer bestimmter Datengruppen beigezogen. Das geschieht einerseits zum voraus durch Regelung der Befugnisse:

- Die Zugriffsbefugnistabelle (Beispiel in Tab. 7.2) regelt, welcher Benutzer bei welchen Daten welche Funktionen (lesen, ändern, etc.) ausüben darf.

- Das Betriebssystem sorgt dafür, dass diese Regelung, auch durchgeführt wird, indem der Benutzer identifiziert wird (Passwörter, maschinenlesbare Ausweise etc.) und indem Computer viel konsequenter als ein menschlicher Registerführer die Benutzertätigkeiten (lesen, ausdrucken, teilweise ausdrucken, etc.) und die verarbeiteten Daten abgrenzen und auch protokollieren können.

Da aber Sicherheitspannen nicht auszuschliessen sind (Bsp. gestohlene Passwörter), braucht es nachträgliche Kontrollen, ebenfalls mit Computerhilfe:

- Mit Statistik- und Abrechnungsprogrammen wird der Betriebsablauf überwacht, wobei unter anderem die berechtigten und die unberechtigten (erfolglosen) Datenabfrageversuche gezählt werden. Auf diese Weise wird verhindert, dass jemand probiert, ein unbekanntes Passwort mittels Durchspielen aller Kombinationen (mit Computerhilfe!) zu sprengen. Gerade der berechtigte Datenbenutzer kann oft aus solchen Benutzerstatistiken rasch erkennen, ob Datendiebe am Werk sind.

Benutzerbereiche	Bereiche von Personaldaten im Spital		
	Name, Adresse	Medizin.Befund und Therapie- anweisungen	Durchgeführte Therapie
Spitalverwaltung	Lesen, Aendern	-	Lesen
Arzt	Lesen	Lesen, Aendern	Lesen, Zufügen
Pflegepersonal	Lesen	Lesen	Lesen, Zufügen

<u>Tab. 7.2</u> Beispiel einer Zugriffsbefugnistabelle
für Daten im Spitalbereich

Die Zugriffsbefugnistabelle zeigt übrigens auch deutlich, dass
Kontrollverfahren nicht nur dem Fernhalten von unerwünschten Zu-
schauern, sondern auch dem ordnungsgemässen Ablauf der Register-
führung dienen. Die <u>Lese-Befugnisse</u> sind so geregelt, dass jede
Dienststelle nur zu jenen Daten Zugang hat, die sie für ihre Arbeit
<u>benötigt</u>. (Die Spitalverwaltung braucht keine Diagnose). Die
<u>Schreib-Befugnis</u> sorgt für klare Verantwortlichkeiten für die
<u>Richtigkeit</u> der Daten; für jeden Datenbereich sollte <u>eine</u> Stelle
verantwortlich sein (wobei in komplizierten Fällen "Aendern und
Zufügen" unterschiedlich behandelt werden können).

<u>Trennung der Kompetenzen:</u> Die vorerwähnten Grundsätze (Redundanzer-
höhung, Abschirmung) nützen nichts, wenn die <u>nächsten Mitarbeiter</u>
am Computer nicht auch selber einer wirkungsvollen Ueberwachung
unterstellt werden. Wer soll das aber besorgen, wenn dies jene
Leute sind, die sogar "den Computer überlisten" können (und gerade
in Katastrophenfällen gelegentlich auch müssen)? Dazu benötigt
jedes System eine klare Kompetenzaufgliederung, mindestens nach

- <u>Entwicklung und Ueberwachung einerseits:</u> System- und Programmentwicklung durch EDV-Spezialisten, Programmpflege, Betriebs-
  überwachung; diese Personen haben aber <u>keine Berechtigung,</u>
  <u>Daten selber zu lesen/ändern</u> (vgl. Bsp. "Abnahmestelle" in
  7.2.4).

- <u>Betrieb/Benützung des Systems anderseits</u>: Daten-Ein- und Ausgabe,
  Tätigkeit als Benutzer des Systems; <u>keine Systemänderungen</u>.

Am Beispiel der Bank heisst dies: Der Kassier darf kein Programm
verändern, der Programmierer aber keine Zahlung verbuchen! Gleich-
zeitig müssen alle Betriebsabläufe so <u>dokumentiert</u> sein, dass jede
Versuchung für Unsauberkeiten gebannt ist. So können die gewohnten
Prüfinstanzen in Verwaltung und Wirtschaft eine <u>Oberaufsicht</u> auch
in computerorientierten Arbeitsgebieten vornehmen, wobei aber
Kenntnisse über die Grundzüge der Datenverarbeitung für solche
Prüfer erforderlich sind.

Auch ein kluger Einsatz der soeben geschilderten Grundsätze vermag
allerdings nicht jeden Unglücksfall und jeden Missbrauch zu verhindern. Daher müssen Massnahmen so kombiniert werden, dass bei
einem Ausfall einer Massnahme noch weitere Sicherheitsvorkehren zum
Tragen kommen und damit ein umfassendes <u>Sicherheitsdispositiv</u> entsteht. (<u>Bsp.</u>: Ein Brand zerstört Magnetbänder im Rechenzentrum;
Bandkopien bestimmter Stichtage sind aber noch ausser Haus archiviert.) Der Nutzen solcher gestaffelter Sicherheitsmassnahmen kann
sich somit kumulieren.

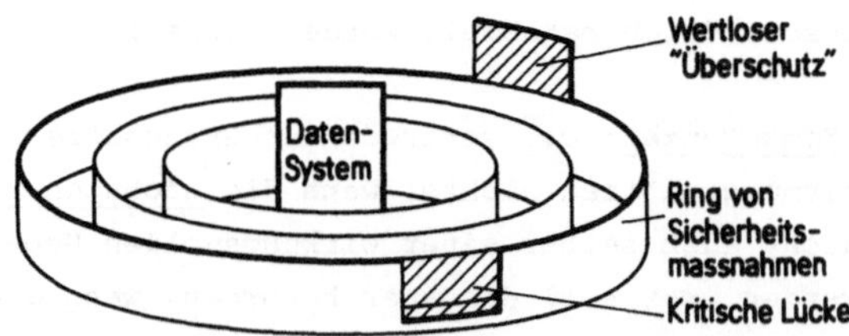

<u>Fig. 7.2</u> Modell eines Sicherheitsdispositivs

Anderseits nützen aber die raffiniertesten (und teuersten) Massnahmen nichts, wenn ein Massnahmenring (Fig. 7.2) Lücken im Schutzgrad
ausweist. An zwei Beispielen seien solche Lücken illustriert:

- Abschirmung des Zutritts: Scharfe Zutrittskontrollen zu einem
  Rechenzentrum (mit Personenschleusen), aber Einstellung von

unzuverlässigem Personal.

- Stromversorgung: Notstromgruppe für Computer, aber keine Netzunabhängigkeit der Klimaanlage.

Es ist anderseits wertlos, wenn einzelne Sicherheitsmassnahmen einen überdurchschnittlichen (teuren) Schutz gewährleisten; was zählt, ist das schwächste Glied in der Kette. Alle Anstrengungen haben sich darauf zu konzentrieren, dieses stark genug zu machen.

7.2.2 Prävention und Rekonstruktion

Jedes technische System unterliegt Gefährdungen. Dagegen kann man sich auf verschiedene Arten schützen, nämlich zum voraus (präventiv) durch geeignete vorausschauende Massnahmen oder hinterher durch Reparatur. Allerdings setzt eine schnelle Reparatur voraus, dass schon vor dem Schadenfall die Mittel dazu bereitgestellt werden. Es geht somit immer um die Ausgewogenheit von vorbereitenden und rekonstruierenden Massnahmen. Zu deren Erläuterung seien die beiden Haupterscheinungsformen von Schadenfällen im Auge behalten:

- Ein Datenverarbeitungssystem läuft nicht.

- Ein Datenverarbeitungssystem läuft falsch.

Die Massnahmen gegen solche Schäden sind zeitlich in drei Phasen zu sehen:

- Präventiv: Verhütung von Ausfällen und Fehlern; Bereitstellung von Mitteln für die Rekonstruktion.

- Laufend: Tests zur sofortigen Entdeckung von Ausfällen und Fehlern.

- Nach einem Schadenfall: Wiederaufnahme eines zweckmässigen Betriebs, Rekonstruktion des Systems.

Sicherheitstechniken betreffen nun meistens mehr als nur eine dieser Phasen, wie das Beispiel der Sicherheitskopien zeigt:

- Präventiv: Erstellen von Sicherheitskopien von Datenbeständen.
- Nach Schadenfall: Neubeginn der Verarbeitung ab neuester

Sicherheitskopie.

Dabei ist leicht erkennbar, dass ein kleiner Präventivaufwand
(= seltene Sicherheitskopien), mit einem hohen Rekonstruktionsauf-
wand (= Wiederbeginn ab nicht allerneuestem Zwischenstand) verbunden ist und umgekehrt (Fig. 7.3).

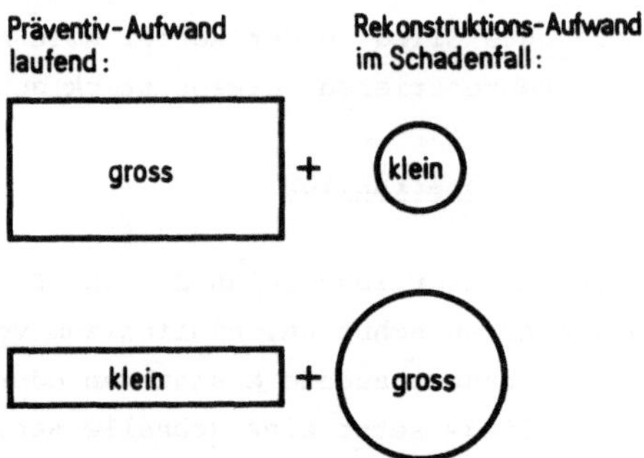

Fig. 7.3 Aufwandvergleiche für Prävention
und Rekonstruktion

Der Systemingenieur, welcher sich ja auch mit den Sicherheitsfragen
befassen muss, wird daher in jedem Anwendungsfall zu entscheiden
haben, wie das Verhältnis zu wählen ist (vgl. Bsp. "Inkrementelle
Sicherheitskopien" in 7.2.4).

7.2.3 Hardware-Massnahmen

Wer mit EDV-Methoden arbeitet, darf und muss wissen, dass in jedem
Computersystem bereits von vornherein ein ganzes Sortiment von Si-
cherheitsfunktionen eingebaut ist. Der Leser erinnert sich an
erste Beispiele bei der Darstellung der Magnetbandspeicher (vgl.
2.2.4 und Fig. 2.8), an Paritätsbits, an selbstkontrollierende und
an selbstkorrigierende Codes. Aehnliche Techniken ziehen sich durch
die gesamte Hardware eines Computersystems.

Obwohl die heutige Elektronik einen extrem hohen Qualitätsstandard
erreicht hat (die Wahrscheinlichkeit für das Auftreten falscher
Bits ist - geräteabhängig - 1:1 Milliarde und kleiner), können

neben mechanischen auch elektronische Bauteile ausfallen. Weil aber
die Arbeitsgeschwindigkeiten extrem hoch sind, ist es wichtig,
jede Schwachstelle raschmöglichst zu erkennen, um je nachdem

- das Gerät oder die ganze Anlage auszuschalten (bis sie repariert
  ist), oder

- nur defekte Teile auszuschalten und mit dem Rest des Computersystems einen reduzierten Betrieb aufrechtzuerhalten.

Diese zweite Form der Reaktion auf Fehler ist für moderne interaktive Grosssysteme von immer grösserer Bedeutung. Es wäre nicht an-
nehmbar, dass ein Bankcomputer wegen eines defekten Teilgeräts sofort seinen Gesamtbetrieb einstellen würde.

Auf der Stufe der Geräte, der Hardware, geht es im einzelnen um
folgende Massnahmen:

- Verhütung von Ausfällen durch präventiven Unterhalt.

- Laufende Ueberwachung des Betriebs zur Erkennung eventueller
  Fehler.

- Geräteumdisposition (und anschliessende Reparatur) im Schadenfall.

Präventiver Unterhalt (preventive maintenance): Der Unterhalts-
dienst für die Hardware beschränkt sich keineswegs auf das Reini-
gen und das regelmässige Feineinstellen der Geräte sowie auf den
Ersatz defekter Teile, sondern er versucht, mit Testprozeduren
aller Art schwache Komponenten zu erkennen, bevor diese ganz ausfallen. Auf diese Weise können meist Hardware-Komponenten frühzeitig ausgetauscht werden, ohne dass es überhaupt zu einem Ausfall
kommt.

Laufende Ueberwachung für Fehlererkennung und Fehlerkorrektur: Die
Grunddaten werden in den meisten Computern sowohl bei der Speicherung als auch bei der Uebertragung und Verarbeitung durch Paritätsbits und ähnliche Sicherheitsgrössen ergänzt (vgl. 2.2.4). Der
Benutzer merkt davon wenig, da alle diese redundanzerhöhenden Ne-

benspeicher und Zusatzarbeiten direkt in der Hardware eingebaut
sind und meist völlig parallel zur Grundarbeit ablaufen (und somit
auch keinen Zeitverzug bringen). Sie erlauben aber zweierlei:

- <u>Fehlererkennung:</u> Fehler werden in jedem Einzelfall erkannt und
  bilden - bei der geringsten Häufung - einen wichtigen Hinweis auf
  defekte Geräte oder Geräteteile.

- <u>Fehlerkorrektur:</u> Für den Einzelfall können falsche Bits mit Hilfe
  geeigneter Redundanz noch korrigiert werden (wie im Magnetband-
  beispiel gezeigt wurde).

Als Massstab für die Qualität datenverarbeitender Geräte wird die
Grösse "mittlere Zeit zwischen Fehlern" (<u>mean</u>time <u>b</u>etween <u>f</u>ailures,
MTBF) verwendet. Es ist eine Grundregel jedes Sicherheitsdenkens,
Arbeiten in viel kleineren zeitlichen Abständen abzusichern, als
die MTBF beträgt. (Bsp.: Keine stundenlangen Ingenieurberechnungen
ohne Abspeicherung des Zwischenstandes alle paar Minuten, damit bei
einem Fehler beim Zwischenstand wieder weitergefahren werden kann.)

<u>Geräte-Umdisposition:</u> Hat ein Computer-System hohen Sicherheitsbe-
dürfnissen zu genügen, so müssen alle wichtigen Geräte, aber zusätzlich auch die Programme und die <u>aktuellen Daten</u> doppelt oder mehrfach vorhanden sein. Fig. 7.4 zeigt eine Lösung dieses Problems.
Während der Normalfall in Luzern mit Platte a läuft, wird im Problemfall zuerst auf Platte b, bei weiteren Schwierigkeiten nach
Rapperswil gewechselt. Dazu müssen alle Mutationen (nicht Abfragen!)
laufend auch in den Datei-Kopien 1 und 2 durchgeführt werden.
Darüber hinaus stehen jedoch die Platten b und c und der Rechner B
für andere Arbeiten zur Verfügung. Es geht ohne

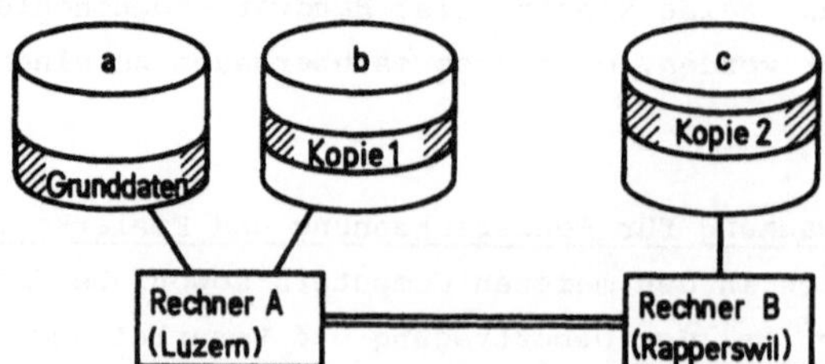

<u>Fig. 7.4</u> Redundanz in Rechnersystemen
        (Bsp. Telefon-Auskunft)

Aufwandverdoppelung oder -vermehrfachung, sofern die Redundanzerhöhungen intelligent gemacht werden.

Es gibt Computer-Systeme, bei welchen Geräte-Umdispositionen im
Fehlerfall automatisch erfolgen; in anderen Fällen sind manuelle
Eingriffe nötig. Wie das im Einzelfall geschehen soll, muss der
Sicherheitsingenieur anwendungsgerecht beurteilen. Dabei darf nicht
vergessen werden, dass jede Automatisierung extremer Ausnahmefälle
teuer ist (vgl. 80-20 Regel in 10.1.2). Anderseits ist aber gerade
im Fall von Systemfehlern oder gar von Systemzusammenbrüchen der
menschliche Operator extrem belastet und damit selber fehleranfällig. Wenn daher mögliches menschliches Fehlerverhalten durch
Automatisierung eliminiert werden kann, ist der Sicherheitsgewinn
im allgemeinen gross.

7.2.4 Massnahmen in Organisation und Software

Alle Sicherheitsmassnahmen, welche schon durch die Hardware abgedeckt werden, sind dem Systemingenieur willkommen. Das darüber
hinausreichende Sicherheitskonzept muss er aber selber auslegen,
organisieren und nach Möglichkeit auch automatisieren, das heisst
in Form von Programmen in das Betriebssystem einfügen. (Der Begriff
"Betriebssystem" sei hier sehr umfassend verstanden; er überdecke
auch Datenverwaltungssysteme, Kommunikationssysteme etc.)

Es ist unmöglich, an dieser Stelle eine umfassende Darstellung aller
oder bloss schon vieler Datensicherungs-Techniken zu geben. Die
Besinnung auf unsere einfachen Grundsätze von 7.2.1 erlaubt aber
die Konzentration auf einige repräsentative Beispiele. Jeder
Sicherheitsverantwortliche muss für seinen Fall sowieso angemessene,
eventuell auch neue und umfassende Mittel einsetzen. Der Leser soll
daher lernen, solche Techniken bezüglich <u>Sicherheitsgehalt</u> und zu-
sätzlichem <u>Sicherheitsaufwand</u> zu beurteilen.

Die vorgestellten Methoden-Beispiele sind:

- <u>Für sinnvolle Redundanzerhöhung:</u>
  Prüfziffern für Nummernsysteme

Mehrgenerationenprinzip bei Stapelverarbeitung
Inkrementelle Sicherheitskopien bei interaktivem Betrieb

- <u>Für Abschirmung und Kontrolle</u>:
Passwort-Systeme
Chiffrierung von Texten

- <u>Für Trennung von Kompetenzen</u>:
Abnahmestelle für Programme.

<u>Prüfziffern für Nummernsysteme</u>: Während natürliche Schlüsselbegriffe (z.B. Namen) eine gewisse Redundanz enthalten (man versteht auch noch Verstümmelungen wie "Bernh." statt "Bernhard"), sind künstliche Schlüssel, vor allem Nummern, vorerst redundanzfrei. (Ein Beispiel dafür ist die Telefonnummer; der geringste Fehler führt zu einer Falschverbindung, welche aber nicht aus der falschen Nummer erkennbar ist.) Mit Hilfe von Prüfziffern kann nun künstliche Redundanz in eine Nummer eingeführt werden (analog zu den Paritätsbits in 2.2.4!). Man geht dabei von der redundanzfreien <u>Grundnummer</u> aus, berechnet daraus (nach einer geschickten Regel, z.B. Quersumme) eine <u>Prüfziffer</u> und fügt diese der Grundnummer hinten an. Das ergibt zusammen den gewünschten Schlüsselbegriff <u>mit</u> Redundanz. Wenn dieser Schlüssel nun irgendwo auftritt, abgeschrieben oder eingetippt werden muss, kann die Prüfziffernberechnung nachvollzogen werden und zeigt bei Abweichung einen sicheren Fehler an. Ohne Abweichung ist zwar die Richtigkeit <u>nicht</u> bewiesen, aber doch recht unwahrscheinlich.

Als Beispiel sei die "Schweizerische Studentenmatrikelnummer" betrachtet, wo für die Prüfziffernberechnung das "IBM-Modulo-10"-Verfahren benützt wird.

- Ganze Matrikelnummer (Bsp.), 8-stellig   79912812
- Ausgehend von der <u>Grundnummer</u> (wie sie fortlaufend
  an Studenten zugeteilt wird)   7991281
- wird die <u>Prüfziffer</u> (nach Modulo-10) berechnet   2

Das verwendete Modulo-10-Verfahren ist ein schönes Beispiel dafür, wie mit Hilfe der Prüfziffer die <u>häufigsten</u> Fehler beim Zahlenübertragen besonders gut entdeckt werden können. Dazu gehören im

Deutschen Vertauschungen (achtundvierzig, 84) und einzelne Ziffern-
fehler (7 statt 1).

Die <u>Prüfziffernberechnung</u> geht nach diesem Verfahren wie folgt:

    Grundnummer   7   9   9   1   2   8   1
    .2/.1   .2   .2   .2   .2   (Multiplikator)
    Hilfszahl   14   9   18   1   4   8   2
    Quersumme der Hilfszahl: 1+4+9+1+8+1+4+8+2=38
    Ergänzung auf nächsten Zehner (40):   <u>2</u> = Prüfziffer(modulo 10)

(Die Hilfszahl erhalten wir, indem jede <u>zweite</u> Ziffer mit 2 multi-
pliziert wird, die übrigen Ziffern werden kopiert.)

Wer Nummernsysteme einführt, sollte die Verwendung von Prüfziffern
mindestens erwägen. Durch die Nummerverlängerung <u>um eine Stelle</u>
(bei anderen Rechenregeln ev. mehr), lassen sich viele typische
Fehler früh und billig abfangen.

<u>Das Mehrgenerationenprinzip bei Stapelverarbeitung</u>:
Ausgangslage sei eine typische Problemstellung der Stapelverarbeitung (Fig. 7.5): Aus den Salärstammdaten des vergangenen Monats
sowie den Mutationsdaten sollen die neuen Salärstammdaten und die
Lohnlisten des laufenden Monats berechnet werden. Dieser Prozess
wird monatlich wiederholt.

Nun wird nach jeder monatlichen Salärverarbeitung das Magnetband
mit den alten Salärdaten (September) an sich frei. Anderseits sollte man aus Sicherheitsgründen über ein Duplikat der aktuellen Salärdaten (Oktober) verfügen. Das Drei- oder Mehrgenerationen-Prinzip
liefert die gleiche Sicherheit, aber billiger: Man löscht den
"September" nicht, sondern bringt ihn noch einen Monat (oder länger)
ins Archiv. Im Schadenfall, d.h. wenn im Beispiel der Fig. 7.5 die
Oktober-Stammdaten beschädigt würden, können diese aus den Septem-
ber-Stammdaten und den Oktober-Mutationen <u>rekonstruiert</u> werden.
Der Mehraufwand für diese Sicherheit ist minimal: Ein Magnetband
bleibt im Archiv belegt.

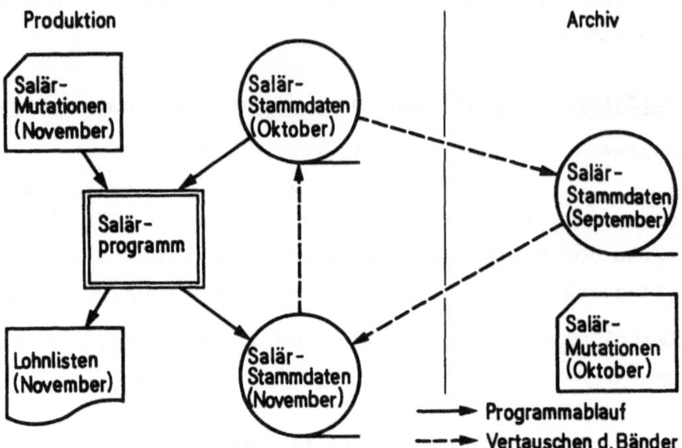

Fig. 7.5 Drei Generationen von Salärdaten

<u>Inkrementelle Sicherheitskopien bei interaktivem Betrieb:</u> Beim interaktiven Betrieb funktioniert das gewöhnliche Mehrgenerationenprinzip nicht, sobald die Datenbestände <u>laufend</u> verändert werden. Hier gibt es keine täglichen oder monatlichen Generationen, dennoch werden Sicherheitskopien benötigt. Dazu erstellt man (Fig. 7.6) zwei Arten von Kopien:

- <u>Vollkopien</u> (dumps) des Datenbestandes zu einem gewissen Fixpunkt (z.B. täglich oder wöchentlich),

- <u>Inkrementelle Kopien</u> (incremental dumps) laufend bei jeder Aenderung des Datenbestandes; Log-Meldungen auf ein dafür reserviertes Log-Magnetband.

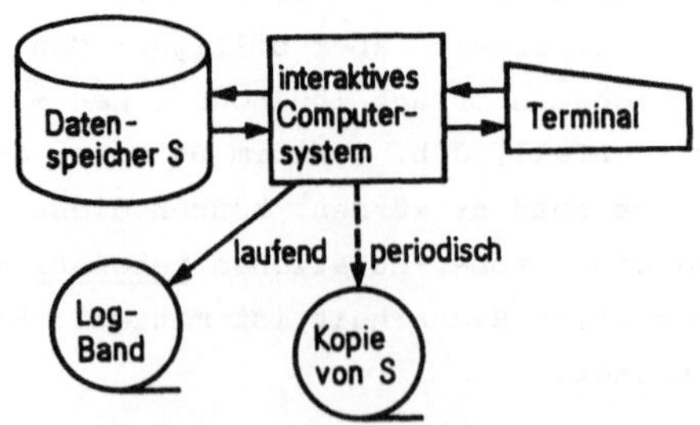

Fig. 7.6 Vollkopien und inkrementelle Log-Meldungen

Im Schadenfall sind hier zwei Phasen für den Wiederaufbau nötig:

- Aus der Vollkopie kann der Betriebszustand des letzten Fixpunktes erzeugt werden.

- Aus den anschliessenden Log-Meldungen wird der aktuelle Datenzustand schrittweise wieder aufgebaut.

An diesem Beispiel lassen sich besonders leicht die Aufwendungen für Präventivmassnahmen und für die Rekonstruktion nach dem Schadenfall vergleichen: Häufige Vollkopien und aufbereitete Datensätze auf der ·Log-Datei erlauben eine <u>schnelle Rekonstruktion</u> und umgekehrt!

Nach dieser groben Skizzierung eines Sicherheitskonzepts für interaktiv mutierte Datenbestände sei aber noch ausdrücklich darauf hingewiesen, dass Systeme mit interaktiven Mutationen sicherheitstechnisch immer besonders heikel sind. Betriebssysteme und Datenbanksysteme kennen daher dafür eine ganze Palette von Sperr- und Schutzmassnahmen [HAERDER 78]. Das Beispiel einer Bankbuchhaltung zeigt das Anliegen deutlich: Eine Transaktion "Ueberweisung von SFr. 100.- von A an B" umfasst zwei Teile: Eine Belastung (- SFr. 100.-) auf Konto A und eine Gutschrift (+ SFr. 100.-) auf Konto B. Technisch wird nun zuerst die Belastung, dann die Gutschrift ausgeführt (oder umgekehrt). <u>Zwischen</u> den beiden Buchungen befindet sich aber der gesamte Datenbestand in einem Zustand der vorübergehenden Unrichtigkeit, der <u>operationellen Inkonsistenz</u>. Geschieht ein Systemzusammenbruch in einem solchen Moment, so muss der letzte Systemzustand <u>vor</u> dieser unsauberen Phase rekonstruiert werden. - Wer also auf interaktive Mutationen verzichten kann, vermeide sie; es lohnt sich!

Und nun wenden wir uns nach den Methoden zur Redundanzerhöhung den Problemen von <u>Abschirmung und Kontrolle</u> zu.

<u>Passwort-Systeme</u>: Ueberall, wo Daten nicht jedermann unbeschränkt zugänglich sein sollen und wo der Computer demzufolge seine Kunden unterscheiden können muss, werden <u>Identifikationssysteme</u> benötigt. Eine Zugriffsbefugnistabelle allein (vgl. 7.2.1) taugt nichts,

wenn die Benutzergruppen nicht feststellbar sind.

Für diese Identifikationen werden verschiedenste Passwort-Systeme gebraucht, von wählbaren, einfachen, festen Wörtern bis zu wechselnden Code-Funktionen. Derartige Systeme haben heute bereits weite Anwendungsgebiete gefunden (man denke an Bank-Automaten mit Schlüsselkarte und geheimer Code-Nummer oder an Telefonidentifikationssysteme), so dass der Leser aufgrund seiner eigenen Erfahrung bereits genügend Beispiele kennen dürfte.

<u>Chiffrierung von Texten</u>: Weit über die Wirkung von Passwörtern hinaus geht aber die Chiffrierung kritischer Daten. Während im militärischen Fernmeldewesen die Chiffrierung eine alte Tradition besitzt, ist im Computerbereich die Verwendung der Chiffrierung zu Sicherungszwecken eher neueren Datums. Vielleicht fürchtete man sogar die Fähigkeiten des Rechners als Knacker von Chiffrierverfahren. Nun sind aber in den letzten Jahren raffinierte Neuentwicklungen in der Chiffriertechnik für Computerdaten gelungen. Neu ist dabei insbesondere, dass diese Verfahren nicht etwa eingeschlossen und versiegelt, sondern durchaus veröffentlicht und verbreitet werden [z.B. HELLMANN 79]. Wo liegt dann der Chiffrierwert dieser Verfahren?

Die modernen, computerorientierten Chiffrierverfahren haben die Eigenschaft, dass der Aufwand für die Chiffrierung und jener für die Dechiffrierung von ganz unterschiedlicher Grössenordnung sind. Für das Sprengen des Systems, also für das rechnerische Bestimmen dieser Codes, würden selbst Grosscomputer Jahre benötigen. Auf diese Weise kann man es sich leisten, Daten in chiffrierter Form in durchaus offenen Speichersystemen aufzubewahren, da nur der Code-Besitzer die Dechiffrierung mit vertretbarem Aufwand durchführen kann. Gerade hier zeigt sich die Verbesserung der Datensicherheit dank der Rechenanlage.

Nach Abschirmung und Kontrolle wenden wir uns im letzten Massnahmenbeispiel der <u>Kompetenztrennung</u> zu.

<u>Abnahmestelle für Programme</u>: In wichtigen Datensystemen (Bsp.: für

Banken) genügt eine Trennung von Systementwicklung (mit Programmierung) und Betrieb nicht. Man kennt Fälle, wo raffinierte und kriminelle Programmierer in sonst korrekten Programmen Diebstahlfunktio-
nen eingebaut haben, womit z.B. Rundungsdifferenzen vergrössert und
auf private Konti gutgeschrieben wurden. Gibt es Massnahmen, um dem
Computerspezialisten auch bei solchen Schlichen auf die Spur zu
kommen?

Die Lösung besteht einmal mehr darin, Funktionen zu trennen. Man
lässt den <u>Programmierer</u> sein Programm schreiben und dokumentieren;
eine davon völlig unabhängige Instanz, die <u>Abnahmestelle</u> für Programme hat diese dann in Betrieb zu nehmen. Die Abnahmestelle erstellt aufgrund der Dokumentation Testdaten, prüft das Programm definitiv aus und nimmt es in die Betriebs-Programmbibliothek auf.
Damit wird allerdings die Programmentwicklung in ein sehr starres
Verfahren gezwängt, das kurzfristige Programmanpassungen und
"Schnellreparaturen" ausschliesst. Anderseits sind bei grossen
Systemen derartige Amateurmethoden auf jeden Fall abzulehnen.
Strenge Entwicklungsvorschriften, Programmierrichtlinien und ähnliche Massnahmen wenden sich nämlich keineswegs nur gegen Kriminel-
le, sondern sind zwingende Voraussetzungen <u>für jeden sicheren Be-
trieb</u>.

7.3   <u>Datenschutz</u>

7.3.1   <u>Zielsetzungen in der Datenverarbeitung</u>

Datenverarbeitung ist normalerweise eine Dienstleistung, für welche
bestimmte Organe verantwortlich sind. Das kann eine staatliche Behörde oder eine private Geschäftsleitung sein. Wenn "Datenschutz"
den Missbrauch von Daten und Datenverarbeitung verhindern soll, so
müssen offensichtlich Behörden und Firmen wissen, welche <u>Ziele</u> sie
verfolgen und sich entsprechend um den Datenschutz kümmern. Ziel-
loser Datenschutz hat keinen Sinn.

Eine Behörde regelt Verwaltungstätigkeiten durch Gesetze und Verordnungen, eine Geschäftsleitung durch Weisungen. Werden automati-

sche Datenverarbeitungsanlagen eingesetzt, können und müssen die Verantwortlichen auch diese Geräte und ihren Einsatz in ihre Regelung einbeziehen. Dabei sind zwei gegensätzliche Haltungen möglich:

- Regelung der <u>Zielsetzungen</u>: Es wird formuliert, was mit der Verwaltungstätigkeit (mit oder ohne Computer) erreicht werden soll und was eventuell nicht passieren darf.

- Regelung der <u>Verfahren</u>: Es wird konkret festgehalten, was wie zu tun ist.

Beide Haltungen haben ihre Vor- und Nachteile:

- Mit <u>Zielsetzungen</u> sind verschiedene Lösungen und auch die Erneuerung und Anpassung der Verfahren ohne Aenderung der Verordnungen möglich; anderseits hat das Aufsichtsorgan die Einzelheiten nur beschränkt unter Kontrolle.

- Mit <u>Verfahrensvorschriften</u> ist die Arbeit für jedermann fest und klar; allerdings erfordern Systemänderungen und -verbesserungen mehr Umtriebe.

Im Bereich der Datenverarbeitung begegnen sich bei Systementwicklungen typischerweise zwei recht entgegengesetzte Personengruppen: Verantwortliche Auftraggeber und EDV-Spezialisten. Beide haben im allgemeinen wenig Vorkenntnisse und Verständnis für die Probleme der anderen. Wenn daher Nicht-EDV-Fachleute (Behörde, Geschäftsleitung) die Verfahren (worauf die EDV-Leute spezialisiert sind) in Einzelheiten regeln wollen, muss das zu Enttäuschungen führen. Gleichzeitig empfindet der Techniker wenig Eigenverantwortung für die Optimierung von Lösungen und deren Weiterentwicklung, was aber auf einem technisch so schnellebigen Gebiet wie der Informatik unbedingt nötig ist.

Daher sollten die Träger der Gesamtverantwortung (Behörden, Geschäftsleitungen) ihre Anliegen in der Datenverarbeitung mit Zielsetzungen formulieren. Dazu sind <u>Bedürfnisse</u> anzugeben, und es ist zu fordern, dass diese <u>zweckmässig</u>, <u>ordnungsmässig</u> und <u>rationell</u> erfüllt werden. <u>Wie</u> die Lösung geschieht, bleibt den Fachleuten überlassen, wobei sich die Führungsebene durchaus noch die Genehmigung von Neuentwicklungen vorbehalten kann.

In diesem Rahmen stellt sich auch die Frage, ob die Datenverarbeitung den klassischen internen und externen <u>Revisionsinstanzen</u>
(Prüfungsausschüssen, Wirtschaftsprüfern) unterstellt werden kann.
Die Praxis hat sich in den letzen Jahren der "EDV-Revision" bereits
stark angenommen [HORVATH/KARGL/MUELLER-MERBACH 75]. Gleichzeitig
sind auch gesetzliche Anpassungen an neue rationelle Datenverarbei-
tungsmethoden erfolgt, indem jetzt z.B. magnetische Datenträger für
bestimmte Beweiszwecke (Belege) zugelassen sind. Aber die technische Entwicklung wird weitere Verbesserungen ermöglichen, und wie
diese eingesetzt werden können, ist vom Systemingenieur zu untersuchen und zu verantworten. Dabei soll er seine technischen Entscheide an den vorgegebenen Zielen messen können.

7.3.2 <u>Personenbezogener Datenschutz</u>

Die Gefahr wurde schon in 7.1.3 geschildert: Mit Computerhilfe ist
es Behörden, Banken, Versicherungen, etc. möglich, vorhandene maschinenlesbare Datenbestände kurzfristig und automatisch auf Angaben zur Person "X" abzusuchen. Damit entsteht leicht eine Gesamtheit von Hinweisen über "X", ein <u>Bild von "X"</u>, das weit über die
üblicherweise öffentlich bekannten oder die nötigen Angaben (etwa
im Telefonbuch oder im Pass) hinausgeht und vom Betroffenen als
Schnüffelei empfunden wird. Dazu kommt noch die Ungewissheit: <u>Wer</u>
weiss <u>was</u> von "X"? Es ist für einen Betroffenen häufig unmöglich
herauszufinden, wer was über ihn weiss oder wissen könnte.

Das soeben geschilderte Problem hat in den letzten Jahren die Diskussion um den Datenschutz in allen Industrieländern angefacht
[BAUKNECHT/FORSTMOSER/ZEHNDER 78]. Es geht hier um den personenbezogenen Datenschutz mit einem ersten Blick auf die Aufrechterhaltung einer <u>Privatsphäre</u> (privacy) der betroffenen Personen. Auf den
zweiten Blick kommen dazu aber auch Ueberlegungen zum "Informationsgleichgewicht", zur Richtigkeit der Daten und zu weiteren Problemen.

Radikalster und in vielen Fällen durchaus einziger Grundsatz im
personenbezogenen Datenschutz ist:

Personenbezogene Daten sind nach Möglichkeit <u>nicht</u> zu speichern.

Allerdings wird dieser Grundsatz, würde er absolut angewandt, der
modernen Gesellschaft mit ihren Sozialdiensten und wirtschaftlichen
Verflechtungen keineswegs gerecht. (<u>Bsp</u>.: Der Staat braucht Angaben
über die wirtschaftliche Leistungsfähigkeit des Einzelnen in der
Steuererklärung, um einerseits die Steuern, anderseits aber auch
Renten und andere Sozialleistungen festsetzen zu können. Und eine
Bank oder Versicherung braucht Einzelheiten über ihre Kunden, um
Kredite oder Risikodeckungen vertraglich zusichern zu können.) Das
Datensammeln darf daher - auch im Interesse der Betroffenen - nicht
einfach verboten werden. Zwischen dem Bedürfnis eines Einzelnen,
in Ruhe gelassen zu werden, und dem Bedürfnis der Gesellschaft und
anderer Personen (Staat, Privatfirma) Informations-Grundlagen für
die Zusammenarbeit zu erhalten, muss somit ein <u>Gleichgewicht</u> bestehen. Ein Gleichgewicht lässt sich aber kaum abschliessend mit
Vorschriften vom Typ "diese Daten ja, jene nicht" befehlen. Besser
sind folgende zwei Regeln:

Datensammlungen sollen einem bestimmten <u>Zweck</u> dienen und auf
<u>Grundlagen</u> (Gesetze, Verträge, Regeln) beruhen, die ihrerseits
einer Kontrolle und auch der Diskussion zugänglich sind.

Wer Daten über Personen sammelt, muss dies offenlegen. Das
kann z.B. in einem <u>öffentlichen Register</u> geschehen. Dieses muss
einen für die Datensammlung Verantwortlichen, den durch die
Datensammlung betroffenen Personenkreis und die erfassten Mer-
male (samt Wertebereich) nennen.

Wenn dann z.B. eine Verwaltung unsinnige Fragen in ihre Formulare
aufnehmen möchte ("Waren Sie in der Jugendzeit Bettnässer?") oder
auch alte Daten zu lange aufbewahrt, kann dies öffentlich bekämpft und beseitigt werden. Das gleiche gilt im Privatbereich, wo
z.B. bei Arbeitsverträgen mit unnötigen Fragen die Gewerkschaften
bestimmt opponieren werden.

Der Leser darf aber aus diesen Beispielen keinesfalls den falschen
Schluss ziehen, dass alle Aemter und Unternehmungen kein anderes
Interesse hätten, als Bürger und Privatleute zu durchleuchten und
möglichst viele Daten über sie zu sammeln. Abgesehen davon, dass
auch in Aemtern und Firmen normalerweise vernünftige und korrekte
Leute sitzen, die ja auch selber wieder von diesen Datenschutz-
Problemen betroffen wären, ist eine blinde Sammelwut <u>viel zu teuer</u>.
(<u>Bsp</u>.: In der Stadtverwaltung von Zürich werden von jedem Einwohner
nur etwa 50 Merkmale festgehalten, von Namen und Adresse über
Steuerangaben bis zur militärischen Einteilung. Alle diese Angaben
stehen in direktem Zusammenhang mit einer gesetzlichen Verwaltungs-
oder Dienstleistungsaufgabe (Elektrizitäts-, Wasserwerk). Begut-
achtungen, Daten auf "Vorrat", politische Einstellung und ähnliches
werden nicht gespeichert.)

In diesem Zusammenhang muss aber wiederum auf eine Gefahr aufmerk-
sam gemacht werden, die in der Praxis noch wichtiger ist: die Gefahr <u>falscher Daten</u>! Wenn jemand aufgrund eines primitiven Daten-
erfassungsfehlers bei einer Bank als "nicht kreditwürdig" einge-
stuft wird, ist das für den Betroffenen viel bedeutungsvoller als
die unnötige Angabe betreffend "Bettnässer". Daher muss ein Weg
gefunden werden, wie die an den Daten <u>interessierten</u> sich für deren
Richtigkeit einsetzen können:

Wer Daten über Personen sammelt, muss dem Betroffenen <u>Auskunft</u>
über die über ihn gespeicherten Daten geben (Einsichtsrecht).

Falsche oder unvollständige Daten sind zweckentsprechend zu
<u>berichtigen</u> (Berichtigungsrecht).

Selbstverständlich dürfen diese beiden Rechte nicht ihrerseits zu
Missbräuchen führen. So wird aus einem ärztlichen Register unter
Umständen nur dem Vertrauensarzt des Betroffenen Auskunft erteilt.
Und das Fahndungsregister der Polizei bleibt für Tatverdächtige
direkt ganz geschlossen. Aber auch für solche Fälle können Daten-
schutzpostulate (z.B. das Berichtigungsrecht) sichergestellt werden, allerdings nur über besondere Aufsichtsdienste.

Und damit sind wir bei einem weiteren Aspekt des Datenschutzes
angelangt. Kein Schutz ohne geeignete Kontrolle! <u>Datenschutzbeauf-
tragte</u> führen das Register der Datensammlungen, überwachen die Einhaltung der Vorschriften, helfen Betroffenen zu ihrem Recht und treten mit Berichten über ihre Erfahrungen an die <u>Oeffentlichkeit</u>. Es
ist eine interessante Eigentümlichkeit der Rechtsentwicklung im
Datenschutz, dass die wichtigsten Verbesserungen keineswegs über
Gerichtshändel und Verurteilungen erreicht wurden, sondern durch
die öffentliche <u>Diskussion</u>. Wenn irgendwo ein echter Datenmiss-
brauch bekannt wird, geht ein Aufschrei durch die Medien, und die
Verantwortlichen sinnen auf Abhilfe. Denn sowohl öffentliche Verwaltungen wie Grossfirmen - und diese sind die wichtigsten Eigen-
tümer grosser personenbezogener Datensysteme - haben kein Interesse, in ihrer Arbeit durch öffentliche Angriffe gestört zu werden.
Daher regelt sich das Datenschutzproblem weitgehend selbständig.
Voraussetzung ist allerdings, dass die Betroffenen wissen, was über
sie bei wem gespeichert sein könnte, und genau dies kann durch die
obigen Regeln in einer modernen Datenschutzgesetzgebung sichergestellt werden.

Die Diskussion des personenbezogenen Datenschutzes begann mit dem
unerwünschten Supersystem, das "alles" über einen Betroffenen aus-
sagt. Daher sei zum Abschluss noch eine Schutzmassnahme erwähnt,
welche gerade dieser Gefährdung eine Schranke entgegensetzt.

> Daten über Personen dürfen nur <u>weitergegeben</u> werden, wenn
> Lieferant und Empfänger den übrigen Datenschutzmassnahmen
> unterstehen und die Daten dabei nicht zweckwidrig verwendet
> werden (Datenverkehrsregelung).

Eine Weitergabe ist also z.B. auch innerhalb öffentlicher Verwaltungen zu beschränken und ist nur erlaubt, wenn das empfangende Amt
genau diese Daten auch wirklich braucht. Dabei dürfen aber Daten,
die "ausschliesslich für medizinischen Gebrauch" erhoben wurden,
nicht plötzlich für die Arbeitsvermittlung verwendet werden! Wenn
bei einer Amtsstelle die Gefahr des allzugrossen Wissens besteht,
muss daher durch Aufteilung nach Verantwortungsbereichen und durch

Abschottung das Informationsgleichgewicht wieder hergestellt werden. Die technischen Mittel (Zugriffsbefugnisregelungen etc.) sind in Datenbanksystemen durchaus vorhanden.

Datenschutz darf sich aber nicht nur auf computergestützte Systeme beschränken. Der Persönlichkeitsschutz gilt unabhängig von den technischen Mitteln. Diese können jedoch oft für den Schutz beigezogen werden, so dass der Computereinsatz auch hier keineswegs nur eine erhöhte Gefährdung, sondern sehr wohl auch eine Verbesserung des Schutzes bringen kann.

8 KOMMUNIKATIONSSYSTEME

8.1 Das Bedürfnis nach Verbindungen

8.1.1 Bedürfnisse der Benutzer

Die meisten Menschen leben und arbeiten nicht isoliert, sondern im
Kontakt mit Mitmenschen und gemeinschaftlichen Einrichtungen. Die
moderne arbeitsteilige Gesellschaft hat die Zahl der Kontakte, die
Distanzen und den Verkehr stark vergrössert. Entsprechend gross
ist das Bedürfnis, die Distanzen mit Hilfe der Technik wieder zu
überwinden. Dazu dienen einerseits Transportmittel für Personen
oder Güter, anderseits aber Kommunikationssysteme wie Telefon und
Telegraf, welche Nachrichten weitergeben können.

Mit der Einführung von Datenverarbeitungsanlagen stellt sich das
Bedürfnis nach Kommunikation in ganz spezifischer Weise. Jetzt
müssen örtlich entfernte Computerbenutzer die Möglichkeit erhalten,
ihre Datenstationen (Terminal) an zentrale Rechner anzuschliessen
(vgl. 4.2.4), oder es gilt, verschiedene Rechner direkt zusammen-
zuschalten. Diese technischen Bedürfnisse nach Datenübertragungseinrichtungen spiegeln die organisatorische Dezentralisierung von
Firmen (mehrere Standorte, Filialen, Agenturen) wieder. Bargeld-
loser Datenverkehr, weltweite Reservationen, Zugriff auf Spezialliteratur, elektronische Post sind Beispiele für neu gestaltete
Arbeitsabläufe, bei denen effiziente Datenvermittlung und -über-
tragung zwischen entfernten Zentren sowie der Zugriff auf gemeinsam benutzbare Ressourcen notwendig ist. Das Spektrum der Anwendungen von Kommunikationssystemen ist recht breit, wobei man aber
doch drei Schwerpunkte und sich daraus ergebende Mischformen feststellen kann.

- Die gemeinsame Benützung von Daten (data sharing) soll räumlich
  getrennten Benutzern gestatten, auf eine gemeinsame Datenbank zu-
  zugreifen oder Daten aus einer fremden, öffentlich zugänglichen
  Datensammlung abzurufen.

- <u>Die gemeinsame Benützung von Programmen</u> (program sharing) soll
  die Verwendung von lokalen Spezialprogrammen erlauben und auch
  die Benutzung von Programmen ermöglichen, welche aus bestimmten
  Gründen nicht an andere Installationen weitergegeben werden sollen.

- <u>Die gemeinsame Benützung von Geräten</u> (device sharing) soll die
  Verwendung von Geräten aller Art ermöglichen, ohne dass diese
  beim jeweiligen Benutzer aufgestellt sind. Dies trifft vor allem
  für teure Spezialgeräte (Höchstleistungsrechner, Laserdrucker,
  etc.) zu.

Die technologische Entwicklung unterstützt heute eine Dezentralisierung der Datenverarbeitung,und die einzelnen Arbeitsplätze können mit leistungsfähigen Hilfsmitteln ausgerüstet werden. Vollen
Nutzen bringt diese Entwicklung aber erst dann, wenn der Einzelne
dadurch nicht isoliert wird. Er soll die Möglichkeit haben, auch
dann mit allen ihn interessierenden Mitteln arbeiten zu können,
wenn diese sich nicht in unmittelbarer Nähe seines Arbeitsplatzes
befinden. Dass dies nur mit räumlich unbegrenzten und in ihrer
Leistung an die Bedürfnisse der Benutzer anpassbaren Kommunika-
tionsmitteln der Fall sein kann, ist offensichtlich.

8.1.2 <u>Analoge und digitale Verbindungen</u>

Schon aus historischer Zeit sind Kommunikationssysteme bekannt, von
Feuer- und Rauchsignalen über Poststafetten bis zu Schnurzügen. Wir
wollen uns aber hier auf elektrische Systeme beschränken. Dabei
sind vorerst von der Anwendung her zwei Grundformen zu unterscheiden.

- <u>Analoge Anwendungen:</u> Das wohl wichtigste Beispiel ist die Darstellung der menschlichen Sprache (Schallwellen) durch analoge
  elektrische Schwingungen und die Uebertragung dieser kontinuierlichen Schwingungen zwischen Mikrofon und Lautsprecher.

- <u>Digitale Anwendungen:</u> Hier geht es um die elektrische Darstellung
  von bereits verschlüsselten Zeichen; Beispiele sind der Morse-
  Telegraf (Punkte-Striche-Zwischenräume) oder der herkömmliche
  Fernschreiber.

Unabhängig von diesen analogen und digitalen Darstellungen von
Signalen beim Anwender kann auch die Uebertragung selber wiederum auf Analog- oder Digitaltechnik basieren.

- <u>Analoge Uebertragungstechnik:</u> Das Kommunikationssystem überträgt
  analoge Signale, also elektrische Schwingungen; die Masseinheit
  ist die Bandbreite in Hertz. Wichtigstes Beispiel: Telefonnetz.

- <u>Digitale Uebertragungstechnik:</u> Das Kommunikationssystem überträgt Zeichen; die Masseinheit der Uebertragungsrate ist Bit
  pro Sekunde (bit/s). Beispiele: Telegraf, aber auch moderne
  Hochleistungsübertragungssysteme über Richtstrahl und Koaxialkabel.

Es ist offensichtlich, dass analoge Signale am einfachsten durch
analoge Uebertragungssysteme übermittelt werden und umgekehrt. Nun
gibt es aber viele Gründe, gelegentlich anders zu kombinieren:

- Das lokale <u>Telefonnetz</u> (analog) verbindet schon heute und
  preisgünstig praktisch alle Gebäude.
- Die <u>digitale Uebertragungstechnik</u> erlaubt dank Computereinsatz
  wirtschaftlichere und viel weniger störungsanfällige Kommunikationssysteme hoher Leistungsfähigkeit.

Daher macht heute schon z.B. die Telefonverwaltung für stark be-
lastete Fernverbindungen (viele Kanäle auf einer einzigen Richt-
strahl- oder Koaxialkabelverbindung) Gebrauch von der Digitaltechnik. Anderseits können Datenendgeräte (Bildschirme, Drucker)
auch an das Telefonnetz angeschlossen werden. Sobald aber auf diese Weise fremdartige Systeme verbunden werden, muss beim Uebergang
eine <u>Signalumwandlung</u>, eine Modulation, stattfinden. Bsp. Telefon:
Wird ein Bildschirm über das Telefonnetz an einen zentralen Compu-

ter angeschlossen, so muss sowohl beim Bildschirm wie beim Computer ein sog. <u>Modem</u> (= <u>Mo</u>dulator-<u>Demo</u>dulator) zwischengeschaltet werden, damit Bildschirm und Computer in Digitaltechnik, das Telefonnetz aber in Analogtechnik arbeiten können (siehe 4.2.4).

8.1.3 <u>Verteilte Datenverarbeitungssysteme</u>

Die technologischen Fortschritte machen neuerdings auch Computereinsätze interessant und wirtschaftlich, bei denen Computerfunktionen und -leistung weit verteilt werden können. Dies verleitet jedoch leicht dazu, primär die technischen Aspekte von verteilten EDV-Systemen zu betrachten und allein hierfür möglichst geeignete Lösungen zu suchen. Ein derartig einseitiges Vorgehen ist jedoch falsch, da das technisch Machbare und Fortschrittliche noch nicht Garant für die beste EDV-Lösung ist. Neben der technischen Komponente sind verschiedene weitere Gegebenheiten bei der Erarbeitung eines EDV-Konzepts und einer allfälligen Verteilungsstrategie für die EDV-Mittel zu berücksichtigen. Massgebend für die <u>Strategie der EDV-Verteilung</u> müssen nämlich die Ziele des EDV-Einsatzes sein, so wie sie sich aus den allgemeinen Unternehmenszielen ergeben. Zu beachten sind dabei zudem äussere Randbedingungen (politische Vorschriften, Umgebungsansprüche, wirtschaftliche Ueberlegungen und natürlich die EDV-Technologie), interne Randbedingungen (organisatorische Struktur, Gliederungsprinzipien, Personal, Standardisierungs- und Formatierungsgrad, Entwicklungsstand), und nicht zuletzt auch die schon bestehende Struktur der Organisation und der EDV.

"<u>Verteilung</u> bedeutet allgemein die Art der Zuordnung von Teilfunktionen der EDV auf Tätigkeitsträger innerhalb der gesamten Unternehmung. Die <u>technische Verteilung</u> bezeichnet die Gestaltung der Struktur des technischen Systems der EDV, während unter <u>organisatorischer Verteilung</u> die Zuordnung von EDV-Aufgaben an die Stellen und Abteilungen der Unternehmung zu verstehen sind" [GROSSENBACHER 81]. Einzelne Funktionen (technische wie organisatorische) können sowohl zentral als auch dezentral realisiert werden. Es ist also z.B. absolut möglich, dass die Verarbeitung dezentral erfolgt, während die Software-Entwicklung und Wartung von einer zentralen Stelle ausgeführt wird. In den meisten Fällen wird man zu Lösungen kommen, welche als _Mischsysteme_ sowohl die technischen als auch die organisatorischen Funktionen teilweise zentral und teilweise dezentral ausführen. Ein abrupter Wechsel zu einer vollständig dezentralen Lösung wird selten angebracht sein, da diese kaum je alle Anforderungen abdecken kann.

Gerätemässig besteht ein verteiltes Datenverarbeitungssystem aus mehreren, mindestens teilweise autonomen _Knotenrechnern_ (Rechner, Prozessor/Speicher-Paare), die über ein Kommunikationssystem zu einem Netz (Abschn.8.3) verbunden sein können. Die Knotenrechner können identisch sein (homogenes Netz) oder sich unterscheiden (heterogenes Netz). Ueber das Kommunikationssystem tauschen Knotenrechner Daten zur kooperativen Bereitstellung von Dienstleistungen an Benutzer aus, wobei deren Formate und zeitliche Aufeinanderfolge durch _Protokolle_ festgelegt sind.

In den letzten Jahren wurden _unterschiedliche Kommunikationssysteme_ entwickelt.

- Lokal verteilte DV-Systeme mit hoher Datenrate und geringen Uebertragungsverzögerungen (siehe Abschn. 8.4)

- Regionale und überregionale Netze von Vermittlungsrechnern sowie Satellitenverbindungen   Massendatenübertragung über grosse Entfernungen (siehe Abschn. 8.3).

Die _Hauptvorteile_ technisch verteilter DV-Systeme sind:

- Computerleistung am Arbeitsplatz

- Erhöhung der Leistungsfähigkeit (Leistungsverbund) durch gemeinsame Benutzung von Betriebsmitteln

- leichte Erweiterbarkeit um neue Komponenten und Dienste

- Verbesserung der Sicherheit (graceful degradation, Verfügbarkeitsverbund) sowie des Betriebs- und Wartungsverhaltens durch redundante Auslegung von Komponenten.

In verteilten Systemen mit verbundenen Knoten sind immer Massnahmen notwendig, welche eine <u>geordnete Zuteilung der Betriebsmittel</u> an miteinander konkurrierende Prozesse gestatten. Synchronisations- und Sperrverfahren sowie knotenübergreifende Rekonstruktions- konzepte sind unerlässlich zur Wahrung der System- und Datenintegrität. Diese Methoden sind aber meist recht aufwendig und heute auch noch lange nicht in jedem Betriebs- und Datenbankverwaltungssystem realisiert.

8.2 <u>Technik der Datenübertragung</u>

8.2.1 <u>Die Modulation einer Trägerschwingung</u>

Kommunikationssysteme hoher Uebertragungsleistung - und das ist beim Computereinsatz meistens der Fall - benützen die elektrischen Leitungen zweistufig. Einer Grundschwingung (<u>Träger</u>) wird die zu übertragende Information "aufgepackt"; der Träger wird dazu moduliert (Fig. 8.1). Das Prinzip dieser Modulation soll hier kurz angedeutet werden. Der Computeranwender muss sich aber an sich damit nicht weiter befassen, das ist Aufgabe von Fernmeldespezialisten.

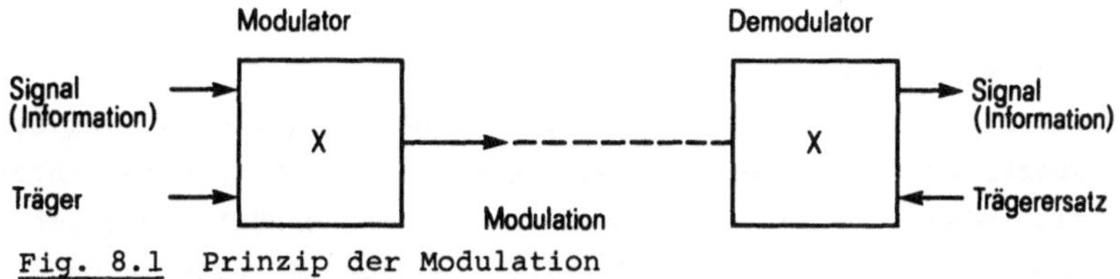

<u>Fig. 8.1</u> Prinzip der Modulation

<u>Analoge Uebertragung:</u>
Als Träger dient eine hochfrequente Sinusschwingung. Diese Welle kann als Funktion der Zeit (t) mit drei Parametern dargestellt werden:

$$s(t) = A \cdot \sin(2\pi \cdot f \cdot t + \varphi)$$

A = Amplitude
f = Frequenz
φ = Phasenverschiebung

In Ausnützung dieser drei Parameter gibt es zur Codierung der zu
übertragenden Signale <u>drei Modulationsarten:</u>

- <u>Amplitudenmodulation</u>
  Bei gleichbleibender Frequenz und Phase wird der Code des Aus-
  gangssignals durch eine Veränderung der Amplitude erzeugt:

$$s = A(t) \cdot \sin(2\pi.f.t+\varphi)$$

- <u>Frequenzmodulation</u>
  Die Codierung wird hier durch eine Veränderung der Frequenz bei
  unveränderter Amplitude und Phase realisiert:

$$s = A.\sin(2\pi.f(t).t+\varphi)$$

- <u>Phasenmodulation</u>
  Bei dieser Modulationsart wird die Verschiebung der Phase zur
  Codierung verwendet:

$$s = A.\sin(2\pi.f.t+\varphi(t))$$

Von diesen drei Modulationsverfahren kommt heute in der Praxis am
häufigsten die Frequenzmodulation zur Anwendung. Den gesamten
Frequenzbereich, den eine Leitung (Kanal) übertragen kann, nennt
man <u>Bandbreite</u>, und als <u>Spektrum</u> wird derjenige Frequenzbereich bezeichnet, welchen eine Quelle aussendet.

<u>Digitale Uebertragung:</u>
Bei dieser Uebertragungstechnik werden binäre Signale auf der Leitung übertragen. Diese ergeben sich entweder direkt aus der internen Zeichendarstellung in EDV-Geräten oder man erhält sie durch
<u>Puls Code Modulation</u> (PCM), bei welcher analoge Signale in be-
stimmten Abständen abgetastet werden. Der abgelesene, numerische
Signalwert wird dann in eine Bitgruppe codiert, welche schliesslich
in binärer Form übermittelt wird. Die Puls Code Modulation ist im
Prinzip eine Analog-Digital-Umwandlung, und sie ist nicht mit den
drei bei der analogen Uebertragung genannten Träger-Modulations-
arten zu vergleichen.

Die digitale Datenübertragung nützt zwar die Kapazität der Leitung
nur schlecht aus, sie ist jedoch im Vergleich zur Analogtechnik

weniger empfindlich auf Störungen, Verzerrungen und Dämpfung. Ein
abgeschwächtes Signal lässt sich zudem wieder verstärken, ohne
dass Störungen mitverarbeitet werden.

8.2.2 Betriebsarten bei der Datenübertragung

Die Datenübertragung kann auf verschiedene Arten betrieben werden
(Betriebsarten); als Kriterien für eine Klassifizierung sind u.a.
geeignet:

- Uebertragungsrichtung
- Serielle oder parallele Uebertragung
- Synchron- oder Asynchron-Betrieb.

Uebertragungsrichtung

Die einfachste Anordnung zur Datenübertragung besteht aus zwei Stationen, wobei eine nur sendet und die andere nur empfängt. Diese
Einbahn-Anordnung (Simplex-Betrieb) erlaubt dem Sender jederzeit
zu übertragen, wobei der Empfänger die Aufgabe hat, dauernd zuzu-
hören.

Beanspruchen jedoch beide Kommunikationspartner das Recht, senden
und empfangen zu können, so sind folgende Lösungen möglich:

- Man verwendet zwei Simplex-Anordnungen mit unterschiedlicher
  Uebertragungsrichtung (Vollduplex-Betrieb). Der Aufwand ist hier
  doppelt so gross wie beim einfachen Simplex-Betrieb.

- Man bleibt bei einer Leitung und verwendet Verfahren, welche
  deren Benützung für beide Richtungen reglementieren (Halbduplex-
  Betrieb). Die technische Realisierung dieses abwechslungsweisen
  Arbeitens samt Verhinderung von Kollisionen kann auf verschiedene
  Arten erfolgen.

Serielle oder parallele Uebertragung

Im Rahmen der digitalen Uebertragung sind unterschiedliche Techniken möglich, welche sich im notwendigen Aufwand für die Realisierung unterscheiden. Bei der parallelen Uebertragung werden alle

Bits eines Zeichens gleichzeitig übertragen, und deshalb ist für
jedes Bit auch eine separate Leitung notwendig, während bei der
seriellen Uebertragung alle Bits hintereinander über die gleiche
Leitung geschickt werden.

Synchron- oder Asynchron-Betrieb

Bei der digitalen Uebertragung läuft eine Reihe von Bits über die
Leitung, wobei dies auf verschiedene Arten erfolgen kann.
Synchrone Datenübertragung liegt dann vor, wenn die Uebermittlung
in regelmässigen Abständen unter der Kontrolle eines Taktgebers abläuft. Im asynchronen Betrieb fehlt hingegen dieses Taktsignal, und
es muss dann jedes einzelne Zeichen als eine separate Nachricht betrachtet und mit den notwendigen Angaben in Form von Steuerbits
versehen werden. Es ist offensichtlich, dass die asynchrone Uebertragung einer Nachricht mehr Bits verlangt, hingegen fällt der Aufwand für die Synchronisationseinrichtung weg.

8.2.3 Verbindungsarten

Zur Datenübertragung sind die Kommunikationspartner physisch miteinander zu verbinden. Eine Punkt-zu-Punkt-Verbindung (point-to-
point) gestattet den Datenaustausch ausschliesslich zwischen zwei
Uebertragungsstationen, wobei jede Station senden oder empfangen
kann. Sollen beide senden, so sind entsprechende Vorkehrungen notwendig, damit Kollisionen vermieden werden. Solche Massnahmen sind
auch bei Mehrpunktverbindungen (multipoint) erforderlich, wenn mehrere Stationen im gleichen Kommunikationssystem senden wollen, wobei die Daten von allen Stationen empfangen werden können.

In vielen Fällen wird aber auch in Mehrpunktverbindungen jeweils nur
eine Zweierverbindung zwischen zwei bestimmten Stationen benötigt,
wobei gleichzeitig mehrere solche Zweierbeziehungen parallel existieren (Bsp.: Telefonnetz, Zweiergespräche). Wird eine solche
Zweierverbindung relativ selten gebraucht, so wird man die Stationen nicht fix miteinander verbinden, sondern die Verbindung nur
jeweils bei Gebrauch durch eine Vermittlung (Bsp. Telefonzentrale)

herstellen lassen (<u>geschaltete Punkt-zu-Punkt-Verbindung</u> oder
<u>Wahlleitung</u>). Nach erfolgter Durchschaltung besteht jedoch kein Un-
terschied mehr zu festen Punkt-zu-Punkt-Verbindungen, und die Uebertragung erfolgt gemäss den bei diesen geltenden Regeln.

Sind zwischen zwei Endpunkten (z.B. zwei Niederlassungen der gleichen Firma) gleichzeitig mehrere Verbindungen notwendig, so ist es
oft nicht wirtschaftlich, mehrere Drahtleitungen zu legen. Man benutzt dann eine einzige Leitung mit genügend grosser Uebertragungsrate (Bandbreite) und <u>konzentriert</u> die Signale der einzelnen Endstellen auf diese; am Endpunkt sind die Signale dann wieder auf die
einzelnen Endstellen aufzuteilen. Dieses sogenannte <u>Multiplex-Ver-
fahren</u> zur gleichzeitigen Uebertragung mehrerer Uebertragungskanäle
(Fig. 8.2) kann technisch auf verschiedene Art erfolgen.

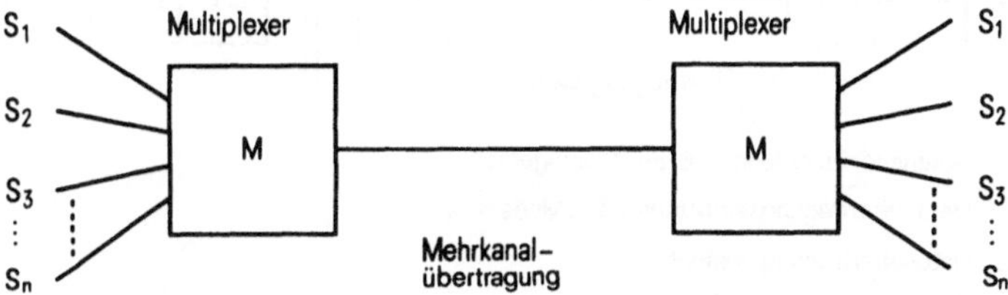

Fig. 8.2   Mehrfachausnützung eines Uebertragungsmediums

Beim <u>Frequenz-Multiplex</u> wird die gesamte nutzbare Bandbreite der
Hochleistungsleitung unter den Teilnehmern aufgeteilt. <u>Zeit-Multi-
plex</u> erlaubt jedem Teilnehmer, während kurzen Zeitabschnitten über
die ganze Bandbreite zu verfügen. Diese Zeitabschnitte können zum
voraus fest oder variabel festgelegt werden, oder es erfolgt
jeweils nach gewissen Kriterien eine Selektion der nächsten Nachricht (<u>statistisches Multiplex</u>).

8.2.4   <u>Grundelemente eines Datenübertragungssystems</u>

Ein Datenübertragungssystem (Fig. 8.3) soll die Verbindung zwischen
verschiedenen Endbenutzern erlauben. Hierzu sind die einzelnen <u>Daten-
endeinrichtungen</u> (DEE) an die Uebertragungseinrichtungen und -wege

so anzupassen, dass eine Kommunikation möglich wird. Diese Aufgabe
übernehmen die Datenübertragungseinrichtungen (DÜE), für deren Anschluss internationale Schnittstellen-Normen bestehen. So ist etwa
für den Anschluss an ein Telefonnetz ein Modem erforderlich, welches
über eine V.24-Schnittstelle verfügt, während für die digitalen
Netze Normen wie X.20 und X.21 Gültigkeit haben. Als Datenendein-
richtungen sind einfache Bildschirme, aber auch komplexe Datenverarbeitungsanlagen (DVA) einsetzbar. Einem Grossrechner wird häufig
eine Datenübertragungseinheit (DÜET) vorgeschaltet, welche als
Kommunikationsrechner (Front-End-Processor) für die eigentlichen
Uebermittlungsaufgaben zuständig ist und damit die DVA entlastet.

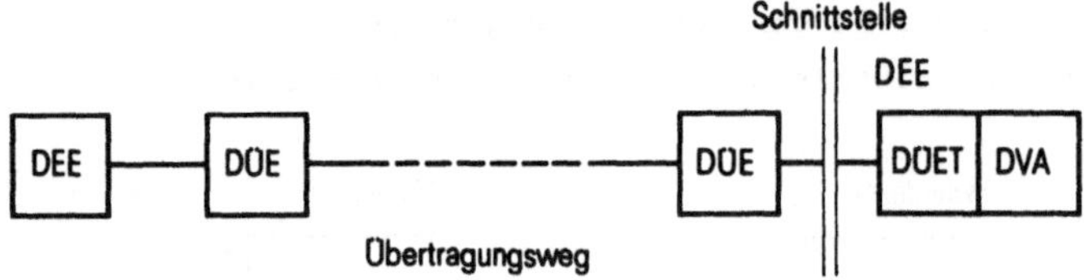

DEE   Datenendeinrichtung, z.B. Bildschirmgerät
DÜE   Datenübertragungseinrichtung, z.B. Modem
DÜET   Datenübertragungseinheit
DVA   Datenverarbeitungsanlage, z.B. Minirechner

Fig. 8.3   Schema eines Datenübertragungssystems

Als Uebertragungswege kommen verschiedene Leitungsarten und neuerdings auch Satellitenverbindungen in Frage, wobei zwischen Wahlleitungen und Standleitungen zu unterscheiden ist. Während bei
jenen die Verbindung immer wieder durch Wählen (dial up) aufgebaut
werden muss, sind Standleitungen fest, ev. gemietet (leased line).
Die Wahl der besten Lösung hängt von der Distanz, der Benutzungs-
dauer und von den Grundgebühren ab, und sie ist für jeden Fall
jeweils zu ermitteln.

8.2.5   Kommunikationsprotokolle

Der Austausch von Daten über eine Leitung zwischen zwei Kommunika-
tionspartnern hat so zu erfolgen, dass die Daten am Zielort unver-

fälscht ankommen und vom Empfänger auch interpretiert werden können.
Hierzu braucht es Regeln, die Kommunikationsprotokolle, welche sowohl den Datenaustausch steuern als auch die Datendarstellung festlegen.

Linienprotokolle sind zuständig für eine Einzelverbindung, Netzwerk-
protokolle (siehe 8.3.4) regeln den Verkehr in Rechnernetzen. Auch
hier gibt uns die Erfahrung mit dem Telefon ein anschauliches Beispiel für ein solches Protokoll: Zuerst muss die Verbindung aufgebaut werden (Hörer abheben, Nummer wählen, vom Angerufenen "Hier
Meier" abwarten), nachher wird übermittelt (welche Sprache, welche
Begriffe?), am Schluss abgebrochen (Hörer aufhängen). Solche Protokolle sind einfacher, wenn nur gleichartige Teilnehmer miteinander
kommunizieren. Handelt es sich jedoch um inhomogene Verbindungen,
bei denen unterschiedliche Geräte und Datendarstellungen miteinander in Verbindung treten sollen hat das Protokoll die oft nicht
einfache Aufgabe, Konversionen derart festzulegen, dass der korrekte Datenaustausch gewährleistet und die Interpretation der Daten
möglich sind (siehe z.B. [KERNER 81],[SCHICKER 83]).

Bezüglich der Ablaufsteuerung unterscheidet man in Protokollen drei
Phasen:

- Aufbau der Verbindung
- Nachrichtenübermittlung
- Abbruch der Verbindung

Beim Verbindungsaufbau wird mit einer Sequenz von Steuerzeichen,
welche von der Art der beteiligten Stationen und der gewünschten
Kommunikation abhängt, überprüft, ob die benötigten Leitungen und
Stationen frei und zur Uebertragung bereit sind. Während der eigent-
lichen Nachrichtenübermittlung wird der korrekte Empfang überprüft
und allenfalls eine Wiederholung veranlasst. Beim Auftauchen eines
End-Zeichens erfolgt der Abbruch der Verbindung, und die benutzten
Betriebsmittel werden wieder freigegeben.

8.3 Allgemeine Rechnernetzwerke

8.3.1 Netzwerktypen

Die vorangehenden Ausführungen haben das mannigfaltige Bedürfnis
nach Kommunikation und die technischen Möglichkeiten für die Datenübertragung auf Einzelleitungen gezeigt. Im folgenden wird nun untersucht, wie der Austausch von Computerdaten zwischen den Geräten
der elektronischen Datenverarbeitung abläuft, wobei wir uns nicht
mehr isoliert auf die Verbindung zwischen zwei Endpunkten über
eine Leitung beschränken, sondern auch Konfigurationen mit eigentlichen Transportnetzwerken betrachten. Dabei sind folgende Verbindungen zu unterscheiden:

- Computer - Terminal
- Computer - Computer
- Terminal - Terminal

Die Computer-Terminal-Verbindung ist die klassische und wohl auch
einfachste Lösung von Datenfernverarbeitung. Punkt-zu-Punkt- oder
auch Mehrpunktverbindungen bilden in einer sternförmigen Anordnung
(Sternnetz) den Verbindungsweg zwischen Computer und Terminal. Die
angeschlossenen Terminals reichen von einfachen, zeichenorientier-
ten Fernschreibern bis zu intelligenten Arbeitsstationen und sogar
Kleincomputern, welche selbst schon einen Teil der Verarbeitung
übernehmen können. Der Grossrechner (Servicestelle, Gastrechner,
Host) steht logisch im Zentrum der Anordnung und er besorgt neben
seinen Verarbeitungsaufgaben noch die Datenübertragung. Zur Entlastung des zentralen Produktionsrechners setzt man häufig einen
speziellen Kommunikationsrechner (Front-End) ein, der die angeschlossenen Leitungen bedient und mit dem Hauptsystem über einen
schnellen Kanal verbunden ist (Fig. 8.4). Fällt der zentrale
Rechner oder der Front-End-Rechner einmal aus, so sind die Terminals unbenützbar.

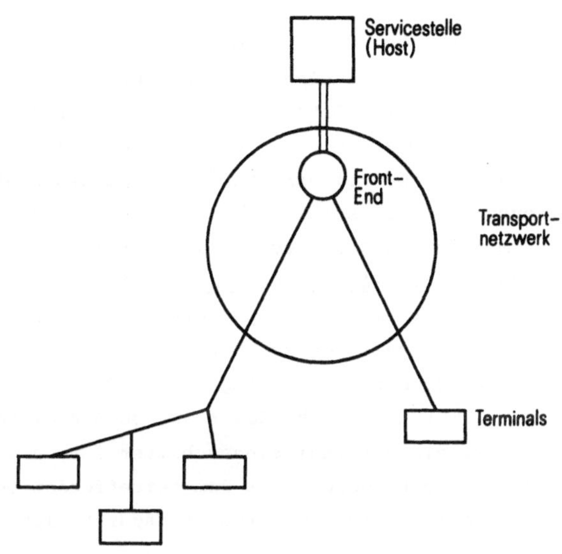

Fig. 8.4 Netz mit einer zentralen Servicestelle
(Sternnetz)

Eine Erweiterung des Sternnetzes ergibt sich durch die Verwendung
mehrerer Servicestellen, wobei das Transportnetzwerk zentral gesteuert ist. (Fig. 8.5). Mit solchen Anordnungen können sowohl die
Verarbeitungskapazität als auch die Zuverlässigkeit erhöht werden.

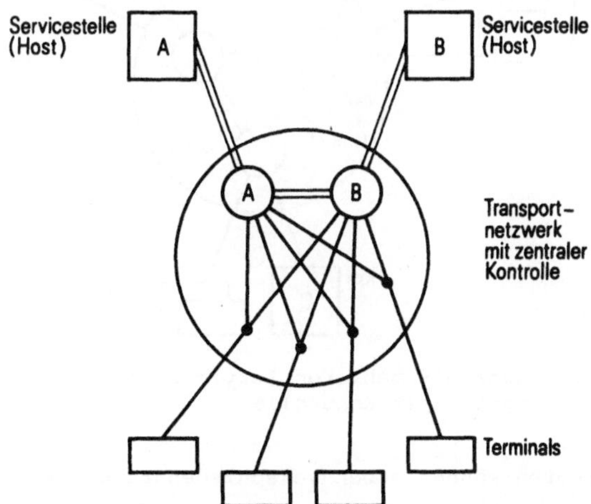

Fig. 8.5 Netz mit mehreren Servicestellen und zentraler Kontrolle

Die sternförmigen Netze, bei denen eine Vielzahl von Terminals an
zentrale Rechner angeschlossen sind, stellen heute noch den Regel-
fall dar und stehen an vielen Orten in Betrieb. Anderseits finden
wir aber in zunehmendem Mass Anordnungen, bei denen der Front-End-
Rechner unabhängig vom Produktionsrechner ist und als Knotenrechner
die Kommunikationsfunktionen selbständig betreut (siehe 4.2.5). Es
steht hier nicht mehr ein Zentralrechner im Mittelpunkt, sondern
ein Kommunikationssystem, welches autonom arbeitet und in beliebiger Vermaschung ausgelegt sein kann. Mehrere gleichberechtigte Produktionsrechner und Terminals können über die Knoten und deren Verbindungen miteinander kommunizieren (Fig. 8.6). Die Funktionstüch-
tigkeit des Netzes hängt nicht mehr davon ab, ob ein einzelner Pro-
duktionscomputer oder ein Terminal eingeschaltet ist, und ein Ausfall betrifft nur die Verbindungen mit dem betreffenden Gerät,
während die übrigen Aktivitäten im Netzwerk dadurch nicht gestört
werden.

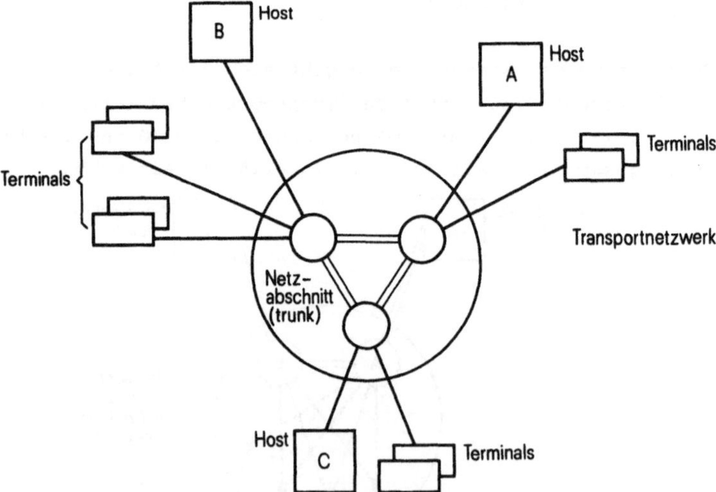

Fig. 8.6 Netz mit mehreren Servicestellen und
          verteilter Kontrolle

An jeden Knoten können neben verschiedenartigen Rechnern auch
Terminals angeschlossen werden, so dass das autonome Netz die

Basis für jegliche Kommunikation, also auch für <u>Computer-Computer-</u> und <u>Terminal-Terminal-Verbindungen</u> darstellt. Bezüglich der Wahl des <u>besten Weges</u> (routing) und der <u>Weitervermittlung</u> der Informationen in den einzelnen Knoten kommen zwei Techniken zum Einsatz:

- Die <u>Leitungsvermittlung</u> (line switching) benützt für die Verbindung zwischen zwei Endpunkten eine physisch fest durchgeschaltete Leitung (Standleitungen oder Wahlleitungen).

- Bei der <u>Paketvermittlung</u> (packet switching) wird nicht eine fixe Verbindung geschaltet, sondern jeder Netzknoten empfängt und speichert laufend adressierte "Datenpakete", um sie dann auf einer geeigneten Ausgangsleitung weiterzugeben.

8.3.2 <u>Klassen von Computer-Netzwerken</u>

Das Bedürfnis und die Tendenz, Datenverarbeitungsgeräte miteinander zu verknüpfen, hat in den letzten Jahren ständig zugenommen. Heute finden wir verschiedenartige Geräte über variable Distanzen miteinander verbunden, wobei hierzu unterschiedliche Kommunikationsmittel benützt werden. Ziel dieser Zusammenschlüsse ist es, den Zugriff auf Computerbetriebsmittel zu erweitern und auch die Möglichkeit zu schaffen, teure Geräte nur an strategischen Punkten aufzustellen und dafür deren Benützung durch viele Anwender gemeinsam zu ermöglichen.

Die klassische Struktur konventioneller Rechner des Typs "von Neumann" (siehe 4.2.2) wird seit einiger Zeit u.a. dadurch abgewandelt, dass dezentrale Rechnerstrukturen aufgebaut werden, bei denen man z.B. auf kleinem Raum (bis rund hundert Meter) mehrere Prozessoren miteinander verbindet und ihnen mindestens zum Teil unterschiedliche Aufgaben zuweist. Die Uebertragungsgeschwindigkeit der auszutauschenden Daten ist dabei den einzelnen Elementen angepasst und kann zehn Millionen Bits pro Sekunde übersteigen. Diese sogenannten <u>lose gekoppelten Systeme</u> sind heute schon weit verbreitet und die technischen Probleme sind unter Kontrolle.

<u>Globale Fernnetze</u> zwischen weit entfernten Datenverarbeitungsmitteln sind heute - unter Berücksichtigung der oben genannten Probleme - ebenfalls weit verbreitet und technisch beherrscht. Teilweise vermaschte Netze mit Punkt-zu-Punkt-Verbindungen bilden die Unterlage für Paket-Vermittlungs- und auch für Leitungsvermittlungs-Konzepte. Für anwendungsspezifische Probleme bestehen zudem weitangelegte Standardisierungsaktivitäten, wobei es abzuwarten gilt, wieweit man sich im Bereich der Protokolle (siehe 8.3.4) wirklich auf gemeinsame Modelle und Architekturen einigen kann.

Zwischen den lose gekoppelten Systemen und den globalen Fernnetzen bleibt noch der Bereich zwischen einigen hundert Metern und einigen Kilometern (Fig. 8.7). In dieser lokalen Umgebung trifft man neuerdings eine Vielfalt von selbständigen Rechnern und intelligenten Stationen sowie Spezialmaschinen an, welche für einen grösseren Benutzerkreis interessant sind. Verbindet man diese sehr heterogenen Geräte, welche in manchen Fällen in einem einzigen Gebäude oder in einem abgegrenzten Gelände stehen, so entsteht ein <u>lokales Netzwerk</u> (siehe 8.4).

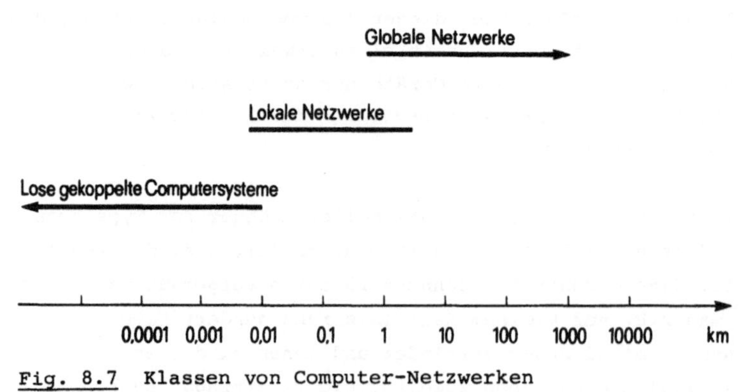

<u>Fig. 8.7</u> Klassen von Computer-Netzwerken

8.3.3 <u>Private und öffentliche Netzwerke</u>

Im Bereich der globalen Netzwerke besteht heute ein breites Spektrum sowohl an technischen Lösungen wie an angebotenen Konzepten, welche sich je nach Herkunft und verfolgtem Einsatzziel in ihrem Aufbau unterscheiden. Hinter <u>privaten Netzwerken</u> steht eine Organisation (Unternehmung, Verwaltung, Hochschule o.ä.), welche alleiniger Benutzer des Netzes ist und dieses nach den eigenen Bedürfnissen plant und realisiert. Häufig finden hier Netzwerkprodukte einzelner Computer-Hersteller,wie das DECNET von Digital Equipment, die Systems Network Architecture (SNA) von IBM, TRANSDATA von Siemens und viele andere,Anwendung. Diese wurden unabhängig voneinander entwickelt und stützen sich auf die herstellerspezifische Systemsoftware, so dass abgesehen von standardisierten Schnittstellen auf der physischen Ebene kaum eine Kompatibilität besteht. Bei <u>öffentlichen Netzen</u> bietet der Netzwerkbetreiber das Netz und die dazu gehörenden Uebertragungsleitungen als 'öffentliche Dienstleistungen an. Jedermann kann sich mit geeigneten Anschlussgeräten und der notwendigen Erlaubnis an diese Netze anschliessen und gegen Entgelt die gewünschten Leistungen beziehen. Betrachtet man die Vielfalt der bei potentiellen Benutzern vorhandenen Geräte, so werden auch bei öffentlichen Netzen unweigerlich Unverträglichkeiten auftauchen. Die bei beiden Netzarten festgestellen <u>Kompatibilitätsprobleme</u> haben nun Bestrebungen zur Entwicklung von <u>Kommunikationsstandards</u> (siehe 8.3.4) ausgelöst. <u>Offene Systeme</u> sollen den Anschluss und den Zugriff von unterschiedlichen Endgeräten aus gestatten, und <u>Gateways</u> (Fig. 8.8) haben die Verknüpfung von mehreren Kommunikationssystemen zu ermöglichen.

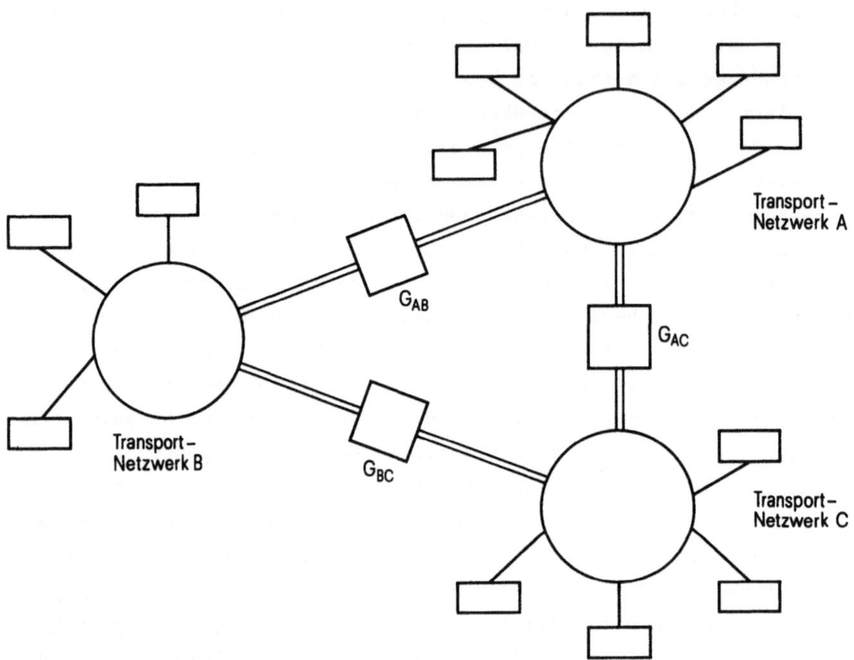

Fig. 8.8 Verknüpfung von Kommunikationssystemen über "Gateways" (G_{AB}, G_{AC}, G_{BC})

8.3.4 Das ISO-Protokollmodell

In 8.2.5 wurde festgehalten, dass Protokolle die Regeln definieren, welche zwei Partner einhalten müssen, um miteinander in Kommunikation treten zu können. Sie fixieren z.B. die Auf- und Abbaumodalitäten und die Vereinbarungen für den Datenaustausch, und sie steuern damit den Kommunikationsablauf. Die Ausgestaltung eines Protokolls hängt von der Beschaffenheit der Kommunikationsteilnehmer und den zu erfüllenden Funktionen ab. Angesichts des aufkommenden Wirrwarrs von unterschiedlichen Protokollen haben die internationalen Standardorganisationen (ISO) sich für Standarddefinitionen entschlossen und das ISO-Modell für offene Systeme defi-

niert. Dieses soll auf öffentlichen Datennetzen die Kommunikation
zwischen beliebigen Datenverarbeitungsgeräten ermöglichen, wobei
als Basis öffentliche Paketvermittlungsnetze verfügbar sein müssen.
Im folgenden wird das Prinzip dieses Protokolls dargestellt, für
Details sei auf [KERNER 81] verwiesen.

Das ISO-Modell gliedert die gesamte Hierarchie von Kommunikations-
ebenen von der Kommunikation zwischen Anwendungsprozessen bis
hinunter zur physischen Uebertragung von Signalen auf Leitungen,
und stellt die einzelnen Stufen in sogenannten Schichten (layer)
dar (Fig. 8.9).

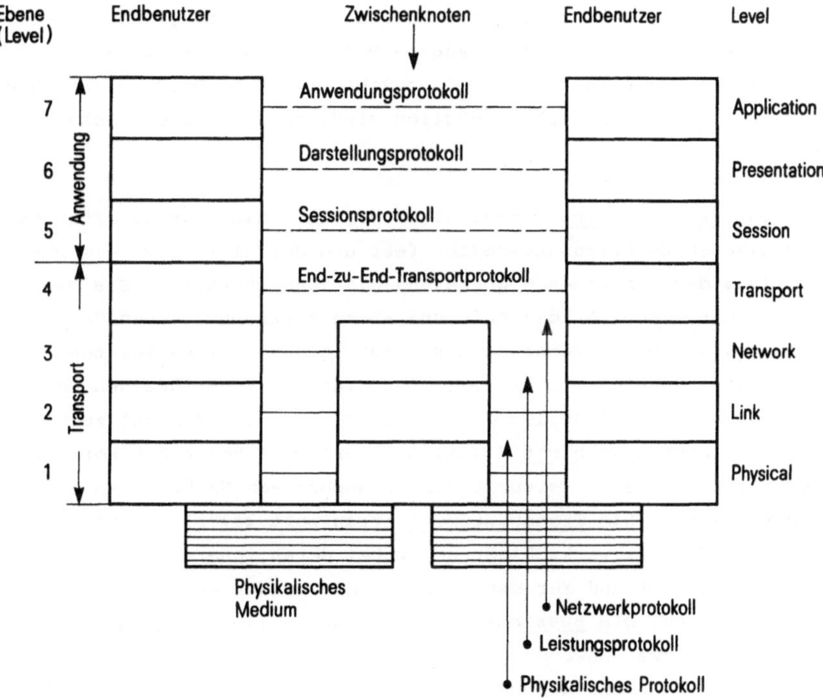

Fig. 8.9 ISO-Referenzmodell für offene Systeme

Die Beziehungen zwischen den Einheiten der gleichen Schicht werden
jeweils Protokolle genannt. Die insgesamt sieben Schichten, von

denen jede eine ganz bestimmte Funktion zu erfüllen hat, sind zunächst in einen Anwender- und einen Transportteil aufgeteilt. Der Anwenderteil behandelt die Strukturierung und Verarbeitung der Daten und setzt einen korrekten Transport (= Uebertragung der Daten) voraus, ohne sich darum zu kümmern, wie dieser abläuft. Ebenso bewerkstelligt der Transportteil die Uebertragung der Daten, ohne sich um deren Inhalt und spätere Verarbeitung zu kümmern. Als Grundsatz für die Ausgestaltung der einzelnen Schichten gilt, dass zusammengehörige Funktionen in der gleichen Schicht und voneinander unabhängige Funktionen in getrennten Schichten unterzubringen sind. Jede Schicht bezieht von der jeweiligen unteren Schicht Dienstleistungen und bietet Leistungen an die nächsthöhere Schicht an. Durch diesen hierarchischen Aufbau erreicht man, dass ein sehr komplexes Problem in überschaubare Moduln aufgegliedert wird und dass Aenderungen in den einzelnen Schichten ohne Beeinträchtigung der angrenzenden Schichten möglich sind, sofern nur die Schnittstellen beachtet werden.

Die _physische Schicht_ (physical layer) legt die Eigenschaften der technischen Uebertragungsmedien fest und definiert z.B. die Darstellung der einzelnen Signale und die Schnittstellen. Sie bietet der nächsten Schicht den Auf- und Abbau einer physischen Verbindung und die Uebertragung eines Bitstrings als Dienstleistung an. Die _Leitungsschicht_ (link layer) hat für den zuverlässigen Datenaustausch über die Medien der darunter liegenden Schicht zu sorgen. Die _Netzwerkschicht_ (network layer) geht von einer korrekten Uebertragung aus und steuert den Transport von Nachrichten durch das Netzwerk· Die _Transportebene_ (transport layer) stützt sich voll auf die Netzwerkschicht ab, wobei deren innere Struktur unsichtbar bleibt und für den Benutzer die beiden Endgeräte sich direkt zeigen. Die _Sessionsschicht_ (session layer) ist dafür besorgt, dass zwei Anwendungsprozesse miteinander in Beziehung treten können, während die _Darstellungsschicht_ (presentation layer) der Anwendungsebene die Interpretation der Daten ermöglicht, wozu bei inhomogenen Systemen verschiedene Transformationen nötig sind. Auf der Stufe der _Anwenderschicht_ (application layer) erfolgen schliesslich die Anwendungsprozesse der Benutzer. Die Beschreibung

des Schichtenmodells erfolgte hier sehr summarisch, für Details
sei z.B. auf [KERNER 81] verwiesen. Zum besseren Verständnis ist
jedoch in Fig.8.10 noch eine Analogie zu einem Telefongespräch
dargestellt, welche die Aufgaben der einzelnen Ebenen zeigen soll.

Ebene ISO	Telephongespräch
Applikation	Inhalt des Gespräches
Präsentation	Aufbau und Sprache
Session	Zentralist – Dienste
Transport	Dialogregeln
Netzwerk	Nummer des Apparates
Leitung	Hörer und Ton
Physikalisch	Angeschlossener Telephonapparat

Fig. 8.10 Analogie ISO-Modell - Telefongespräch

8.4 Lokale Netzwerke

8.4.1 Typisierung

Lokale Netzwerke entstehen dort, wo innerhalb eines Gebäudes oder
einer Gebäudegruppe viele Datenverarbeitungsgeräte ohne Umweg über
die PTT oder andere öffentliche Netze zu verbinden sind. In einem
typischen lokalen Netz sind eine Vielzahl von Rechnern, intelligenten Stationen und Terminals so miteinander verknüpft, dass jeder
an jeden über den gemeinsamen Uebertragungsweg Daten senden kann,
wobei dies direkt und ohne Dazwischenschaltung von Knotenrechnern
geschieht. Die an ein solches lokales Netzwerk angeschlossenen Geräte sind oft sehr heterogen und reichen von verschiedenen Rechner-

typen über Drucker, Speichermedien, Textsysteme hin bis zu Terminals unterschiedlichster Art. Neben Datenübertragungsraten von etwa 100 kbit/s bis 10 Mbit/s stehen folgende Anforderungen an die lokalen Verbindungen im Vordergrund:

- Es soll volle Verbindungsfreiheit bestehen, d.h. alle angeschlossenen Geräte sollen ihre Daten ohne spezielle Vermittlungsfunktionen austauschen können.

- Es soll ein Standard-Datenaustauschformat verwendet werden. Notwendige Anpassungen müssen in speziellen Schnittstellenwandlern erfolgen.

- Gegeben durch die Heterogenität der angeschlossenen Geräte bestehen unterschiedliche Leistungsanforderungen. Es müssen hohe Datenraten wie auch kurze Antwortzeiten möglich sein.

- Die Kommunikationsmedien müssen zuverlässig aber auch billig sein. Sie sollen auch eine einfache Aenderung und Erweiterung der angeschlossenen Partner erlauben.

- Der Einbezug von lose gekoppelten Systemen und die Verbindung zu globalen Netzen soll einfach realisierbar sein.

Betrachtet man diese Anforderungen, so stellt sich natürlich zuerst die Frage, ob man die bestehenden Konzepte für globale Netze nicht auch für den Aufbau von lokalen Netzen verwenden kann. Dies ist zweifellos möglich, indem man sich z.B. auf ein Paketvermittlungsnetz abstützt. Als einschneidende Grenze ergibt sich aber dabei eine recht geringe Uebertragungsrate, da die Grenze der Leitungsgeschwindigkeit bei einigen 100 kbit/s liegt. Verwendet man Spezialgeräte, so können zwar die Leistungen gesteigert werden, dafür sinkt die Zahl der maximal anschliessbaren Geräte. Die Leitungsvermittlung stellt sogar eine noch wesentlich geringere Uebertragungskapazität zur Verfügung, welche sich an den Leistungszahlen unserer in Betrieb stehenden Telefon-Vermittlungsgeräten orientiert. Der Schluss drängt sich also auf, dass sich die herkömmlichen Techniken nur für kleine Uebertragungsraten verwenden lassen; für höhere Datenraten sind allenfalls teure Spezialausrüstungen oder andere, für lokale Netzwerke besser geeignete Konzepte erforderlich.

8.4.2 Konzepte für lokale Netzwerke

Konzepte für lokale Netzwerke zeichnen sich dadurch aus, dass sie
ein gemeinsames Uebertragungsmedium als Grundlage haben. Von allen
möglichen Konfigurationen und Techniken stehen heute die Ringleitungen und die Bussysteme im Vordergrund. Der Zugriff zum gemeinsamen Uebertragungsmedium wird dezentral nach speziellen Zugriffsverfahren gesteuert. Diese unterscheiden sich grundsätzlich darin,
ob sie einen kollisionsfreien Zugriff (Token-Verfahren) oder einen
kontrolliert kollisionsbehafteten Zugriff (Carrier Sense Multiple
Access-Verfahren) gestatten.

Ringleitungen (Fig. 8.11) sind aktive Netzsysteme, wobei die Nachrichten in einer bestimmten Richtung über den Ring zirkulieren und
bei jedem angeschlossenen Gerät durch sogenannte Repeater regeneriert werden. Als technisches Uebertragungsmedium können Zweidraht-
leitungen, Koaxialkabel oder auch Lichtleiter verwendet werden.
Als Zugriffsverfahren stehen "empty slot" und "token passing" im
Vordergrund. Beim "token"-Verfahren zirkuliert auf dem Ring ein
bestimmtes Kennzeichen (token), welches durch zu sendende Daten ersetzt und nach Abschluss der Uebertragung wieder generiert wird.

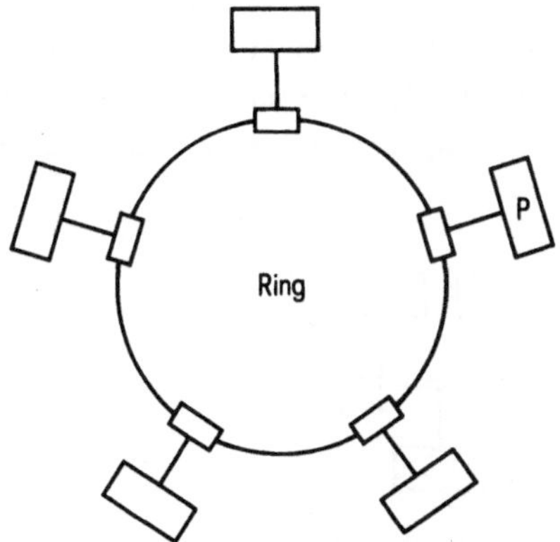

Fig. 8.11 Lokales Netzwerk: Ringkonzept

Beim "empty slot"-Prinzip kreisen dauernd leere oder volle Pakete
fester Länge. Will eine Station senden, füllt sie noch leere
Slots auf. Ein wesentliches Problem bei Ringkonfigurationen ist
die Störanfälligkeit, da ein Ausfall im Umlauf-Synchronisations-
mechanismus oder eines Repeaters zum Ausfall des gesamten Systems
führen kann, sofern nicht spezielle Vorkehrungen getroffen werden.
Das bekannteste Beispiel für ein Ringsystem ist wohl der Cambridge-
Ring, an dessen Prinzip sich weitere Realisationen anlehnen.

<u>Bussysteme</u> (Fig. 8.12) bauen im wesentlichen auf nur einer <u>linearen</u>
<u>Leitung</u> auf. Sie haben wie Ringleitungen keine zentrale Vermittlung
und Kontrolle, sie sind aber im Gegensatz zum Ring mit seinen aktiven Repeatern passiv. Der Anschluss der Teilnehmergeräte erfolgt
über passive Koppler, wobei das technische Uebertragungsmedium
hier Koaxialkabel, Fernsehkabel oder auch Lichtleiter sein kann.
Bekanntestes Bussystem ist zweifellos das "Ethernet", welches ein
Koaxialkabel als Basis verwendet. Gesendete Daten werden vom Koppler aus nach beiden Richtungen übertragen. Zur Behandlung allfälli-
ger Kollisionen verwendet Ethernet als Zugriffsverfahren CSMA/CD
(carrier sense multiple access with collision detection). Bevor
eine Station zu senden beginnt, horcht sie, ob bereits eine Uebertragung stattfindet. Ist dies der Fall, wartet sie, bis diese zu
Ende ist, sonst kann sie gleich mit dem Senden beginnen. Während
des Sendens hört die Station auf dem Uebertragungskanal mit. Wenn
eine sendende Station durch das Mithören erkennt, dass gleichzeitig
auch eine andere Station sendet, dann bricht sie den Sendevorgang
ab und wiederholt ihn zu einem späteren, durch einen Zufallsgene-
rator bestimmten Zeitpunkt.

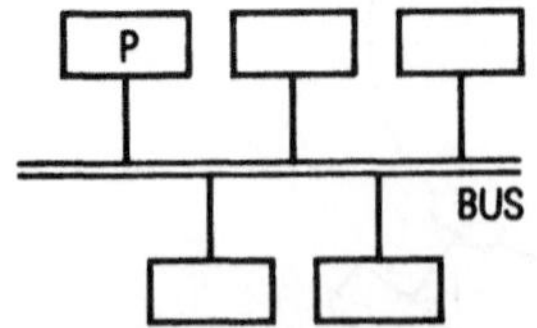

<u>Fig. 8.12</u> Lokales Netzwerk: Buskonzept

Bei Bussystemen, welche im Aufbau einfach, steuerungstechnisch hingegen recht kompliziert sind, unterscheiden sich die heute eingesetzten Techniken hauptsächlich dadurch, wie mögliche Kollisionsfälle beim Senden von Datenpaketen auf der Leitung vermieden oder wenigstens behoben werden können. Der Bus selbst ist zudem empfindlich gegen Störungen und Fehler, welche von den angeschlossenen Geräten her kommen.

Uebertragungstechniken

Für die Signalübertragung in lokalen Netzwerken finden zwei Techniken Anwendung: Bei der **Basisbandtechnik** werden die digitalen Daten ohne Modulation direkt auf das Kabel gegeben, wobei die erreichbare Datenrate durch die Bus-Anschlussgeräte begrenzt wird und das Uebertragungsmedium bei dieser Technik sehr schlecht ausgenützt wird. Die **Breitbandtechnik** teilt die gesamte verfügbare Bandbreite in mehrere Bänder auf, und die Daten werden dann - ähnlich der Kabelfernsehtechnik - auf die Trägerfrequenzen der einzelnen Bänder moduliert (siehe 8.2.1). Dadurch lassen sich gleichzeitig mehrere Nachrichten übertragen, wobei auch eine Mischung von Daten, Bild und Ton möglich ist. Es ist selbstverständlich, dass ein einzelner Breitbandkanal wesentlich langsamer ist als ein Basisbandkanal, was jedoch für viele Anwendungen ausreicht.

8.4.3 Einsatzbereich für lokale Netzwerke

Schwerpunkte für den Einsatz von lokalen Netzwerken liegen vor allem im Bürobereich und dort, wo unterschiedliche Datenverarbeitungsleistung an verschiedene Benutzerkreise angeboten werden muss, vor. Entsprechend den vielseitigen Aufgaben im Bürobereich müssen verschiedenartige Geräte benützt und zusammengeschlossen werden können, so dass die Erledigung von u.a. folgenden Aufgaben möglich ist (siehe 9.3.2):

- Textverarbeitung (Korrespondenzbearbeitung und
  Bearbeitung grösserer Texte)

- Datenbankzugriff

- Elektronische Post

- Graphische Datenverarbeitung (Präsentations-Graphik
  und technische Graphik)

- Benützung von Spezialgeräten (z.B. Fotosatz, Laser-
  drucker, Bildabtaster)

In einer Unternehmung sollen lokale Netze unterschiedlichen Benutzern von verschiedenen Standorten aus den Zugriff zu zentralen
Betriebsmitteln (Verarbeitungskapazität, Daten, Programmbibliotheken) erlauben, und es soll auch der Zusammenschluss sehr heterogener
Geräte - wie das hier am Beispiel Hochschule gezeigt ist (Fig. 8.13)
- ermöglicht werden. Neben diesen Schwerpunkten werden die lokalen
Netzwerke in Zukunft zweifellos noch in weitere Bereiche Eingang
finden; vor allem dort, wo die Verbindungen auf privatem Grund gelegt werden können und damit nicht im direkten Einflussbereich der
PTT liegen, ist eine wesentliche Ausweitung zu erwarten.

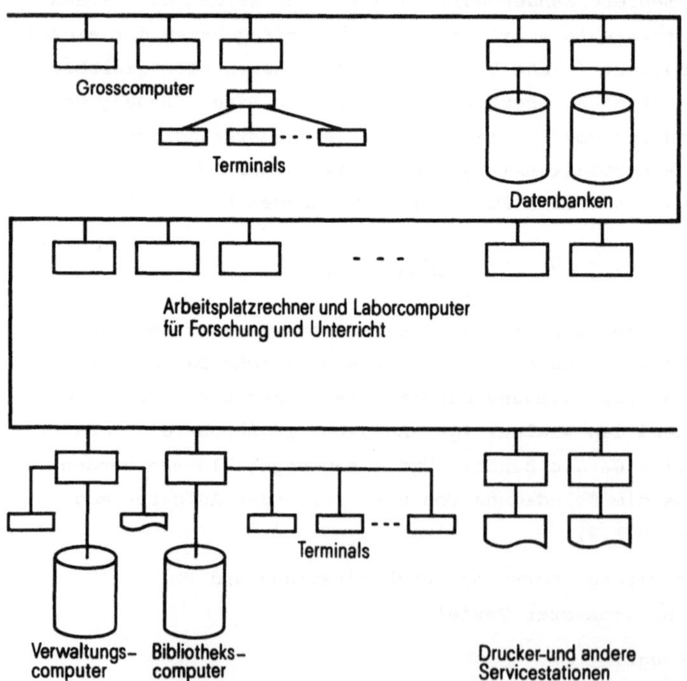

Fig. 8.13 Beispiel eines lokalen Kommunikationsnetzes
im Hochschulbereich

Die an ein bestimmtes lokales Netzwerk angeschlossenen Stationen
sollen gelegentlich auch Daten mit anderen lokalen oder auch mit
globalen Netzen austauschen. Diese Verbindung wird durch Ueber-
gangskomponenten (Gateways) hergestellt, so dass die einzelnen
__Netze gekoppelt__ werden können. Neben den Anpassungsproblemen sind
für einen solchen Zusammenschluss koordinierte Adressierungstechni-
ken und standardisierte Protokolle notwendig, was heute noch nicht
allgemein vorhanden ist (Fig. 8.14).

8.5 Kommunikationssysteme der Zukunft

Die heute verfügbaren Kommunikationsmöglichkeiten lassen sich wie
folgt charakterisieren:

- Moderne Kommunikationstechniken gestatten Verbindungen in jedem
  Distanzbereich, aber durch unterschiedliche Netze.

- Die Uebertragungskapazität der durch die PTT angebotenen Standard-
  Verbindungen ist noch nicht sehr gross,und deren Betrieb benötigt
  eine aufwendige Steuerung, welche mit Protokollen verschiedenster
  Art und Stufen zu realisieren ist.

- Es herrscht eine grosse Vielfalt bezüglich Datenformate und
  Steuerungsverfahren bei den verschiedensten Herstellern, so dass
  man mit einer grossen Inkompatibilität leben und diese zu umgehen
  suchen muss.

- Die Integration von Sprach-, Bild-, Text- und Datenübertragung
  ist noch nicht realisiert. Jeder Kommunikationsdienst hat seine
  spezifischen Eigenschaften und ist zur bestmöglichen Erfüllung
  der an ihn spezifisch gestellten Anforderungen ausgelegt. Er wird
  ausnahmsweise auch für andere Aufgaben verwendet. So dienen Telefonleitungen schon heute auch der Uebertragung von digitalen Daten, wobei jedoch eine Anpassung an die Analogtechnik erforderlich ist (siehe 8.1.2).

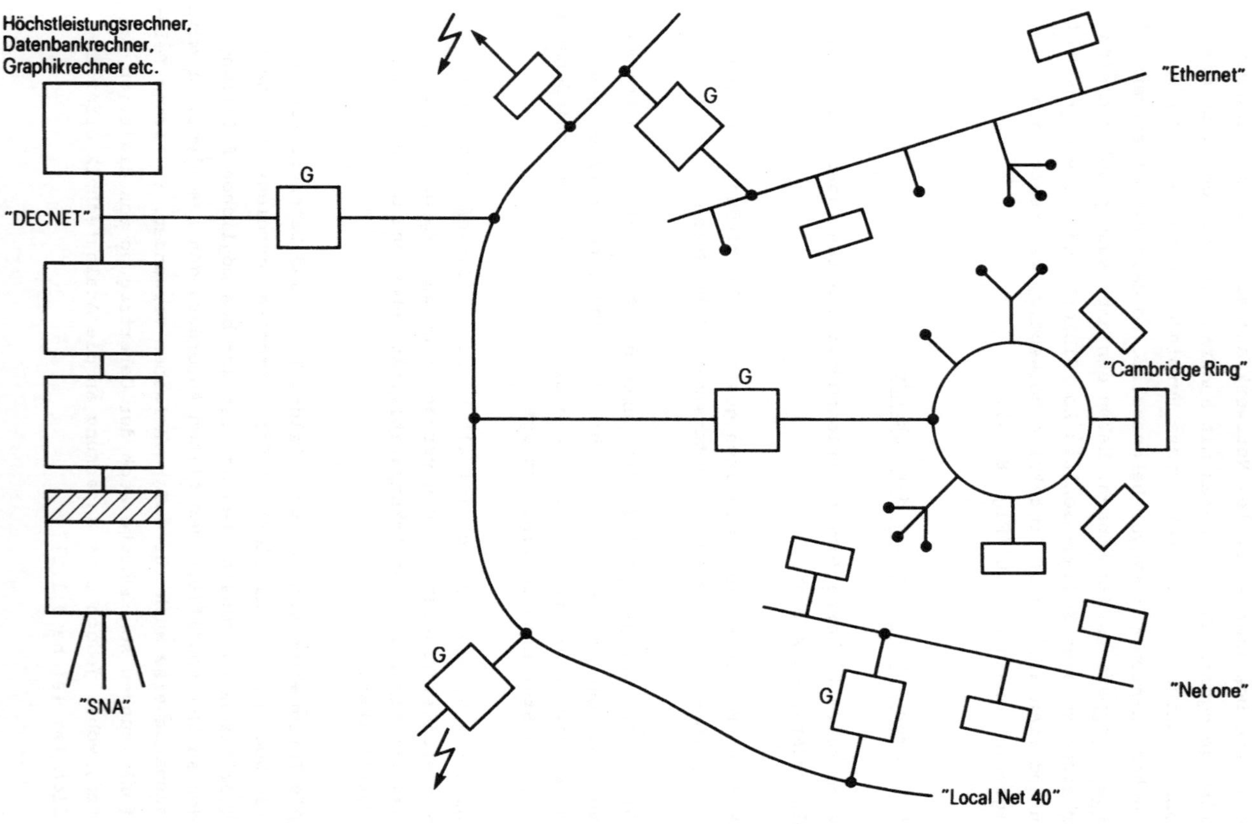

Fig. 8.14   Integration von Netzwerken

- Die Benutzung der PTT-Kommunikationsdienste unterliegt benut-
  zungsrechtlichen Vorschriften und die anfallenden Kosten folgen
  bei weitem nicht den Preisreduktionen, welche bei Computer-Hardware heute üblich sind.

Diese Eigenschaften prägen den heute möglichen Routine-Kommunika-
tionsbetrieb und setzen ihm auch seine Grenzen.

Nachdem die Anwendungen sich jedoch immer mehr auf einen <u>Verbund</u>
der Medien abstützen, stellt sich das Bedürfnis nach einem einzigen
Netz, welches die integrierte Uebertragung von Computerdaten, Ton,
Bildern und Sprache ermöglicht. Dieser Wunsch ist heute nicht mehr
utopisch, da die verfügbare Technologie solche Lösungen zumindest
in lokalen Netzwerken als realistisch erscheinen lässt. Ein Breit-
band-Netz ist nämlich durchaus in der Lage, in seinen diversen Kanälen parallel Daten unterschiedlichster Art zu übertragen. Die
strengen Anforderungen, welche bezüglich Datenrate und Verzöge-
rungszeit gestellt werden, kann ein modernes lokales Netzwerk sehr
wohl erreichen; zur Bewältigung der unterschiedlichen, zum Teil
sehr hohen Datenraten werden zudem Kompressionsverfahren erarbeitet. Die <u>Integration der Medien</u> könnte also mindestens auf lokalen
Netzen bald Wirklichkeit sein, im öffentlichen Bereich dürfte die
Realisierung hingegen noch mehr Zeit in Anspruch nehmen.

9 Textverarbeitung und Büroautomation

9.1 Text und Bild im Büro

9.1.1 Bürotätigkeiten

Büroarbeit ist seit jeher "Datenverarbeitung":

- Briefe und mündliche Mitteilungen gehen per Post, über Telefon und direkt ein, werden beantwortet, registriert, kopiert und versandt.
- Berichte, Listen, Weisungen und Statistiken werden entworfen, geschrieben, abgeändert, gedruckt, vervielfältigt, sortiert, verteilt.

Schon im letzten Jahrhundert entstanden dafür technische Hilfsmittel, die Schreibmaschine (in praktikabler Form um 1830), das Telefon (1876), erste Lochkartenzählmaschinen (1891); in den letzten Jahrzehnten kamen vor allem die Kopiergeräte und die Computer dazu. Dem Computer gebührt in dieser Aufzählung eine Sonderstellung, denn nur die programmierbare Verarbeitung von Einzeldaten ermöglicht eine integrale Automatisierung von Bürotätigkeiten (etwa auch "Bürotik" genannt). Demgegenüber trägt eine Kopiermaschine zwar sehr viel zur Bürorationalisierung (und zum Papierumsatz!) bei, kann aber nur beschränkt zur eigentlichen Datenbearbeitung eingesetzt werden.

Das Kapitel 9 soll diese sehr umfassende Funktion des Computers und der Informatikmittel im Büro deutlich machen. Damit werden viele der technischen Ueberlegungen aus den Kapiteln 2 bis 8 an einem wichtigen Beispiel verdeutlicht und einzelne wesentlich vertieft (besonders der Dialog zwischen Benutzer und Maschine). Darüber hinaus kommen Entwicklungstendenzen in der Informatik zur Sprache.

Im Bürobereich sind offensichtlich noch grosse Möglichkeiten zur Arbeitsrationalisierung nicht ausgeschöpft. In einer Darstellung des "Büros der achtziger Jahre" steht folgender Vergleich:

Produktivitätssteigerung (pro Mitarbeiter) von 1900 bis heute
- in der Industrie   bis 1000 %
- in der Administration (Verwaltung, Büro)   50 %

Auch wenn diese Zahlen im Einzelfall stark streuen, ist die Aussage
klar: Im Büro sind noch grosse Entwicklungsreserven vorhanden, wobei für die Jahre bis 1990 Produktivitätssteigerungen von 200 % und
mehr erwartet werden. Dabei ist ein grosser Teil der in wenigen
Jahren zum allgemeinen Einsatz kommenden Sachmittel heute erst den
Spezialisten bekannt.

Diese dramatische Entwicklung wurde nur möglich durch die ausserordentliche Verbilligung und Verbreitung der Computertechnik, ausgelöst durch die Erfindung der integrierten Schaltungen (Halbleitertechnik, "Chip", vgl. Fig. 2.5) und der Mikroelektronik. Mikroprozessoren und Mikrocomputer (die Begriffe werden in der Praxis
kaum auseinandergehalten) werden jetzt in Geräte jeder Art (Uhr,
Schreibmaschine, Automotor, Waschmaschine) eingebaut und kommen in
praktisch jeder Art von Datenverarbeitung und Steuerung vor. Damit
kann aber auch jede Bürotätigkeit durch Informatikmittel zwar nicht
einfach abgelöst, aber doch betroffen werden.

Solche Entwicklungen haben natürlich Folgen, die weit über das
Technische hinausgehen, insbesondere im Bereich der davon betroffenen Mitarbeiter. Und weil in unserer Gesellschaft viele Menschen
die Informatikentwicklung nicht überblicken können, haben sie davor
einfach Angst. Sie bangen vor der Zukunft. Wieviele Arbeitsplätze
vernichtet die Revolution im Büro? Die bisherige Erfahrung mit dem
Arbeitsmittel Computer hat gezeigt, dass die Automatisierung bestimmter Arbeitsprozesse im Büro (Bsp.: Lohnwesen, Sparheftver-
waltung bei Banken, Buchhaltungen) keineswegs zu Entlassungen
führte, sondern eher eine Ausweitung der angebotenen Dienstleistungen bewirkte. Die primäre Folge des Vordringens der Informatik im
Büro ist somit nicht eine Verminderung des Personalbestandes, sondern eine Verschiebung der benötigten beruflichen Fähigkeiten. Vor
allem die einfachen und <u>repetitiven Tätigkeiten</u> (wiederholtes Ab-
schreiben von Texten, Eintragen von Belegen, Ablegen und Archivieren) gehen verloren, <u>anspruchsvolle Tätigkeiten</u> (Programmieren,

Disponieren, Führen von komplizierten Organisationen) nehmen zu. Jedermann, der im Büro tätig ist, muss daher bereit sein, kleinere oder grössere Umstellungen in seiner täglichen Arbeitweise in Kauf zu nehmen. Wer mit Neuerungen positiv fertig wird, darf damit rechnen, auch in Zukunft einen guten Arbeitsplatz im Büro zu erhalten.

Das wirkt sich auf die Berufsausbildung aus: Wer eine gute <u>berufliche Grundausbildung</u> (irgendeiner Stufe) erwirbt, kann sich mit den neuen, meist anspruchsvolleren Arbeitsmethoden besser zurechtfinden, während für Ungelernte neugestaltete Bürostellen schwieriger zu bekommen sind. Aber auch jene, die bereits im Büro arbeiten, dürfen nicht auf ihrer in jungen Jahren erhaltenen Berufsausbildung ausruhen; die <u>berufliche Weiterbildung</u> ist unbedingt nötig. In Zukunft werden vermehrt Menschen im Laufe ihres Berufslebens sogar mehrmals umgeschult werden und nacheinander verschiedene Berufe ausüben.

Aber könnte "man" sich gegen diese Entwicklung nicht einfach wehren? Die internationalen wirtschaftlichen Verflechtungen sind heute so gross, dass kein Industrieland auf die Rationalisierungsmittel der Informatik verzichten kann, ohne seine Konkurrenzfähigkeit und damit erst recht Arbeitsplätze zu verlieren. Es ist deshalb besser, die Technik moderner Informationsmittel zu verstehen und sie bewusst, aber ohne Uebertreibung, in unserer Arbeitswelt einzusetzen.

Ein Spiegelbild dieser Entwicklung ist die <u>Begriffswelt</u>, welche heute den Büroalltag beschreibt, von der "Software" bis zum "Bildschirm". Wir wollen uns aber im folgenden ausdrücklich nicht in der Vielzahl der Begriffe und des Angebots an Geräten, Programmen und Methoden verlieren, sondern uns auf das Wesentliche konzentrieren. Unsere Ueberlegungen gelten gleichermassen für Rechenzentren und Grosscomputer mit vielen Terminals wie auch für einzelne Bürocomputer.

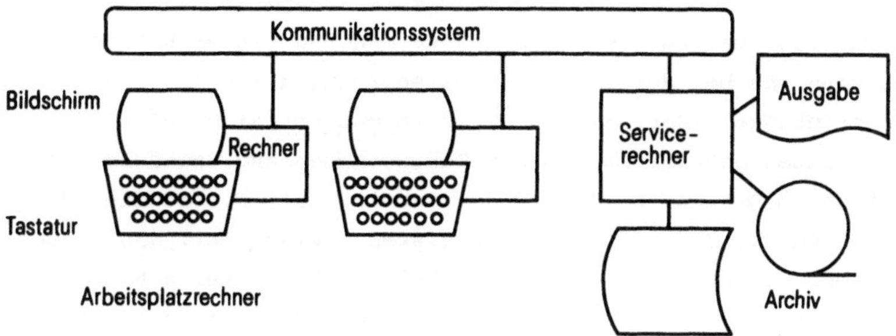

<u>Fig. 9.1</u> Arbeitsplatzrechner im Verbund

Fig. 9.1 zeigt eine Konfiguration von Geräten, wie sie für ein
mittelgrosses Bürosystem denkbar ist. An zwei Arbeitsplätzen ist
ein Computerdialog (Bildschirm/Tastatur) möglich, wobei dieser
Dialog entweder vom eingebauten Rechner am Arbeitsplatz oder -
falls dieser zu wenig leistungsfähig ist - vom (zentralen) Ser-
vicerechner unterstützt wird. Im weitern gehören zu einem solchen
System mindestens ein Ausgabegerät auf Papier sowie geeignete
Sekundärspeicher für Zwischenspeicherungen und als Archiv.

9.1.2 <u>Texte und Dokumente</u>

Im Bürobetrieb entstehen Briefe, Besprechungsnotizen und Protokolle, Berichte, Stellungnahmen; all dies wollen wir als <u>Texte</u> bezeichnen. Typisch für einen Text ist es, dass dieser mit einer
Schreibmaschine auf Papier geschrieben werden kann. Ein Text ist
somit eine <u>Zeichenfolge</u>, die einzelnen Zeichen sind einem vorgegebenen Zeichensatz entnommen (vgl. Abschn. 1.4, Fig. 1.2). Ein
Text wird in Zeilen und Seiten gegliedert; die Länge variiert
nach Bedarf.

Im Gegensatz zu dieser einfachen, <u>unformatierten</u> äusseren Darstellung eines Textes (Zeichenfolge) steht nun dessen Inhalt (Aussage,
Bedeutung). Der <u>Inhalt</u> wird normalerweise mit Hilfe einer geschriebenen Sprache (Deutsch, Englisch, mathematische Formelsprache,

Programmiersprache) und deren Grammatik ausgedrückt. Damit steht
die Textverarbeitung im Gegensatz zu manchen bisher behandelten
Problemen, da bei der logischen Datenorganisation (Abschn. 2.5) und
bei Datenbanken (Kap. 6) die Daten _formatiert_ sind. Die Bedeutung
dieser Daten geht nicht aus dem Textzusammenhang, sondern aus der
Position im Datensatz oder in der Tabelle hervor, wie dies für
Buchhaltungen, Statistiken und Register typisch ist. Nun lassen
sich aber sowohl Texte als auch Tabellen auf Papier schreiben; genau so gut können unformatierte und formatierte Daten im Computer
physisch gespeichert werden.

Wir betrachten nun einen Text und seine Entstehungsgeschichte etwas
genauer. Ein Beispiel soll die Schritte deutlich machen. Am Anfang
stehen Ideen eines Autors, der etwas zu Papier bringen will. Da
soll etwa zu einem Betriebsausflug eingeladen werden. Der Personal-
chef notiert (oder diktiert) folgenden _Entwurf:_

    Liebe Betriebsangehörige,
    Wegen des hundertjährigen Jubiläums unserer Firma
    laden wir Sie zu einem Betreibsausflug am 17.8. ein,
    der uns zur Insel ...

Kaum sieht er diesen Text auf Papier, möchte er ihn verbessern. Er
macht _Korrekturen_, die Schreibhilfe bringt folgendes Papier zurück:

    Liebe Mitarbeiter,
    Unsere Firma wird dieses Jahr hundertjährig. Wir laden
    Sie daher zu einem Betriebsausflug ein, der uns am 17.
    8. auf die Insel ...

Dieser korrigierte Text ist inhaltlich und grammatikalisch in Ordnung. Dennoch sind wir noch nicht zufrieden, weil das Datum "17.8."
schlecht lesbar ist. So folgt eine formale Bereinigung, die auch
als _Formatierung_ bezeichnet wird. Der definitive Text lautet jetzt:

Liebe Mitarbeiter,

Unsere Firma wird dieses Jahr hundertjährig. Wir laden
Sie daher zu einem Betriebsausflug ein, der uns

<u>am 17. August</u>

auf die Insel ...

Der Weg von der Idee zum geschriebenen, definitiven Text hat somit
die Struktur von Fig. 9.2, wobei die Zahl der Korrekturschleifen
beliebig sein kann. (Gemäss 9.1.3 können nicht bloss Texte, sondern
auch Zeichnungen und andere Darstellungen den gleichen Arbeitsprozess durchlaufen, wir fassen diese zusammen zu <u>"Dokumenten"</u>).

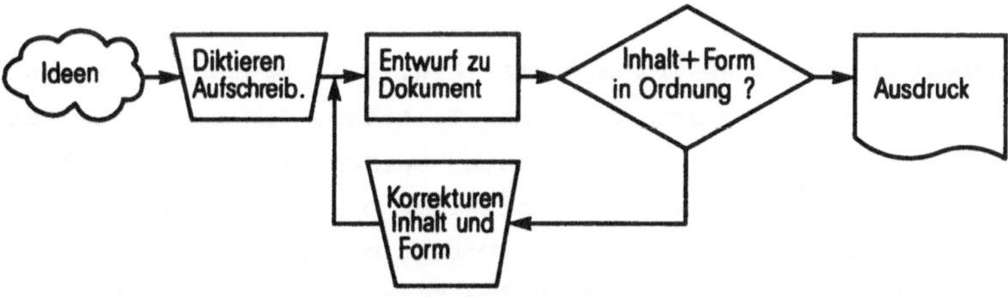

<u>Fig. 9.2</u> Bearbeitungsweg für Dokumente

Wer den Alltag in einem Büro kennt, weiss, wieviele Texte bis zur
definitiven Fassung mehrfach abgeändert und jedesmal wieder abge-
schrieben werden. Werden nun solche Texte statt auf Papier auf
magnetische Datenträger geschrieben und im Computer verwaltet, so
können alle Zeichen, Zeilen und Seiten einzeln auf den Bildschirm
geholt werden und lassen sich bei Bedarf ändern, vertauschen, einfügen, löschen, genau wie bereits in Abschnitt 2.4 gezeigt wurde.
Für diese Aufgabe spezialisierte Computer samt den zugehörigen
Programmpaketen heissen <u>Textsysteme</u>.

Textsysteme können auf Computern jeder Grössenordnung betrieben
werden, über Terminals an Grossanlagen, aber auch auf kleinen
<u>Arbeitsplatzrechnern</u> (personal computers). Die Funktionen der
Textsysteme sind dabei ähnlich, wenn auch die Grosssysteme noch in
vielen Fällen differenzierter und flexibler, damit oft aber auch
komplizierter sind.

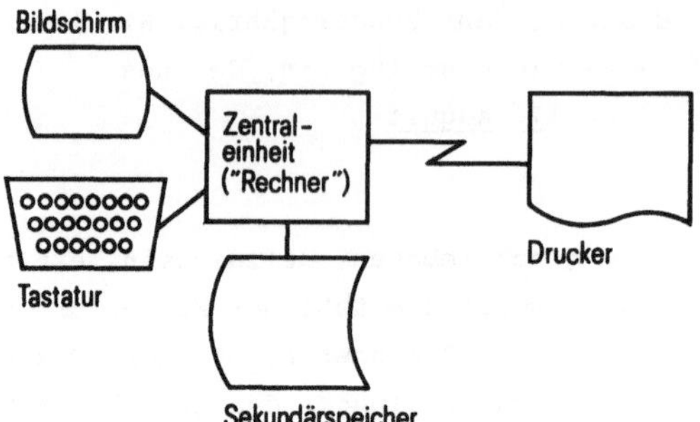

Fig. 9.3 Minimale Geräteausstattung
eines Textsystems

Der Arbeitsplatz eines Textsystems (Fig. 9.3) besteht im wesentlichen aus einem Bildschirm und einer Tastatur, die von einem Rechner
unterstützt werden.Ueber die Tastatur werden die Textteile bearbeitet, welche am Bildschirm sichtbar sind. Die dazu notwendigen
Funktionen, das Editieren und das Formatieren, werden im Abschnitt
9.2 behandelt. Hat der Text nach den Korrekturen den Zustand erreicht, der - als Endprodukt oder eventuell auch bloss als Zwischen-
entwurf - angestrebt wurde, so wird er über den Drucker auf Papier
gebracht. Gleichzeitig kann der Text aber auch gespeichert werden,
damit er für eine spätere Weiterverarbeitung direkt in der Maschine wieder zur Verfügung steht.

Der Computer übernimmt mit dieser Speicherung von Texten, bzw.
Dokumenten eine weitere Bürofunktion: Er wird zur <u>Ablage</u>, zum
<u>Archiv</u>. Wer aus dieser Ablage etwas herausholen möchte, muss das
Gesuchte irgendwie benennen können, sei es mit einem Namen, einer
Nummer oder einem Datum. Diese Situation kennen wir bereits von
Datenbanken, Informations- und Dokumentationssystemen (vgl. 6.1.3).

Beim Abrufen von Texten, Zeichnungen etc. bietet sich überdies die
Möglichkeit, verschiedene vorbereitete Teile ("<u>Textbausteine</u>") zu
neuen Texten zu kombinieren. Auf diese Weise lassen sich Schema-
briefe und auch schwierigere Dokumente, wie Vertragsentwürfe, Offer-
ten oder Berichte mit wenig Aufwand aus Vorhandenem zusammensetzen.

Wenn an bestimmten Arbeitsplätzen besonders häufig mit Schemakor-
respondenz gearbeitet wird, so muss vorerst genau untersucht werden, welches Sortiment von Textbausteinen am zweckmässigsten ist
(Schriftgutanalyse), so dass nachher Korrespondenten und Textver-
arbeiter damit optimal arbeiten können.

9.1.3 Bildverarbeitung, Computergraphik

Graphische Darstellungen bilden heute eine ganz selbstverständliche
Form der Informationswiedergabe, die den Text ergänzt oder in besonderen Fällen auch ersetzen kann (Pläne, Illustrationen). Entsprechend hat die Informatik auch das Spezialgebiet der Computer-
graphik entwickelt, das sich mit graphischen Darstellungsformen und
den dafür erforderlichen Geräten und Programmsystemen befasst. Wir
sind bereits in 5.2.6 und 5.3.3 den entsprechenden Geräten für
Datenein- und -ausgabe begegnet. Hier soll noch kurz die graphische
Datendarstellung selber vorgestellt werden und zwar mit den zwei
wichtigsten datenmässigen Darstellungsarten für graphische Gebilde
(Figuren, Pläne, Bilder).

Diese Darstellungsarten (Rasterdarstellung, Vektordarstellung) sind
von ganz grundsätzlicher Bedeutung und kommen sowohl in administra-
tiven als auch in technischen Anwendungen vor. Es geht dabei darum,
eine graphische (meist flächige, zweidimensionale) Eigenschaft in
Form von Daten, also in Bits und Zahlen, auszudrücken.

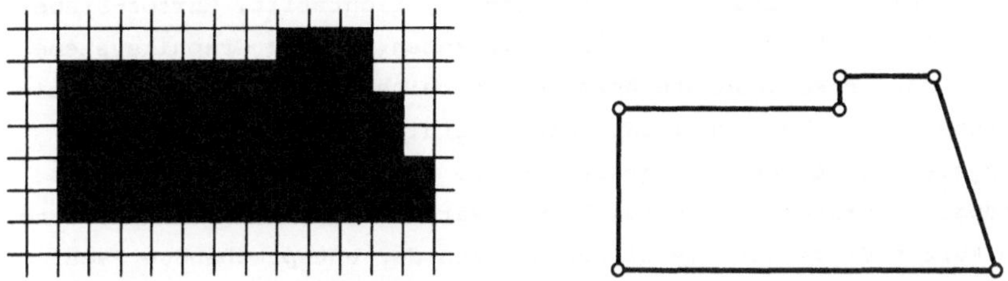

Fig. 9.4 Raster- und Vektordarstellung eines Hausgrundrisses

Fig. 9.4 zeigt die Darstellung des gleichen Hausgrundrisses in
Raster- und in Vektortechnik.

- <u>Rasterdarstellung:</u> Die Zeichenfläche wird generell durch ein
  Gitter von gleichartigen Rasterfeldern (meist Quadraten) über-
  deckt. Eine Zeichnung besteht aus hellen und dunklen Rasterfel-
  dern (Datenspeicherung: pro Rasterfeld ein Bit; bei Farb- oder
  Grauwertdarstellungen entsprechend mehr). Die Genauigkeit der
  Darstellung entspricht der Feinheit des verwendeten Rastergitters.

- <u>Vektordarstellung:</u> Auf der Zeichenfläche werden nur besonders
  wichtige <u>Punkte</u>, diese aber beliebig exakt (durch ihre numerischen Koordinaten in x- und y-Richtung) angegeben. Alle anderen
  Bestandteile der Figur werden mit Hilfe von Punkten beschrieben,
  so Strecken durch ihre zwei Endpunkte, beliebige Linien durch
  Streckenzüge, Flächen durch ihre Grenzlinie.

Beide Darstellungen haben je nach Anwendung eine Reihe von Vor-
und Nachteilen. So vermittelt die Rasterdarstellung einen raschen
Ueberblick über eine Fläche, sie erlaubt schnelle und einfache
Computerverfahren zur Ermittlung gemeinsamer Gebiete mehrerer
Flächen und ähnliches. Anderseits ist die Vektordarstellung exak-
ter, beschreibt auch die inneren Zusammenhänge von Figuren ("Gren-
zen", "Nachbarn" etc), aber sie verlangt entsprechend grösseren
Rechenaufwand.

Analog zu den in 9.1.2 beschriebenen Textsystemen sind heute
<u>Graphiksysteme</u> erhältlich; sie unterstützen die graphik-tauglichen
Geräte eines Computersystems (Graphik-Bilschirm mit hoher Bildauf-
lösung, Plotter, Laser-Drucker, Scanner, Lichtstift, Cursor-Steue-
rung) mit leistungsfähigen Programmpaketen. Solche Graphiksysteme
werden für verschiedenste Anwendungsbereiche laufend neu- und weiterentwickelt. Ihre Qualität, die allerdings stark von der Leistungsfähigkeit der verfügbaren Geräte und damit von deren Preis
abhängt (Auflösung des Bildschirms, Farbe etc.), ist beeindruckend;
ein kurzer Blick auf die Illustrationen der entsprechenden Fach-
publikationen weist auf den hohen Entwicklungsstand hin [SIGGRAPH].

Graphikmöglichkeiten sind heute im Bereich der Datenverarbeitung
weitverbreitet, ob und wie sie genutzt werden, hängt von der Art
der Probleme und von Wirtschaftlichkeitsüberlegungen ab. Nicht

jede graphische Anwendung ist sinnvoll, aber öfter als bisher sollten wohl graphische Verfahren in Anwendungen einbezogen werden.

9.2 Textverarbeitung im Dialog

9.2.1 Bearbeitung von Texten (Editieren)

Wer über ein Dialogcomputersystem verfügt, findet darauf ein Dienstprogramm, das meist als Editor bezeichnet wird. Dieses erlaubt, einen beliebigen Text (eine sequentielle Datei von einzelnen Zeichen) sequentiell zu betrachten und bei Bedarf abzuändern. Der Editor bietet dazu Funktionen an, die für diesen Zweck dienlich sind. Wir wollen einige solche Funktionen im Prinzip kennenlernen, obwohl bei der Vielzahl von heute verfügbaren Textsystemen Namen und genaue Definition dieser Funktionen leider keineswegs einheitlich sind. Daher muss jeder Anwender diese oder ähnliche Funktionen vorerst auf seinem eigenen Computersystem aufsuchen und genau kennenlernen.

Wir laden Sie ein, am ▲
an unserer Orientierung teilzunehmen.
Sie findet statt im Restaurant
in
und umfasst folgendes Programm:

Fig. 9.5 Beispiel eines zu editierenden Textes mit Cursor (▲)

Ausgangspunkt jeder Textverarbeitung ist eine Textdatei (Bsp.: Fig. 9.5). Nun wollen wie diese abändern. Dazu müssen wir mit einer Positionsmarke, dem Cursor, genau angeben, wo wir in unserer Textdatei etwas verändern wollen. Der Cursor spielt also die gleiche Rolle wie unser Zeigefinger, wenn wir in einem Buch auf eine bestimmte Stelle zeigen. Der Cursor zeigt jederzeit nur auf genau eine Position, dort können wir arbeiten. In Fig. 9.5 könnten wir an der Stelle des Cursors jetzt etwa ein Datum einfügen.

Um die Arbeitsweise des Editierens zu erläutern, sollen einige
Grundfunktionen EINFUEGEN, CURSOR VERSCHIEBEN, SUCHEN, LOESCHEN und
ERSETZEN etwas genauer beschrieben werden.

EINFUEGEN (xyz)

Mit dieser Funktion wird an der vom Cursor markierten Stelle die
Zeichengruppe xyz eingefügt, etwa so:

    EINFUEGEN (Z ON)   in FRANKEN   ergibt FRANZ ONKEN

Steht bei Arbeitsbeginn noch nichts in der Textdatei, so besteht
diese nur gerade aus einem Endzeichen (vgl. Fig. 2.12) und der
Cursor weist darauf. Mit der normalen Funktion EINFUEGEN wird
darauf der erste Text eingegeben.

CURSOR-VERSCHIEBEN

Damit der Text an jeder gewünschten Stelle bearbeitet werden kann,
muss der Cursor rasch und gezielt verschoben werden können. Das geschieht einerseits mit Suchfunktionen (vgl. unten), anderseits mit
direkten Cursor-Anweisungen. Ueber spezielle Funktionstasten
(↑,↓,←,→) oder über graphische Eingabemedien (vgl. 5.2.6) kann
der Cursor auf dem Bildschirm nach Wunsch bewegt werden. Gerät dieser dabei (z.B. nach unten) über den auf dem Bildschirm sichtbaren
Teil der Textdatei hinaus, so schiebt das Textsystem den Rest
automatisch auf den Bildschirm nach.

SUCHEN (xyz)

Hier sucht das Textsystem in TEXT von der aktuellen Cursor-Position
aus sequentiell weiter, bis die Zeichenfolge xyz zum ersten Mal
auftritt (oder das Dateiende erscheint) und setzt den Cursor auf
diese Position, zum Beispiel:

    SUCHEN (TAU)   in RESTAURANT ergibt RESTAURANT

LOESCHEN BIS (xyz)

Beim Löschen ist anzugeben, welcher Teil von TEXT zu eliminieren
ist. Dieser Teil kann z.B. mit einer "von - bis"-Angabe markiert
werden, wobei "von" durch den Cursor, "bis" durch die nächste
Zeichenfolge xyz, wie bei SUCHEN, markiert wird. Viele Editier-

systeme bieten noch andere Löschfunktionen an, etwa "Löschen aktuelle Zeile", "Löschen aktuelle Seite".

"Löschen" ist aber grundsätzlich eine gefährliche Funktion im Textsystem, denn mit wenigen Tastendrücken können grosse Textteile verschwinden und damit die Datenerfassungsarbeit von Stunden oder Tagen vernichtet werden. Daher enthalten viele Textsysteme bei der Löschfunktion eine Art Sicherheitsschloss: Wenn alles zum Löschen bereit ist, kommt eine zusätzliche Rückfrage "Löschen ausführen?" Erst auf ein zusätzliches JA erfolgt die Löschung, aber jetzt definitiv.

ERSETZEN (xyz) (abc)
Diese kombinierte Funktion sucht vorerst den Text auf die Zeichenfolge xyz ab; ist diese gefunden, wird sie durch abc ersetzt. Eine Variante der Funktion wiederholt diese Ersetzung gerade für sämtliche Vorkommen von xyz bis zum Ende des Textes. Dieses Beispiel macht deutlich, wie stark ein Textsystem redaktionelle Ueberarbeitungen von Sachtexten erleichtern kann!

Die vorgestellten fünf Editorfunktionen sollen genügen, um die Arbeitsweise mit einem Textsystem zu erläutern. Solche Systeme sind heute schon sehr verbreitet. Wer sich dafür interessiert, wird ohne weiteres Textsysteme im Betrieb ansehen oder gar ausprobieren können.

Bei einem solchen Versuch beginnen wir mit den soeben beschriebenen Grundfunktionen und bemühen uns, ihre Wirkung auf dem konkreten Textsystem ganz genau zu verstehen. Deren Namen lauten wahrscheinlich etwas anders (vielleicht INSERT, DELETE, ...); ihre Form kann ebenfalls von unseren Beispielen abweichen. Bei der aktiven Arbeit am Textsystem werden die Einzelheiten rasch klar. Sobald wir die Grundfunktionen beherrschen, können wir uns auch komplizierteren Funktionen zuwenden.

Textsysteme, wie sie in der Büropraxis im Einsatz stehen, bieten nämlich noch wesentlich leistungsfähigere Funktionen als die bisher beschriebenen an. So gibt es etwa die Möglichkeiten, ganze Abschnitte gegenseitig umzustellen, bestimmte Teile zu duplizieren und ähnliches. Noch weiter gehen <u>Korrigierhilfsprogramme</u>. Ein solches vergleicht etwa einen Text wortweise mit einem vorgespeicherten Wörterverzeichnis, worauf alle nicht gefundenen Wörter (und die meisten Wörter mit Orthografiefehlern gehören natürlich dazu) dem Bearbeiter auf dem Bildschirm angezeigt werden, damit er, falls nötig, mit den Editierfunktionen eine Korrektur vornimmt.

9.2.2 <u>Formale Gestaltung von Texten (Formatieren)</u>

Wer schon eine Pergamenthandschrift, einen frühen Bibeldruck oder auch eine moderne Urkunde genauer betrachtet hat, weiss um die Bedeutung der formalen Gestaltung eines Textes. Neben der Aesthetik geht es dabei in der Praxis vor allem um die <u>Uebersichtlichkeit</u> und damit auch um die <u>Verständlichkeit</u> eines Dokuments. Diese Qualitäten spielen auch für gewöhnliche Briefe und für Unterlagen jeder Art eine wichtige Rolle.

Wir haben uns bereits im Zusammenhang mit der Datenausgabe mit der Qualität von (Druck-)Schriften befasst (vgl. Fig. 5.12). Es lohnt sich, für wichtige Texte oder grössere Auflagen den Rat von Setzern und Druckern einzuholen, welche ihre "Schwarze Kunst" seit Jahrhunderten entwickelt haben. Die verschiedenen Druckschriften (Bsp. in Fig. 9.5) wurden von Künstlern entworfen und werden aufgrund sehr differenzierter Regeln und handwerklicher Erfahrung der Setzer verwendet und kombiniert. Allerdings erfolgt der Druck heute immer seltener mit Bleilettern, sondern mit computergestütztem Lichtsatz (vgl. 5.3.2) im fotomechanischen Offsetdruck.

In jüngster Zeit wird aber in vielen Bürobetrieben für kleine Drucksachen gar nicht mehr eine Druckerei beigezogen. Ein Originaltext wird auf der Schreibmaschine oder eben auf einem Textsystem hergestellt, die Vervielfältigung erfolgt über Bürokopierer oder Kleinoffsetmaschinen im Hause. Daher soll hier kurz auf formale Möglichkeiten der Textgestaltung hingewiesen werden, wie sie heute von vielen Textsystemen unterstützt werden.

Zeilengliederung: Blocksatz-Flattersatz: Das Ergebnis der Editierarbeit in 9.2.1 ist eine Textdatei, korrekt nach Inhalt und Sprachregeln. Diese Textdatei ist aber noch nicht nach Zeilen und Seiten gegliedert. Für die Gliederung nach Zeilen müssen zwei Randbedingungen der Worttrennung beachtet werden:

- Die Zeilenlänge darf eine vorgegebene Grenze nicht überschreiten, und
- die Zeichenfolge der Textdatei kann nur an bestimmten Stellen (Wortende, Silbenende) unterbrochen und auf zwei Zeilen aufgeteilt werden.

Daher sind Textzeilen etwa auf der Schreibmaschine nur im Ausnahmefall so lang wie die maximale Zeilenlänge meist aber etwas kürzer. Was macht man mit den kürzeren Zeilen? In der Praxis gibt es zwei wichtige Lösungen:

- Flattersatz: Die zu kurzen Zeilen werden genau so gedruckt. (Bsp.: dieses Buch, Schreibmaschinenbrief). Das hintere Ende der Zeilen ist zwar etwas unruhig (es "flattert"), aber die Lösung ist einfach.
- Blocksatz: Die zu kurzen Zeilen werden künstlich durch Einfügen von Leerstellen in den Wortzwischenräumen verlängert, sog. ausgeschlossen (Bsp.: dieser Absatz, Zeitungsspalte). Ein solcher Text wirkt ruhiger, vor allem bei mehrspaltigen Seiten.

Je kürzer die maximale Zeilenlänge ist, umso schwieriger ist es, die Zeilen "schön" zu gliedern, das gilt für Flatter- und Blocksatz in gleicher Weise.

Silbentrennung: Obwohl die Silbentrennung mit der Grammatik der Sprache zusammenhängt, wird ihre Bedeutung erst beim Formatieren sichtbar. Automatische Trennprogramme für die deutsche Sprache sind sehr aufwendig (im Englischen sind die Regeln einfacher; hyphenation), weshalb Textsysteme meist eine Zusammenarbeit Mensch-Maschine anbieten. Dabei werden auf dem Bildschirm die zu trennenden Wörter und gewisse Trennvorschläge angezeigt, die der Bediener annehmen oder abändern kann.

<u>Proportionalschrift, gewöhnliche Schreibmaschinenschrift:</u> Die
Schriftzeichen des lateinischen Alphabets sind an sich von unterschiedlicher Breite (W - I - m - i). Für die herkömmliche Schreibmaschine und für die meisten Computerausgabegeräte (5.3.1) wurden
diese Schriftzeichen aber in ein Prokrustesbett gezwängt: Alle erhalten gleich viel Platz. Der Setzer unterscheidet aber seit jeher
unterschiedliche Schriftzeichenbreiten; auch auf teureren Schreibmaschinen hat die Proportionalschrift Einzug gehalten. Textsysteme
müssen bei der Berechnung der Zeilenlänge auf diesen Unterschied
Rücksicht nehmen, wobei unter Umständen sogar die Bildschirmdar-
stellung und die benützten Druckgeräte in den Schriftzeichenbreiten
variieren.

Schrift:	Grotesk:	Antiqua:	Schreibmaschine:
Grundschrift	Gutenberg	Gutenberg	Gutenberg
kursiv	*Gutenberg*	*Gutenberg*	
halbfett, fett	**Gutenberg**	**Gutenberg**	
Grösse	**Gutenberg**	**Gutenberg**	Gutenberg
Unterstreichung			<u>Gutenberg</u>

<u>Fig. 9.6</u> Verschiedene Schriften und Hervorhebungen

<u>Hervorhebungen:</u> Besonders in Sachtexten ist es wichtig und für den
Leser hilfreich, wenn einzelne Wörter, Titelzeilen oder andere
Textstellen hervorgehoben werden können. Wie diese Hervorhebung
geschieht, ist wiederum von den verwendeten Textsystemen und
Schriften abhängig (Fig. 9.6). In der üblichen Schreibmaschinenschrift wird <u>unterstrichen</u>, was in einer Druckschrift <u>kursiv</u>
(engl. italics) oder durch <u>Fettdruck</u> (engl. bold type) hervorgehoben werden kann. Auch <u>Schriftgrösse</u> und <u>Farbe</u> können für die
Gestaltung eingesetzt werden; auf einem Bildschirm lassen sich
durch <u>Aufblinken</u> oder durch <u>Negativbilder</u> (etwa weiss-schwarz
statt schwarz-weiss) noch weitere Unterscheidungen erreichen.

Eine Warnung ist hier notwendig: Hervorhebungen wirken nur, wenn sie mit Zurückhaltung eingesetzt werden! Zu viele Hervorhebungen wirken ermüdend und werden gar nicht mehr zur Kenntnis genommen.

<u>Seitengliederung (Umbruch)</u>: Texte müssen schliesslich nicht nur nach Zeilen, sondern in einem weiteren Schritt auch nach Seiten gegliedert werden. Das tönt auf den ersten Blick problemlos. Dennoch sind erneut analoge Ueberlegungen wie bei Block- und Flattersatz nötig. So sollte nicht eine einzelne Zeile eines Abschnittes allein auf einer Seite, der Rest auf einer anderen stehen. Auch Titelzeilen dürfen nicht unten auf einer Seite isoliert werden. Solche Bereinigungsarbeiten beim Seitenumbruch werden durch Textsysteme stark erleichtert, weil sie die Gliederung ganzer Seiten auf dem Bildschirm präsentieren können.

Bei dieser Seitengestaltung können auch Figuren eingeplant werden. In einfacheren Textsystemen wird für die Figuren bloss der notwendige freie Platz reserviert, bei allgemeineren Entwurfssystemen können sogar Zeichnungen angefertigt und direkt mit den Textteilen zu Dokumenten kombiniert werden.

9.2.3 <u>Die Dialoggestaltung</u>

Wer heute den Bürobetrieb bei einer Bank oder bei einer Fluggesellschaft betrachtet, stösst überall auf Bildschirmarbeitsplätze oder kurz "<u>Bildschirme</u>" (in diesem Sinne samt Tastatur und Computermittel verstanden). Während sich früher die Angestellten über Listen und Formulare beugten, "unterhalten" sie sich heute mit dem Bildschirm. Dieser "Dialog" ist allerdings etwas einseitig, wie wir schon in 5.3.1 gesehen haben. Schliesslich "sitzt" dem Benutzer am Bildschirm kein verständnisvoller Mensch, sondern eine zwar leistungsfähige, aber nur auf ganz bestimmte Funktionen abgerichtete Maschine gegenüber. Und während sich das menschliche Dialogmedium, die Sprache, in Jahrtausenden entwickeln konnte, liegen erst wenige Jahre Erfahrung mit dem Bildschirmdialog vor. Kein Wunder, dass noch nicht alle Computerdialoge problemlos funktionieren.

Der Leser sollte das unbedingt einmal selber ausprobieren. Er
sitzt an einem Bildschirm, drückt auf eine START- oder ON-Taste
und hofft auf eine Reaktion des Systems. Vielleicht sagt ihm am
Anfang ein hilfreicher Berater, dass jetzt eine ganz bestimmte
Zeichenfolge eingetastet werden muss (etwa "LOGIN,7713,MEIER"). Sobald ich als Benutzer aber allein weiterarbeiten möchte, wird's
schwieriger. Da frägt mich die Maschine etwa nach der nächsten gewünschten Funktion. Welche Funktionen stehen mir aber zur Verfügung
und wie heissen sie? Das könnte mir doch der Computer sagen, wenn
ich es nicht auswendig weiss. Falls ich es umgekehrt aber weiss
(weil ich mit dem betreffenden System Erfahrung habe), dann werde
ich ärgerlich, wenn ich mir laufend Belehrungen des Computers ansehen muss, die ich nicht benötige!

Damit stehen wir mitten in den Problemen, die sich bei der Gestaltung des Computerdialogs stellen. J. Nievergelt nennt sechs Hauptfehler, welche die heutigen Computerdialoge erschweren
[NIEVERGELT/VENTURA 83]:

- <u>Uneinheitliche Befehlsbezeichnungen</u> erschweren das Erlernen der
  Dialogsprache (Gilt jetzt EXIT oder QUIT oder OUT für das Be-
  enden einer Funktion?)

- <u>Intoleranz bei der Verarbeitung von Benutzereingaben</u> zeigt die
  "Sturheit der Maschine", während ein menschlicher Dialogpartner
  auch jenen versteht, der lispelt oder eine Fremdsprache spricht.
  Die Maschine könnte aber zu grösserer Toleranz programmiert
  werden!

- <u>Nachlässige Formulierungen von Anweisungen an den Benutzer</u> zeigen diesem zu wenig exakt, wie er seine Funktionsbefehle formulieren soll. ("Welches Programmpaket wollen Sie benützen?" tönt
  sehr kollegial, hilft aber kaum bei der Beantwortung. Muss ich
  jetzt "TEXTVERARBEITUNG" oder "TEXPACK" oder "EDITOR" eintippen?)

- <u>Fehlende Rückmeldung des Systems</u> lässt den Benutzer im Unklaren,
  ob seine Eingabe unverständlich oder unvollständig war (keine
  Reaktion des Computers), ob der Computer aus internen Gründen
  wartet oder ob er in Erfüllung eines Befehls voll arbeitet, aber
  damit noch nicht fertig ist. Alle Eingaben sollten daher zu

einer unmittelbaren und sichtbaren Reaktion des Systems auf dem
Bildschirm führen (etwa Ausgabe eines "*" als sog. <u>Prompting</u>).
Dauert eine Rechenfunktion längere Zeit (einige Minuten), so
wären ebenfalls gelegentlich Zwischenanzeigen erwünscht.

- <u>Zeilenorientierte Ausgabe</u> (statt einer seitenorientierten) benützt nicht den ganzen Bildschirm als Gestaltungsmittel; dieser
  Mangel ist aber heute vielfach noch in den verwendeten Geräten
  begründet.

- <u>Stehenlassen veralteter Informationen</u> stört auf dem modernen
  Bildschirm, während dies noch auf dem Fernschreiber, ganz besonders aber bei Stapellösungen durchaus zweckmässig war.

Diese sechs Hauptfehler belasten viele der heutigen Dialoganwen-
dungen mehr oder weniger, und sie lassen sich nachträglich nur mit
grossem Aufwand und unvollständig korrigieren. Daher müssen sie
schon im Entwurf bekämpft werden. Dazu hat sich der Informatiker
beim Dialogentwurf immer zu vergegenwärtigen, wie der künftige
Dialogbenutzer bei der Arbeit mit dem Bildschirm denkt, welche
Fragen er hat. Die Arbeit am Bildschirm ist ausgesprochen dynamisch: Man hat schon etwas gemacht, man möchte ein bestimmtes Ziel
erreichen, etwa einen editierten und formatierten Text. Also steht
der Benutzer jederzeit in einem ganz bestimmten Stadium des Dialogs. Wird er über den aktuellen Stand unsicher, können seine
<u>Fragen</u> allgemein etwa so formuliert werden [NIEVERGELT/VENTURA 83]:

- <u>Wo bin ich?</u> Der Bildschirm sieht nicht wie erwartet aus.

- <u>Was kann ich hier tun?</u> Die Menge der aktiven Befehle, vielleicht
  auch deren Form und Bedeutung, ist unklar.

- <u>Wie kam ich hierher?</u> Vielleicht wurde eine falsche Taste ge-
  drückt oder ich möchte an einer früheren Stelle weiterfahren.

- <u>Was bietet mir das System überhaupt an Möglichkeiten?</u>

Die ersten drei Fragen (Ort, Modus, Weg - site, mode, trail) beziehen sich auf den aktuellen Stand des Dialogs, während die Frage
vier eine allgemeine Orientierung auslösen sollte.

Natürlich können diese Fragen auf verschiedene Art beantwortet werden. Hier soll jedoch an einem Beispiel (Bürosystem) gezeigt werden, wie eine Lösung etwa aussehen könnte.

Wo bin ich? Eine Hierarchie von Funktionen

Betrachten wir ein Bürosystem, worauf Texteditieren, Adressverwaltung und Buchhaltung möglich sind. Es entspricht den früher geschilderten Entwurfsprinzipien (vgl. 3.5.2), wenn diese Funktionen voneinander geschieden und intern weiter untergliedert werden. Das Ergebnis ist eine Funktionshierarchie (Fig. 9.7).

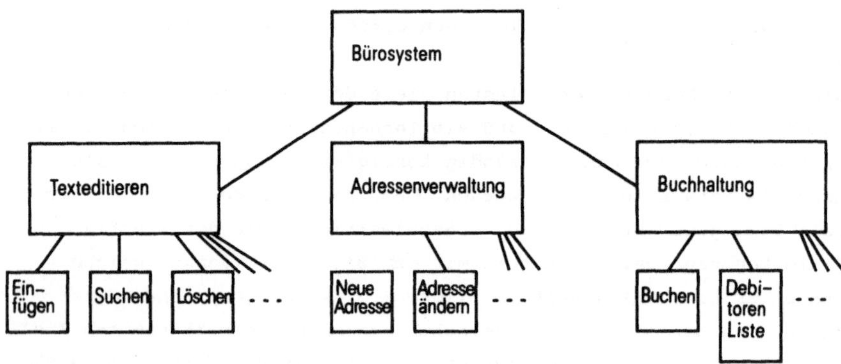

Fig. 9.7 Hierarchie von Funktionen
(Bsp. Bürosystem)

Der Benutzer am Bildschirm kann sich nun in dieser Funktionshierarchie bewegen:

- nach unten durch eine <u>Menü-Auswahl</u> unter den im aktuellen Funktionsfeld verfügbaren Unterfunktionen;
- nach rechts innerhalb der Nachbarfunktionen einer Gruppe mit einem Befehl NEXT;
- nach oben mit einem Befehl QUIT zum Verlassen der bisherigen Funktion.

Diese Befehlsgruppe erlaubt es, alle gewünschten Funktionen zu erreichen, wobei eine Arbeitssitzung ("Session") immer bei der obersten Funktion der Hierarchie beginnt und aufhört.

Dem Benutzer am Bildschirm muss nun <u>jederzeit</u> klar sein, wo in der
Hierarchie er sich befindet. Es ist daher sinnvoll und einfach, ihm
diesen "Standort" laufend auf dem Bildschirm anzuzeigen (Bsp.:
Fig. 9.8 zeigt unten links "Texteditieren"). Auf Anfrage kann das
Dialogsystem auch die gesamte Funktionshierarchie zeigen.

<u>Was kann ich hier tun? 1. Variante: Ein Menü von Möglichkeiten</u>
Sehr häufig entsprechen die aktuellen Möglichkeiten gerade der
Menge der Unterfunktionen, die in der Funktionshierarchie
(Fig. 9.7) der aktuellen Funktion direkt untergeordnet sind. Dazu
kommen noch ein paar allgemein gültige, <u>universelle Funktionen,</u>
die immer zulässig sind, eben etwa NEXT, QUIT und HELP (für allgemeine Information). Es ist daher sinnvoll, an einer bestimmten
Stelle des Bildschirms (Fig. 9.8, unteres Band) dieses Menü von
Möglichkeiten dem Benutzer sichtbar anzubieten, möglichst mit
einer Andeutung, wie der Benutzer die Antwort schreiben soll (im
Beispiel also EIN,SU,...,Q,H; in anderen Systemen können Funktionen aber auch, je nach technischen Möglichkeiten, mit dem Cursor
oder anderen graphischen Mitteln bezeichnet werden).

<u>Was kann ich hier tun? 2. Variante: Arbeit mit Masken</u>
Nicht alle Arbeiten sind mit der Menü-Technik ideal zu gestalten.
Eine sehr wichtige Dialogform ist auch die Arbeit mit Masken, die
wir schon in 5.2.3 (Bsp. in Fig. 5.5) kennengelernt haben. Bei der
Erfassung formatierter Daten im Dialog drängt sich diese Arbeitsform auf, weil für die verschiedenen Datenfelder die geeigneten
Feldlängen und Fehlerkontrollen gerade vom System vorbereitet werden können. Für unformatierte Daten eignet sich hingegen der unge-
gliederte Bildschirm als Darstellungsmittel besser (Fig. 9.8).

<u>Wie kam ich hierher? Verfügbarhalten des bisherigen Dialogs</u>
Meist nur auf ausdrückliches Verlangen des Benutzers kann ihm das
Dialogsystem die bisher ausgeführten Dialogbefehle sichtbar machen.
Daraus lassen sich Unsicherheiten ("Habe ich jetzt das schon ein-
mal kopiert?") beheben und Fehlmanipulationen rückgängig machen.

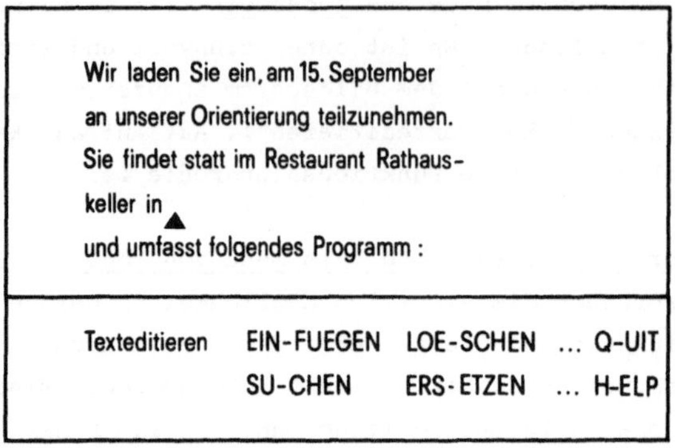

Fig. 9.8 Bildschirm mit Textdaten, Menü und Cursor (▲)

Der Bildschirm als Arbeitsfläche

Der Computerdialog ist natürlich nicht Selbstzweck, sondern nur
eine bestimmte Arbeitsform. Das Produkt der Arbeit ist wichtiger.
Das wird auch aus der Bildschirmgestaltung (Fig. 9.8) sichtbar.
Während wir in unserem Beispiel in einem Fussbalken (Fenster) das
aktuelle Funktionsfeld und das Menü darstellen, zeigt der Haupt-
teil des Bildschirms das Arbeitsobjekt, hier den zu editierenden
Text. Darauf können wir mit dem Cursor (gesteuert durch Tasten
oder durch graphische Eingabemittel, je nach Ausstattung unseres
Bildschirms) die Arbeitsposition angeben und den Text (gemäss
Menü-Funktionen) bearbeiten. Moderne Bildschirmgeräte (Hardware)
und entsprechende Betriebssysteme (Software) bieten schon heute
ein oft verwirrendes Sortiment von technischen Möglichkeiten der
Dialoggestaltung an, neben den graphischen Eingabeverfahren vor
allem etwa verschiedene "Fenster" (auf dem gleichen Bildschirm)
und Abrufhilfen. Wir können darauf in diesem Ueberblick nicht ein-
gehen, denn die Entwicklung neuer Varianten verläuft stürmisch.
Daher wird vor jeder neuen Beschaffung oder gar Entwicklung neuer
Dialogsysteme ohnehin das aktuelle Marktangebot verglichen werden
müssen.

Zum Abschluss dieses Abschnitts über Textverarbeitung im Dialog ist
noch eine Bemerkung zum Begriff der Qualität notwendig. Der Bürobetrieb, etwa auf der Stufe eines Direktionssekretariats oder einer

Finanzbuchhaltung, kennt Qualitätsansprüche an Präsentation
(Schrift- und Druckqualität von wichtigen Briefen, Verträgen etc.)
und an Sicherheit (Eignung für Bücherrevision), welche für Spiele-
reien keinen Platz lassen. Die Computerlösungen haben darauf Rücksicht zu nehmen. Obwohl heutige Heim- und Hobbycomputer bereits die
verschiedensten Textverarbeitungsmöglichkeiten im Dialog anbieten,
können damit die Qualitätsansprüche, wie sie die Praxis stellt,
noch nicht voll erfüllt werden. Für einen professionellen Betrieb
in Sekretariat und Buchhaltung braucht es Computer einer entsprechenden Qualitätsstufe.

9.3 Integrierte Datenverarbeitung

9.3.1 Das technische Büro

Während früher mancher Handwerker für seine Erzeugnisse kaum
schriftliche Arbeitsunterlagen brauchte, ist eine moderne industrielle Fertigung ohne sorgfältige Vorbereitung im Büro undenk-
bar. Für anspruchsvolle Werke (Kathedralen des Mittelalters, technische Entwürfe eines Leonardo da Vinci) diente schon früh die
Zeichnung als Arbeitshilfe. Heutige Fertigungsunterlagen umfassen
Zeichnungen mit Massangaben, Berechnungen, Stücklisten, verbale
Beschreibungen. All diese Unterlagen müssen nicht nur jede für
sich korrekt und widerspruchsfrei sein, sondern sie müssen gesamthaft zusammenpassen.

Diese Forderung nach sauberem Zusammenspiel der verschiedenen
Fertigungsunterlagen gilt natürlich auch, wenn für deren Bereitstellung Informatikmittel eingesetzt werden. Anderseits kann eine
computergestützte (computer aided, computer assisted) Konstruktionsarbeit gerade dank dieser Mittel laufend auf ihre Richtigkeit
überprüft werden. Fehler in der Konstruktionsarbeit lassen sich so
früher aufdecken oder ganz vermeiden. Ein Computersystem, das für
die Konstruktion eingesetzt wird, liefert von den intern in digitaler Form gespeicherten Konstruktionen (Bsp.: Zahnradgetriebe)
nach Bedarf eine Zeichnung, eine Liste der Koordinaten, eine Be-

rechnung der Materialbelastung am Zahnradzahn, alles zueinander
passend.

Diese Integration lässt sich noch viel weiter treiben. Die konkrete Herstellung eines Zahnrades erfolgt auf einer entsprechenden
Fräsmaschine, welche jeden Zahn genau gleich und präzis aus dem
vollen Metallstück herausarbeitet. Die Drehung des Werkstücks, die
Bewegung der Schneidewerkzeuge erfolgen nach zum voraus berechneten
Regeln. Moderne Werkzeugmaschinen können mit diesen Regeln direkt
digital programmiert werden; sie verfügen über eine sog. numerische
Steuerung (numeric control) und heissen auch <u>NC-Maschinen</u>. Es liegt
auf der Hand, dass die Steuerprogramme für NC-Maschinen bei compu-
terunterstützten Konstruktionsverfahren gerade zusammen mit den
Zeichnungen und den anderen Konstruktionsunterlagen berechnet und
auf dem von der NC-Maschine für die Programmierung verlangten
Medium ausgegeben werden können.

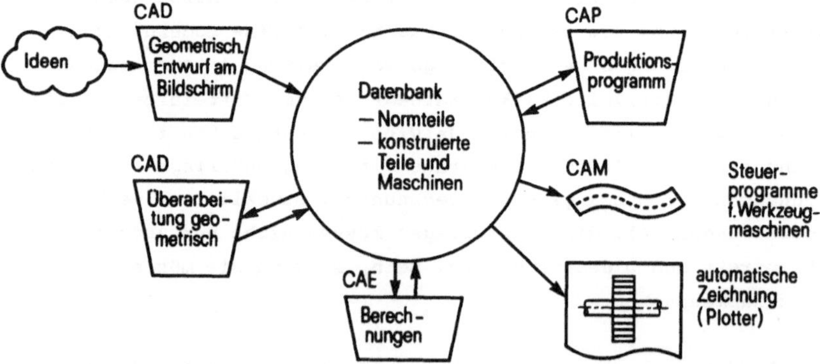

<u>Fig. 9.9</u> Integriertes technisches Konstruktionssystem

Fig. 9.9 zeigt schematisch das Zusammenspiel verschiedenster Komponenten eines technischen Entwurfssystems. Diese bilden Anwendungen
von in früheren Kapiteln behandelten Methoden der Datenverarbeitung.
Die verwendeten "CA."-Begriffe sind heute im Ingenieurbereich ge-
bräuchlich, wenn auch ihre genauen Geltungsbereiche gelegentlich
etwas variieren.

- <u>CAD (computer aided design), Entwurf</u>: Entwurf der Geometrie eines technischen Produkts (Maschinenteil, Bauwerk, elektrische Leiterplatte); häufig Unterscheidung nach zweidimensionalen und dreidimensionalen CAD-Systemen für Entwürfe in der Ebene oder im Raum.

- <u>CAE (Computer aided engineering), Ingenieurberechnungen</u>: Statische und dynamische Stabilitäts-, Festigkeits- und andere Berechnungen, meist mit Rechenverfahren der numerischen Mathematik (Bsp.: Finite Element-Methoden) oder durch Simulation des Verhaltens des entworfenen Produkts.

- <u>CAP (computer aided planning), Produktionsplanung</u>: Optimale Disposition der Produktionsmittel (Personal, Maschinen, Material etc.).

- <u>CAM (computer aided manufacturing), Herstellung</u>: Vorbereitung, falls möglich Programmierung der technischen Herstellung eines Produkts auf Automaten, Produktionsstrassen, Roboter.

- <u>Datenbank</u>: Das Ergebnis von CAD, aber auch von CAE ist noch kein Produkt im physischen Sinn, sondern erst dessen datenmässige Beschreibung. Die Datenbank nimmt Zwischenergebnisse auf, stellt sie allen Systemkomponenten zur Verfügung und stellt so die Koordination sicher.

Die Erfahrungen mit CAD/CAM-Systemen in der Praxis zeigen übrigens, dass sich CAD kaum lohnt, wenn damit einfach die Zeichenmaschine des Konstrukteurs durch den Bildschirm ersetzt wird. Der Mehraufwand für den Arbeitsplatz mit Computerunterstützung wird erst gerechtfertigt durch Leistungs- und Qualitätsverbesserungen, die durch Kombination von CAM mit anderen CA.-Komponenten entstehen.

Entwurfsarbeiten jeder Art sind anspruchsvolle menschliche Tätigkeiten. Die Bereitstellung computermässiger Hilfen erfordert intime Kenntnisse der Arbeitsweise und vielfältigster Zusammenhänge; CA.-Systeme sind daher noch nicht für jeden Einsatzbereich vorhanden oder mit vernünftigem Aufwand erstellbar. Der Computereinsatz im technischen Büro erfolgt bedächtiger als in Banken und Sekretariaten, weil die Arbeitsabläufe komplexer und unterschiedlicher sind.

9.3.2 Das Büro der Zukunft

Ein kurzer Ausblick soll hier nicht Science-fiction-Romane nachahmen, sondern Tendenzen aufzeigen. Das Büro der Zukunft wird

- die Einzelgeräte von heute besser <u>zusammenschliessen</u> und Informatikdienstleistungen als Gesamtlösungen anbieten;
- durch neue, billigere <u>Speichertechniken</u> viele Papierarchive ablösen;
- unbefangeneren Gebrauch vom vorhandenen <u>Angebot der Informatik</u> und von den Kombinationsmöglichkeiten machen.

Die verbesserten <u>Kommunikationsmethoden</u> sind schon heute in der Praxis erkennbar. Innerhalb des Büros kann jeder Arbeitsplatzrechner über ein Kommunikationssystem (Fig. 9.1) auf andere Geräte (Drucker, Grossspeicher, Grossrechner) zurückgreifen, wenn der Anwender diese benötigt. Die Sekretärin sollte nicht den Arbeitsplatz wechseln müssen, wenn sie von Buchhaltung zu Textverarbeitung oder Wochenplanung übergehen möchte. Und die Kommunikation hört an der Hausmauer nicht auf. Firmeneigene und öffentliche Netzwerke erlauben internationale Verbindungen ("elektronische Post", Dokumentationsbanken) und führen bereits zu einem merklichen Zurückgehen der Papierflut in bestimmten Informationsabläufen (etwa im Zahlungsverkehr der Banken oder im Postcheckdienst). Das "papierlose Büro" ist damit aber noch nicht erreicht, es wird nicht einmal umfassend angestrebt. Oder möchte jemand die Zeitung ausschliesslich am Bildschirm lesen?

Zur Zeitung aber noch eine weitere Ueberlegung. Johannes Gutenberg schuf vor fünf Jahrhunderten den Buchdruck und öffnete damit erstmals den Weg zur <u>Massenverbreitung</u> von Ideen ("einer an viele"). Flugblätter, Zeitungen, Radio, Fernsehen sind Formen davon. Der Computer im Netz führt hier erstmals grundlegend weiter, er erlaubt die Zwei-Weg-Kommunikation von vielen an viele!

Eine andere Entwicklungsrichtung betrifft die <u>zeitliche</u> Verfügbarkeit von Daten. Heute verarbeitet der Computer vor allem aktuelle Daten, während <u>Archivdaten</u> ausgelagert und in kompakter Form, aber

<u>nicht mehr maschinenlesbar</u> gespeichert werden (etwa in Form des
Mikrofilms; vgl. COM in 5.3.1). Das dürfte sich mit neuen billige-
ren und archivtauglichen Speichermedien wie der optischen Speicher-
platte (Fig. 9.10) ändern. Technisch handelt es sich bei dieser um
einen Einmalspeicher, wo die Information bitweise durch einen Laser-
strahl auf eine zwischen zwei Glasplatten eingebettete Träger-
schicht definitiv eingebrannt wird. Die so aufgezeichneten Daten
sind durch die Glasplatten vor jeder Art von Verschmutzung oder
Abnützung geschützt; gelesen werden sie durch einen anderen Laser-
strahl. Eine einzige Platte kann 10^5 Megabit oder den Text von
500'000 Seiten A4 aufnehmen. Und dieser Text ist maschinenlesbar
gespeichert, der Computer kann als Suchhilfe auch bei alten Beständen eingesetzt werden, wie das in Datenbanken und Informationssystemen üblich ist.

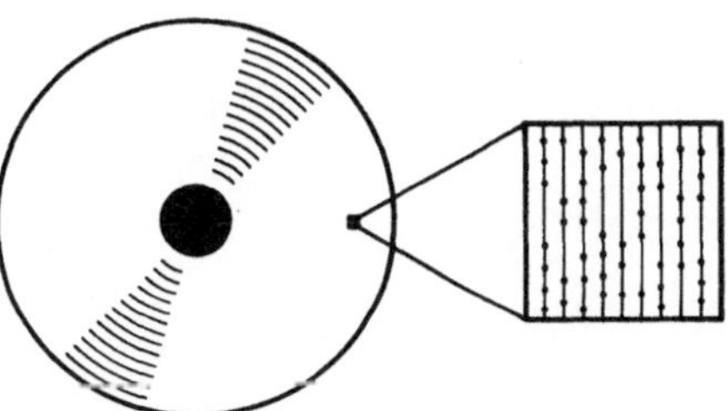

<u>Fig. 9.10</u> Optische Speicherplatte (für Laser-
Bearbeitung) mit vergrösserten Datenspuren.
Informationsdichte 40 Megabit/cm^2

Zum Schluss dieser Zukunftsüberlegungen soll an einem Beispiel gezeigt werden, dass heute wohlbekannte <u>Computermöglichkeiten</u> noch
zu wenig unbefangen <u>kombiniert</u> werden. Nehmen wir als Beispiel
ein Physikbuch. Wir sind uns gewohnt, darin Illustrationen zu
finden. Warum sollen diese sich nicht <u>bewegen</u>, wenn sie einen
dynamischen Prozess darstellen? Der Computer kann mit Texten und
Bildern arbeiten, also auch mit Bildern eines Trickfilms. Der
Computer kann Prozesse berechnen (physikalisches Experiment), und
er kann Prozesse steuern (Bildfolge des Trickfilms). Das "Lernen
am Bildschirm" macht noch ungenügenden Gebrauch von den Möglich-

keiten des Computers, wenn dabei nur starre "Seiten" von Text und
Figuren betrachtet werden. Die <u>Animation</u> stellt eine echte Berei-
cherung dar und wird bald - auch über Heim- und Hobby-Computer -
vermehrt benützt werden.

Wenn der Arbeitsplatz im Büro in Zukunft in umfassender Art die
Sinne und die Ausdruckmöglichkeiten des Menschen anspricht und zu
erkennen vermag (optisch, tastend, akustisch), so wird damit einerseits wirtschaftlichen Bedürfnissen (Rationalisierung) entsprochen.
Anderseits darf aber erwartet und verlangt werden, dass der Mensch,
der an einem solchen Arbeitsplatz arbeitet, von den Möglichkeiten
der Maschine so Gebrauch macht, dass er sich unterstützt, aber
nicht vergewaltigt fühlt. Dazu muss er bewusst seinen hochflexi-
blen Arbeitsplatz mitgestalten; die Maschine bietet die Möglichkeiten dazu [WISSKIRCHEN 83].

10 EDV-Organisation

10.1 Das EDV-Projekt

10.1.1 Zeitlicher Verlauf

Der Einsatz neuer Verfahren, neuer Geräte und neuer Verhaltenswei-
sen benötigt überall eine entsprechende Vorbereitung. Im EDV-Bereich benützt man für "Vorbereitung" und "Einsatz" die Begriffe
Projekt und Anwendung, wie sie schon früher eingeführt wurden
(vgl. Abschn. 1.5).

- **Projekt:** Künftiges EDV-Verfahren im Entwicklungsstadium; zeitlich
  begrenzt.

- **Anwendung:** EDV-Verfahren im Betrieb; zeitlich unbegrenzt.

Während der Projektphase sind alle für die künftige erfolgreiche
Anwendung nötigen Voraussetzungen zu schaffen, wobei nicht nur an
den Computer (Programmierung, Daten), sondern auch an alle übrigen
betroffenen Teile einer Organisation zu denken ist. Die Projektphase selbst ist nicht das Ziel der Arbeiten, sie ist auf die
künftige Anwendung ausgerichtet. Erst diese erlaubt die Nutzung der
investierten Arbeit.

Innerhalb der Projektphase lassen sich verschiedene Arbeitsgänge
unterscheiden, die teilweise parallel verlaufen (Fig. 10.1) und
präzis aufeinander abgestimmt werden müssen. Das ist bei allen
technischen Entwicklungsarbeiten so. Im folgenden sollen vor allem
die für den EDV-Bereich typischen Tätigkeiten skizziert und am
Beispiel der Automatisierung einer Vereinsmitgliederkartei (vgl.
Abschn. 1.5) illustriert werden.

Dabei soll sich der Leser immer bewusst bleiben, dass die Organisation von Arbeitsgängen (Arbeitsmethodik) auf verschiedenen Wegen
erfolgen kann. Wichtig ist, **dass** strukturiert wird. Wir folgen
hier einer weitverbreiteten Phasengliederung.

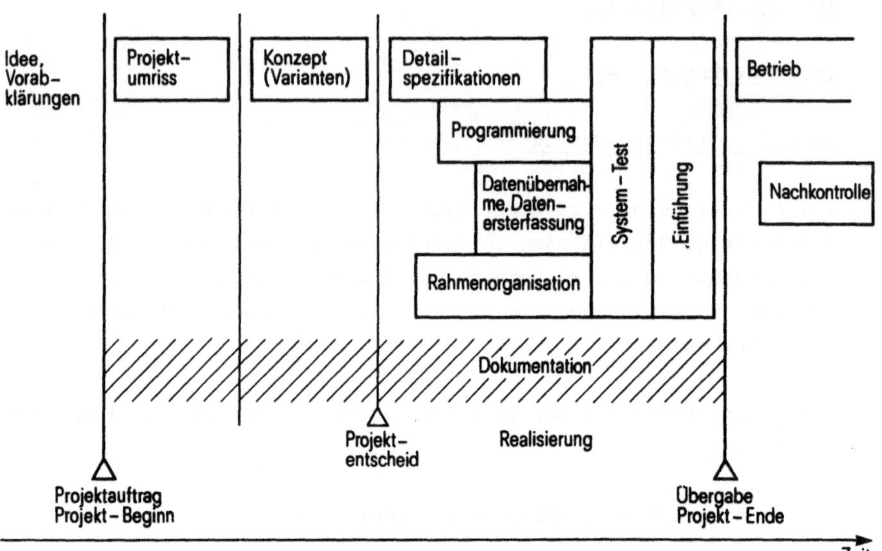

<u>Fig. 10.1</u> Phasengliederung eines EDV-Projekts

<u>Bevor</u> überhaupt ein Projekt Form annehmen kann, entsteht in irgend-
einem Kopf eine erste, oft vage <u>Idee</u>. Sie geht davon aus, dass ein
bestimmter administrativer oder technischer Ablauf nicht befrie-
digt und verbessert werden sollte. Zu den für die Verbesserung
einsetzbaren Mitteln ist auch der Computer zu zählen. (<u>Bsp</u>.: Dem
Sekretär eines Vereins wächst die Arbeit mit Mitgliederbeiträgen,
Versand des Mitteilungsblattes und Adressänderungen über den Kopf;
er sinnt auf Abhilfe. Könnte der Computer vielleicht...?)

<u>Projektbeginn</u>: Formeller <u>Auftrag</u> an ein zu bestimmendes <u>Projekt-
Team</u>, sich mit dem Problem - vorerst abklärend - zu befassen.
(<u>Bsp</u>.: Der Vereinsvorstand beauftragt den Sekretär abzuklären, was
sich in seiner Vereinsadministration verbessern lässt.)

<u>Projektumriss</u>:   Schriftliche Darstellung und Abgrenzung des
Problems. (<u>Bsp</u>.: Kurzbeschreibung der für den Verein nötigen Mit-
gliederadministration und der dafür verfügbaren Zeit und Finanzen.)

<u>Konzept (Varianten)</u>: Grobanalyse des Problems (Ist-Zustand) und
Erarbeitung sinnvoller Lösungsmethoden, die einander als Varianten
gegenübergestellt werden; eine weitere Variante ist das bisherige
Verfahren. Am Schluss der Konzeptphase sollte klar sein, welche
tauglichen Lösungswege existieren, was sie nützen und wieviel sie
etwa kosten. Diese Angaben werden als Entscheidungsunterlage für
den Projektentscheid zusammengestellt. (<u>Bsp.</u>: Mitgliederkartei auf
Lochkarten oder auf Disketten mit Stapelverarbeitung im Rechenzentrum oder mit Tischcomputer im Dialog möglich und zahlbar;
Terminaldialoglösung viel zu teuer.)

<u>Projektentscheid</u>: Formeller <u>Entscheid</u> über Weiterführung des
Projektes (die eigentliche Projektrealisierung) und Auswahl der Lö-
sungsvariante, die weiter verfolgt werden soll. Da das "bisherige
Verfahren" immer auch als Variante zu betrachten ist, umfasst das
Spektrum der möglichen Entscheide auch den Abbruch der Projektar-
beiten. (<u>Bsp.</u>: Entscheid für Disketten und Tischcomputer.)

<u>Detailspezifikation</u> (Feinanalyse): Ausarbeitung aller für die
spätere Programmierung und für die organisatorische Durchführung
nötigen Unterlagen, insbesondere Beschreibung der Daten und Datenstrukturen, des Systemablaufs (Systemflussdiagramme, Programmfunktionen) und der externen Datenträger (Formulare, Ausdrucke);
Abgrenzung von Teilsystemen (Moduln). Die Feinanalyse erfordert
laufend kleinere und grössere Zwischenentscheide beim Systement-
wurf; sie erlaubt aber auch laufend genauere Schätzungen von
Leistungen und Aufwand des projektierten Systems. (<u>Bsp.</u>: Festlegung der zu speichernden Mitgliederdaten, Definition der Programme
für Mitgliedermutationen, Rechnungsstellung und Mitgliederverzeich-
nisse, Entwurf des neuen Anmeldeformulars.)

<u>Programmierung</u>: Erstellen der benötigten Programme und Aufrufe von
vorhandenen Bibliotheksprogrammen. (<u>Bsp.</u>: Programmierung der Mu-
tations- und Druckprogramme; Aufruf des Sortiersystems.)

<u>Rahmenorganisation:</u> Auch ausserhalb des Computers sind Vorberei-
tungen nötig; diese Rahmenorganisation umfasst insbesondere
Numerierungssysteme, Formulardruck, technische Hilfsmittel (Möbel,
Stempel, Schalter etc.), Personalausbildung. (<u>Bsp.</u>: Neues Anmelde-
formular, neue Mitgliedernummern.)

<u>Datenübernahme:</u> Die neue EDV-Lösung benötigt in den meisten Fällen
Daten in anderer Form als das alte Verfahren. Die Umstellung der
Daten stellt daher eine wichtige Voraussetzung für die Umstellung
der Abläufe dar. (<u>Bsp.</u>: Uebertragen (Eintippen) der bisherigen manuellen Mitgliederdatei auf Disketten.)

<u>Systemtest:</u> Alle Programme sowie auch deren Zusammenspiel mit
allen organisatorischen Komponenten müssen nach einem systema-
tischen <u>Testplan</u> und mit <u>Testdaten</u> ausgeprüft werden. Zum Ausprüfen
sind auch absichtlich falsche Daten beizufügen. (<u>Bsp.</u>: Durchspielen
mit einigen Mustermitgliedern aller Kategorien mit besonderem Gewicht auf den sogenannten seltenen Fällen.)

<u>Dokumentation</u> (vgl. 10.1.3): Laufende Bereitstellung der erklären-
den Unterlagen, die für den künftigen Betrieb nötig sind.
(<u>Bsp.</u>: Gebrauchsanweisung für den Vereinssekretär und für das be-
treuende Programmierteam.)

<u>Einführung:</u> Als Vollüberprüfung und aus Sicherheitsgründen wird
das neue Verfahren oft während kürzerer Zeit parallel mit dem
alten Verfahren betrieben. So lassen sich allfällige Fehler - auch
in der Organisation - ohne schlimme Folgen korrigieren, und auch
die Katastrophenorganisation kann real geübt werden. Echter
Parallelbetrieb beansprucht aber das Personal besonders stark.
(<u>Bsp.</u>: Als Ueberprüfung und zum Einlaufen werden die Mitgliederbei-
träge des vergangenen Jahres nochmals berechnet.)

<u>Projektende, Betriebsaufnahme:</u> An dieser Stelle treffen Mitarbeiter
aus Entwicklung und Betrieb zusammen, zwei Personenkreise mit wesentlich verschiedener Optik für die Probleme. In einer formellen
<u>Projektübergabe</u> wird das Projekt mit allen nötigen Unterlagen,

Dokumentationen, Programmen, Daten etc. in die Anwendungsphase
übergeben. Fehlen relevante Teile des Projektes, so kann es von der
Betriebsabteilung nicht übernommen werden und wird zurückgewiesen.
(Bsp.: Der Sekretär und das Rechenzentrum erhalten alle Unterlagen,
verstehen sie, sind damit einverstanden und nehmen den Betrieb mit
der Vereinsmitgliederverwaltung auf.)

Betrieb: Das frühere Projekt läuft produktiv als Anwendung oder
Applikation. (Bsp.: Mitgliederverwaltung mit EDV.)

Die geschilderten Schritte - generell und im Beispiel - verlaufen
teilweise parallel. So beginnt die Ausprüfphase oft schon während
der Programmierung, und die Dokumentation soll auf jeden Fall während der ganzen Projektentwicklung laufend aufgebaut werden. Dieses Parallelarbeiten hat allerdings den Nachteil, dass in kleineren
Teams oder gar bei selbständigen Analytiker-Programmierern die Phasen oft kaum mehr auseinandergehalten werden. Und dies führt leicht
zu ungenügender Ueberprüfung, unvollständiger Dokumentation und
anderen Mängeln, die sich im Betrieb negativ auswirken.

Ein EDV-Projekt hat einen Anfang und ein Ende; das Ende ist entweder die Uebergabe an den Betrieb oder aber der Abbruch des Projekts. Werden im Laufe einer Entwicklung grosse konzeptionelle
Aenderungen eines Projekts nötig, so ist es besser, das alte Projekt abzubrechen und ein neues Projekt zu beginnen. Auf keinen
Fall dürfen Projekte nur deshalb weitergeschleppt werden, weil bereits viel Entwicklungsarbeit darin investiert wurde. Die Projektdauer, also die eigentliche Entwicklungszeit eines Projektes, darf
normalerweise auch für grössere Projekte zwei bis drei Jahre nicht
überschreiten. Grössere Probleme müssen daher in Teilprobleme zer-
legt werden, die einzeln als Projekt formuliert, durchgezogen und
wirtschaftlich gerechtfertigt werden müssen. Da der wirtschaftliche
Nutzen erst mit der Anwendung kommt, ist eine längere Projektdauer
schon wegen der noch immer raschen Entwicklung auf dem Computer-
sektor nicht zu verantworten.

10.1.2 <u>Varianten und Entscheide</u>

Kaum irgendwo unterscheiden sich Denk- und Arbeitsweise von Prakti-
kern, Ingenieuren und Organisatoren einerseits und Studenten anderseits so grundlegend wie in der Art, Lösungen zu suchen und zu beurteilen. Während der Student gewohnt ist, eine (für ihn gestellte)
<u>präzise</u> Aufgabe zu lösen, nach <u>einem</u> Lösungsweg Ausschau zu halten
und diesen diskussionslos auszuführen, weiss der Praktiker, dass
sich Lösungswege und Aufgabenstellung oft <u>gegenseitig beeinflussen</u>
können. Die reale Welt stellt nur selten organisatorisch eindeutige
Aufgaben, und dementsprechend muss der Entwicklungsprozess oft mehrere Möglichkeiten solange parallel bearbeiten, bis ein fundierter
Entscheid möglich ist.

Im Laufe eines Entwurfsprozesses sind laufend kleinere und grössere
Entscheide darüber nötig, auf welchem Weg weitergearbeitet werden
soll. Der erfahrene, gute Analytiker - und das gilt natürlich nicht
nur für den EDV-Bereich - erkennt rasch die <u>Grenzen</u>, innerhalb
derer brauchbare Lösungen liegen müssen. Bei unbedeutenden Differenzen entscheidet er sich rasch für eine Lösung. Er erkennt aber
auch Fälle, wo die Alternativen weittragende Konsequenzen haben
können (indem dadurch z.B. die Flexibilität einer Entwicklung massiv eingeschränkt wird); in diesen Fällen entscheidet er nicht
allein, sondern spricht sich innerhalb seines Entwicklungsteams ab
oder holt den Entscheid einer übergeordneten Instanz ein (dies ist
obligatorisch nach der Konzeptphase: Projektentscheid).

Für den <u>Anfänger</u> ist diese Gratwanderung ungewohnt und voller
Tücken, aber auch interessant und für den wachen Beobachter höchst
lehrreich. Auf der einen Seite lauert die Gefahr der <u>Uferlosigkeit</u>.
Jedes Problem führt auf ein weiteres, die Kombination von Varianten führt zu einer exponentiell ansteigenden Zahl von Fällen, denen
der Analytiker gegenübersteht und mit denen er sich zu befassen hat.
Auf der anderen Seite könnte man bei allzu früher Beschränkung die
"beste Lösung" <u>ausschliessen</u>. Der Student fürchtet erfahrungsge-
mäss vor allem diesen letzten Fall, sobald er einmal erkannt hat,
dass Alternativen überhaupt existieren. Aber: die mathematisch

<u>beste</u> Lösung ist in der Praxis meist gar nicht so eindeutig festgelegt. Es gibt mehrere praktikable, "gute" Lösungen, und es lohnt sich daher, die Variantenzahl rasch einzuschränken.

Die "guten" Lösungen lassen sich natürlich nicht nach einem generellen Notensystem beurteilen (wie es der Anfänger wiederum gewohnt ist), denn sie bringen Aufwand und Nutzen nur im Zusammenhang eines <u>bestimmten</u> Projektes in ein angemessenes Verhältnis. Als Beispiel für eine derartige Berücksichtigung der Realitäten eines Projektes sei eine Regel erwähnt, deren Kenntnis dem Analytiker oft das Leben erleichtern kann.

Die <u>80-20-Regel</u> (vielleicht sollte man sie sogar 90-10-Regel nennen) besagt folgendes (vgl. Fig. 10.2):

Bei der Analyse und Programmierung vieler ähnlicher Fälle (wie dies in der Datenverarbeitung üblich ist) entsteht 80% des Aufwandes durch die Behandlung der kompliziertesten 20% der Fälle, während 20% des Aufwandes genügen, die restlichen 80% der Fälle zu behandeln.

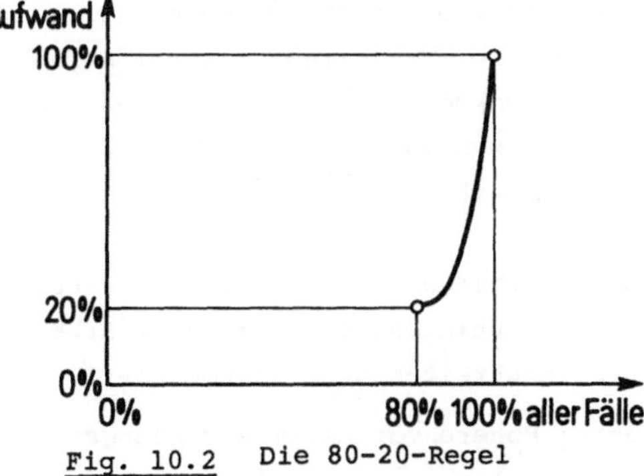

<u>Fig. 10.2</u>   Die 80-20-Regel

Die Folgerung aus dieser Regel ist einfach: Die <u>vollau</u>tomatische Behandlung aller Sonderfälle ist teuer.

Es empfiehlt sich daher aus wirtschaftlichen Gründen oft, bei wirklich ausgefallenen Möglichkeiten (z.B. unwahrscheinliche Fehler in den Eingabedaten), diesen Fall zwar automatisch zu erkennen und zu

isolieren, für die Bearbeitung aber manuelle Massnahmen vorzusehen.
Automation ist primär für häufige Fälle zweckmässig.

Eine besondere Gefahr für automatische Systeme ist deren übermäs-
sige Komplexität. Allzuviel wird hineingepackt, bis die Uebersicht
(und damit Sicherheit, Leistungsfähigkeit, Flexibilität) verloren-
geht. Daher sind gelegentlich Systemaufteilungen nötig, auch wenn
damit Duplizierungen von Datenbeständen und andere Nachteile verbunden sein können (vgl. Abschn. 2.6). Die Gefahren der Komplexität
nehmen mit der Systemgrösse überproportional zu.

10.1.3 Dokumentation

Wer in einem Projekt-Team mitarbeitet, ist entwicklungsorientiert.
Er denkt an attraktive, eventuell neuartige technische Lösungen und
er strengt sich voll an, diese zu finden. Demgegenüber bietet die
nachfolgende Beschreibung und Erläuterung dieser Lösung - eben
die Dokumentation - wenig äusseren Reiz. Und weil die Motivation
fehlt, wird die Dokumentation leicht vernachlässigt und wird so zu
einer Schwachstelle von EDV-Projekten, was bei deren Anwendung zu
Schwierigkeiten führt. Dokumentation ist nämlich jene Gebrauchsanweisung einer Computeranwendung, welche diese für alle Beteiligten
zugänglich und nutzbar macht.

Es gibt verschiedene Methoden, um den Analytiker-Programmierer mit
List oder Zwang dazu zu bringen, dass er seine Arbeit möglichst
laufend mit deren Fortschreiten auch dokumentiert.

- Programmiersprache: Höhere, vor allem anwendungsorientierte Programmiersprachen ermöglichen nicht bloss weniger fehleranfällige
  Programme, sondern erhöhen auch die Uebersichtlichkeit sehr. Der
  verantwortungsbewusste Programmierer fügt im weiteren überall
  dort Kommentare in seinen Programmtext ein, wo der Programmablauf
  nicht offensichtlich ist oder wo externe Anschlüsse (Dateien,
  Aufrufe von Unterprogrammen etc.) nötig sind. Viele höhere Programmiersprachen verlangen diese letztere Art von verbalen Ergänzungen sogar obligatorisch.

- <u>Programmier-Standards:</u>   In verschiedenen Projekt-Teams wird
über den Gebrauch von höheren Programmiersprachen hinaus auch die
Art der Programmgestaltung, die Bezeichnung der Variablen etc.
direkt vorgeschrieben. Damit ist die Programmierung sehr stark
aus dem Bereich des individuellen "Programmierstils" herausge-
löst; Standard-Programme lassen sich weitgehend generell dokumentieren, also ohne Zusatzbeschreibung für das individuelle
Programm.

- <u>Normierte Projekt-Organisation</u> (vgl.10.3.1): Regeln, <u>Formular-
sätze</u> und Check-Listen sind dabei für den ganzen Ablauf eines
Projektes vorgegeben und bloss auszufüllen. Damit wird einerseits die Dokumentationsarbeit standardisiert und besser lernbar
und überprüfbar, anderseits kann die Vollständigkeit der Dokumentation verbessert werden. Die Zuordnung der Formulare auf die
verschiedenen Projektphasen erzwingt die laufende Nachführung.
Eine Phase ist erst abgeschlossen, wenn auch die entsprechenden
Dokumente vorliegen.

Die geschilderten Massnahmen und ähnliche Mittel haben alle zum
Ziel, bei Projektende die <u>notwendige Dokumentation vollständig und
gut verständlich</u> verfügbar zu haben. Normierungsvorschriften können
dazu stark beitragen; sie belasten ihrerseits aber die Beteiligten,
so dass auch hier Aufwand und Nutzen im Verhältnis gesehen werden
müssen. Auf jeden Fall ist ein bestimmtes Mass an <u>Disziplin</u> von
Seiten der Mitarbeiter und <u>Ueberwachung</u> durch den Projektleiter
nötig, um die Dokumentation auf den erforderlichen Stand zu bringen (vgl. 10.3.1).

Dokumentation ist aber nicht einfach "möglichst viel Papier" als
Begleitung für ein EDV-Projekt. Das Projekt umfasst bei seinem Abschluss <u>technische Elemente</u> (Programme, Geräte, Einrichtungen etc.)
und das <u>Wissen</u> darüber, wie diese einzusetzen sind. Dieses Wissen
muss über die Dokumentation und eventuell sogar über eine eigentliche Ausbildungsphase an alle Personen herangetragen werden, welche damit arbeiten sollen. Dokumentation wendet sich daher gleichzeitig an ganz verschiedene <u>Lesergruppen:</u>

- <u>Benutzer:</u> Das sind die eigentlichen Anwender eines EDV-Projekts
  (<u>Bsp.</u>: Schalterbeamte einer Bank, Reservationsangestellte einer
  Fluggesellschaft, Bauingenieur mit statischem Problem).

- <u>Datenerfassung</u> (nur bei getrennter Datenerfassung): Die Mitarbeiter in der Datenerfassung (<u>Bsp.</u>: Datenschreiberin, Codierer für
  optische Belege, Büroangestellte für Kontrolle von manuellen Belegen).

- <u>Operator:</u> EDV-Personal, das die vorhandenen Programme bei Bedarf
  startet und für die Benutzer verfügbar macht (<u>Bsp.</u>: Operator in
  Rechenzentrum oder an Steuer-Terminal).

- <u>Unterhaltsprogrammierer:</u> Programmierer, welche <u>während</u> des Betriebs einer EDV-Anwendung, also meist während mehreren Jahren,
  notwendige Fehlerkorrekturen und kleinere Aenderungen vornehmen
  (vgl. 10.2.3).

Es wäre wenig rationell, für jede Lesergruppe eine vollständige
individuelle Dokumentation anzufertigen. Sinnvoller ist es, jeder
Gruppe den sie interessierenden Teil einer einheitlichen Dokumentation zur Verfügung zu stellen. Tab. 10.1 gibt einen Ueberblick
über eine solche modular aufgebaute Dokumentation.

Einige der in Tab. 10.1 genannten Dokumentations-Bestandteile bedürfen eines kurzen Kommentars, obwohl der Leser dieses Buches allen verwendeten Begriffen bereits begegnet ist:

- <u>Projekt/Anwendung und Programm:</u> Es ist wichtig, diese beiden
  Ebenen auseinanderzuhalten. Für den Benutzer ist nur die Gesamt-
  Anwendung von Bedeutung, er findet im Benutzerhandbuch vor allem
  Angaben auf der Projekt-Ebene. Das einzelne Programm ist eine
  EDV-technische Angelegenheit.

- <u>Beschreibung</u> der Anwendung, bzw. des Programms: Hier ist eine
  Kurzbeschreibung <u>in wenigen Sätzen</u> gemeint: "Was tut die beschriebene Einheit generell und wozu?"

- <u>Produkte</u> einer Anwendung sind das eigentliche Ziel der Datenverarbeitung, also beispielsweise Telefonverzeichnisse, Liefer-
  scheine, Konstruktionszeichnungen; davon sind der Dokumentation

Dokumentationsbestandteile	minimal zu erstellen	Benutzer-Handbuch	Datener-fassungs-Handbuch	Operator-Handbuch	Technische Dokumenta-tion für Unterhalt	Archiv
Projekt/Anwendung						
– Beschreibung der Anwendung	x	x	x	x	x	
– Systemflussdiagramm	x	x	x	x	x	
– Verzeichnis der Programme	x			x	x	
– Verzeichnis der Dateien (mit Daten-satz und Datensatz-Beschreibung	x	ev.	x	x	x	
– Verzeichnis und Sammlung der Produkte (Ausgabe)	x	x		x	x	
– Anleitung zur Weiterbehandlung der Produkte				x	x	
– Verzeichnis und Sammlung der Formulare	x	x	teil-weise	x	x	
– Anweisungen für die Dateneingabe (Ausfüllen, Codieren, Ablochen von Formularen, Arbeit am Terminal)		x	x		x	
– Hinweise auf Ueberlegungen bei Projektentwicklung					x oder	x
Programm						
– Programmkurzbeschreibung	x			x	x	
– Datenflussschema				x	x	
– Parameterliste + -Beschreibung	x	ev.		ev.	x	
– Beispiele für Eingabe und Ausgabe	x		Ein-gabe	x	x	
– Programm-Liste	x				ev.	x
– programmierte Fehlerbehandlung	x	ev.	ev.	x	x	
– Operatormeldungen und -antworten				x	x	
– Beispiele ganzer Durchläufe						x
– Hinweise auf Ueberlegungen bei Programmierung					x oder	x
Produktion						
– Gesamtkonzept Produktion	x	x	x	x	x	
– Terminliste und Verantwortliche	x	x	x	x	x	
– Endlosformulare		x		x		
– Arbeitsvorbereitung				x		

<u>Tab. 10.1</u> Modulare Dokumentation

Muster beizugeben sowie Hinweise dafür, wie diese Endprodukte
nach dem Verlassen des Rechenzentrums zu bearbeiten sind (<u>Bsp</u>.:
Buchbinder, Drucker, Versand).

- <u>Parameterliste:</u> Parameter für die Steuerung von Programmen haben
  bei häufig gebrauchten Varianten oft die Form einer gewöhnlichen
  Dateneingabe.

- <u>Fehlerbehandlung:</u> Es ist sehr wichtig anzugeben:
  - Welche Fehler werden automatisch erkannt? Fehlermeldung?
  - Welche erkannten Fehler werden automatisch korrigiert?
  - Welche Fehler werden nicht toleriert und bringen das Programm
    zum Abbruch?

- <u>Operatormeldungen:</u> Jedes grössere Rechenzentrum hat für die Arbeit der Operatoren intern bestimmte Normen. Wird die Mitwirkung
  eines Operators am Programmablauf benötigt, so müssen Operator-
  meldungen und -antworten in der normierten Form programmiert
  werden.

- <u>Produktion:</u> Vgl. Abschn. 10.2.

In einer <u>zentralen Dokumentationsstelle</u> eines Rechenzentrums werden die <u>Originale</u> jeder Dokumentation gesammelt, aktuelle Korrekturen und Nachträge eingetragen und in Form von Fotokopien den Be-
sitzern einer Tochter-Dokumentation zugestellt. In einem <u>Archiv</u>
kann diese Dokumentationsstelle oft auch auf Material zurückgreifen, das während früherer Entwicklungsphasen entstand und bei notwendigen Modifikationen einer Anwendung hilfreich sein kann. Ein
Archiv darf aber nicht mit unlesbarem Abfall belastet werden. Der
disziplinierte Analytiker-Programmierer erstellt laufend und
parallel zu seinen Entwicklungsarbeiten Unterlagen, die bereits
im Hinblick auf die künftige Dokumentation abgefasst sind, so dass
von der definitiven Fassung nur noch saubere Abschriften gemacht
werden müssen.

10.2 Die EDV-Anwendung

10.2.1 Benutzer und Rechenzentrum

Der Benutzer einer EDV-Anwendung ist sich oft gar nicht bewusst,
welche "Organisation" ihm seine Terminals, Listen und anderen Com-
putergeräte und -Produkte zur Verfügung stellt. "Der Computer"
läuft nämlich nicht von selber, er benötigt eine zentrale Dienst-
leistungsstelle, welche die Rechenanlagen betreibt (Rechenzentrum)
oder bei voll benutzerbedienten Anlagen diese wartet und deren Benutzer unterstützt (Informatikdienste).

Für den Benutzer ist es nun wichtig zu wissen, welche primären
Formen der Zusammenarbeit zwischen ihm und dem Rechenzentrum existieren.

- Offenes Rechenzentrum (open shop): Der Benutzer kommt mit seinen
  Programmen, Daten etc. ins Rechenzentrum und übernimmt die Bedienung des Computers für eine bestimmte Zeit. Diese Betriebsart ist
  üblich bei kleinen Rechenanlagen (Minicomputer), bei Spezial-
  systemen (z.B. für graphische Interaktion) und in Ausnahmefällen
  für sehr spezielle Entwicklungsarbeiten auch auf Gross-Systemen.

- Geschlossenes Rechenzentrum (closed shop): Der Benutzer übergibt
  seine Programme, Daten etc. entweder direkt oder über Fernüber-
  tragung dem Rechenzentrum zur Ausführung und erhält die Ergebnisse auf gleiche Art zurück.

- Interaktiver Betrieb: Rechenzentren stellen Terminals mit einem
  Betriebssystem für eine geeignete Stufe von interaktivem Betrieb
  zur Verfügung, was dem Benutzer den Eindruck vermittelt, er ver-
  füge allein über das Computersystem. In Wirklichkeit arbeitet
  dieses Rechenzentrum normalerweise im geschlossenen Betrieb.

Das Rechenzentrum oder Computersystem hat entweder nur eine Art von
Benutzern oder gleichzeitig mehrere:

- <u>Spezialisierte Systeme</u> (dedicated systems): Ein Computersystem
  wird nur für eine einzige Anwendung eingesetzt (<u>Bsp.</u>: Flugzeug-
  reservationssystem, Banksystem; Teilhaberbetrieb in 4.4.2).

- <u>Allgemeine Rechenzentren und Systeme:</u> Verschiedene Benutzer bringen verschiedene Anwendungen zur Ausführung; Entwicklungsarbeiten
  (Programmtests) und Produktion laufen nebeneinander (<u>Bsp.</u>: Hoch-
  schulrechenzentrum; Teilnehmerbetrieb in 4.4.2).

Es ist offensichtlich, dass jede EDV-Anwendung schon in der Projektphase für die künftige Betriebsform in einem bestimmten Rechenzentrum vorbereitet werden muss. Das schliesst allerdings nicht
aus, dass die Entwicklungsarbeiten (inkl. Tests und Datenübernahme)
und die spätere Produktion auf verschiedenen Maschinen und unter
verschiedenen Betriebsformen erfolgen können.

Bei <u>spezialisierten Systemen</u> ist die gesamte Organisation eines
Rechenzentrums auf die Hauptanwendung ausgerichtet; die Operatoren
und die Systemprogrammierer kennen die Anwendung und die Art der
Benutzer.

In einem <u>allgemeinen Rechenzentrum</u> mit Hunderten und Tausenden von
täglichen Arbeiten ist das nicht der Fall. Der Benutzer muss daher
selber die Ausführung einer bestimmten Arbeit auslösen (über Terminals oder durch Abgabe an einem Schalter) und er kann die Operatoren des Rechenzentrums nur in standardisierter Form beanspruchen
(z.B. für das Aufsetzen eines bestimmten Datenträgers (Magnetband
oder -platte), oder für die Verwendung von Spezialpapier (Endlos-
formular) beim Ausdrucken).

Fig.10.3 zeigt, wie der einzelne Benutzer seinen Anteil am allgemeinen Rechenzentrum virtuell empfindet: Er hat einen eigenen Computer mit all den Eigenschaften zur Verfügung, die er braucht. Das
Rechenzentrum anderseits stellt jene Dienste und jene Hardware, die
aus wirtschaftlichen Gründen zentral zusammengefasst werden müssen,
den einzelnen Benutzern nach Bedarf zur Verfügung. Damit ergibt
sich folgende Arbeitsteilung, die bei der Projektierung sorgfältig

einzuplanen ist:

- <u>zentral:</u> Auf hohe Leistung ausgerichtete, automatisierte Arbeiten, welche den Arbeitsnormen des Zentrums entsprechen, also insbesondere Rechnen, Speichern, Ausgabe von grossen Datenmengen, Unterhalt des Standardsystems.

- <u>dezentral:</u> Anwendungs- und personenbezogene Arbeiten, insbesondere Dateneingabe, Einzeldaten-Anzeige, Unterhalt der Anwendungs-Programme.

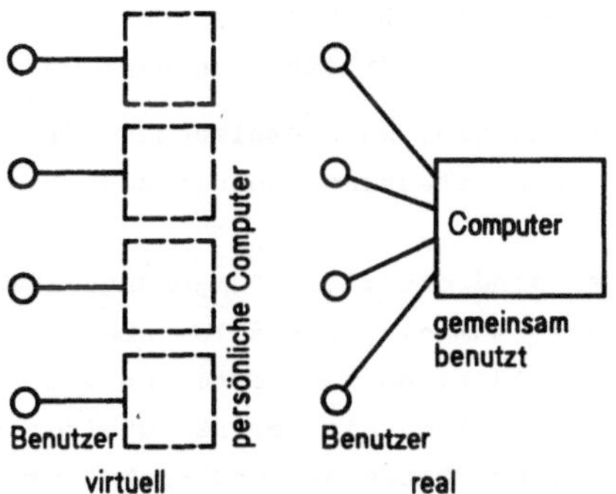

<u>Fig. 10.3</u> Benutzersicht des gemeinsamen
Computers

Moderne Rechenzentren beschäftigen zentral hochqualifizierte Systemoperatoren und Systemprogrammierer, während die Benützung der Anlagen, die Arbeitsvorbereitung für die Anwendungsprogramme, und insbesondere die personalintensive <u>Datenerfassung</u> nach Möglichkeit direkt dem interessierten Anwender überbunden wird.

10.2.2 <u>EDV und Umgebungsarbeiten</u>

Der Computer erledigt die Datenverarbeitung im engeren Sinne, er liest und schreibt dabei Daten gelegentlich auch in recht spezieller, z.B. graphischer Form (vgl. Kap. 5). Es wäre aber unrationell und auch wenig erwünscht, dem Computer in jedem Fall jede Kommunikationsaufgabe vom Absender zum Empfänger zu übertragen, wie dies bei Terminalbetrieb an sich möglich wäre. Das zeigen einige Beispiele:

- Bankbelege, Verwaltungsrechnungen etc. werden mit dem Computer auf Endlosformulare gedruckt, darauf geschnitten, verpackt und mit der Post dem Adressaten zugestellt.

- Archivkopien etc. werden mikroverfilmt und archiviert (womit der Computerspeicher langfristig entlastet wird).

- Für Telefonbücher, Kataloge und Verzeichnisse wird durch den Computer ein Originalfilm (Lichtsatz) erzeugt, wovon Grossauflagen (im Offsetverfahren) gedruckt, gebunden und verteilt werden.

- Anmeldungen, Bestellungen, Bankanweisungen werden durch die Post sortiert und bei Datenerfassungszentren zusammengeführt.

In diesen Beispielen sind oft viele "Umgebungsarbeiten" notwendig, um die Eingabedaten zu sammeln, vor allem aber um die Ausgabedaten zu trennen, zu vervielfältigen, zu verteilen und zu archivieren. Dabei ist es wichtig, in Kenntnis der Fähigkeiten des Computers, der Hilfsmaschinen (Formulartrenner und -schneider, Pack-Automaten, Postsortierer) und der Arbeitsweise des Menschen diese verschiedenen Partner zu einer _gemeinsamen_ optimalen Lösung zu führen. Einige Hinweise sollen zeigen, von welcher Art diese Zusammenarbeit ist:

- Die _Sortierung_ der ausgegebenen Daten ist auf die anschliessende externe Tätigkeit auszurichten (_Bsp._: Postleitzahl bei Postversand, Alphabet für manuell zu verwendende Listen). Das gilt insbesondere, wenn adressierte Sendungen manuell _zusammengeführt_ ("gemischt") werden sollen (_Bsp._: Bankeinzelbelege und Jahresabschluss für einen Kunden).

- _Formate_ müssen stimmen (_Bsp._: Endlosformulare, computergedruckte Adressen auf Dokumenten in Fensterkuverts, Druck von Formularen für Markierungsleser). Im allgemeinen sind dafür Probedrucke und ein Versuchsbetrieb notwendig.

- _Die Qualität_ der ausgedruckten Daten muss für die vorgesehene Verwendung genügen (_Bsp._: Vierter Durchschlag einer Adresse für

Postadresse verwendbar?).

- <u>Gesetzliche Vorschriften</u> sind einzuhalten (<u>Bsp.</u>: Mikrofilm für
  Buchhaltungsarchiv, Unterschriftenregelung für Bankquittungen
  etc.).

Normalerweise stellt dabei - mindestens während der Projektphase! -
der elektronische Partner das flexibelste Element des Gesamtsystems
dar, während die Randmaschinen (Schneiden, Packen etc.), die räumlichen Gegebenheiten (Archive, Raumanordnung etc.) und auch die gewohnten manuellen Abläufe wesentlich unbeweglicher sind. Das muss
man ausnützen, indem <u>in der Detailanalyse des EDV-Projekts auch die
Umgebung organisatorisch mitbearbeitet</u> wird. Der EDV-Organisator
darf seine Optik nicht auf die teuren Computeranlagen beschränken,
in der Annahme, dass die Organisation der Umgebung vergleichsweise
billig sei und daher keiner Vorausplanung bedürfe. Im Gegenteil:
Wegen des grossen Anteils an Personalkosten sind Arbeiten wie Sortieren, Kontrollieren etc. viel teurer, wenn sie extern statt elektronisch ausgeführt werden müssen.

<u>Nach Abschluss</u> des Projektes allerdings, in der Anwendung, sind Or-
ganisationsfehler im Umgebungsbereich meist nur schlecht automatisch zu korrigieren. Und weil Menschen lernen können und sehr
flexibel sind, müssen in solchen Fällen sie den Organisationsfehler
auffangen und gelegentlich ganz langweilige, an sich automatisier-
bare Arbeiten ausführen. Dies führt zu Computer-Verdrossenheit,
während die frühzeitige Berücksichtigung von Mensch und Randmaschinen in der System-Analyse den Menschen entlasten soll und kann.

10.2.3 <u>Unterhalt von Anwendungen</u>

Die Idee des EDV-Projekts (Abschn.10.1) ist es, bei Projektende ein
funktionierendes System von Computerprogrammen, Geräten, ausgebil-
detem Personal und allem Notwendigen vorzufinden, das in die Anwendung übernommen werden kann. Nun ist aber eine EDV-Anwendung
kein Staubsauger, den man fertig und erprobt kauft, am elektrischen
Strom anschliesst und problemlos benützt. Viele EDV-Anwendungen

gehen aus einer speziell dafür durchgeführten EDV-Projekt-Entwicklung hervor und sind somit Prototypen. Und auch in den anderen Fällen, wo eine vorhandene Anwendung übernommen werden kann, bilden Computer-Hardware, Software, Umgebung und Benutzer ein komplexes System, das nicht mit einem Haushaltapparat verglichen werden kann. Leider umfasst dieses System auch Fehlerquellen der verschiedensten Art.

Eine EDV-Anwendung ist nicht nur komplexer als elektronische Geräte und ähnliches, sondern sie kann sich mit der Zeit verändern. Dafür gibt es viele Gründe:

- Die Bedürfnisse der Anwendung ändern (Bsp.: In einer Lohnbuchhaltung muss eine neue Lohnzulage berücksichtigt werden, nachdem Lohnverhandlungen zu einer solchen geführt haben.)

- Die Bedürfnisse des Computersystems ändern (Bsp.: Neuer Computer, neues Betriebssystem, neuer Compiler). Obwohl solche Aenderungen wegen der oft versprochenen "Aufwärts-Kompatibilität" ganzer Computerfamilien, Betriebssysteme und Computersprachen nicht notwendig sein sollten, ist die Praxis nicht ganz so problemlos.

- Die Umgebung ändert (Bsp.: Neues Postcheck-Verfahren).

- Die Erfahrung zeigt Mängel im Ablauf der Anwendung, welche behoben werden sollten.

Bei kleinen EDV-Anwendungen besteht nun die Gefahr, dass Fehler, Bedürfnisse und Wünsche sofort an jenen Analytiker-Programmierer herangetragen werden, der seinerzeit das Projekt realisierte; er soll die nötigen Aenderungen und Korrekturen durchführen. Dies führt leicht dazu, dass eine Anwendung nie stabil wird, die Gefahr für Fehler durch das ständige Aendern zunimmt und die Dokumentation nicht nachgeführt wird.

Jede Aenderung einer Anwendung stellt ihrerseits ein kleines oder grösseres Projekt dar. Die Aenderung muss somit wie ein neues Pro-

jekt über einen formellen Antrag und einen Entscheid der dafür
kompetenten Stellen (vgl. 10.3.1) genehmigt werden. Nur so gelingt
es, die für eine Automatisierung unbedingt nötige Stabilität der
Anwendung zu erreichen. So kann auch verhindert werden, dass die
künftigen Benutzer während der Projektierungsphase die Analyse-
arbeiten des Projektteams nicht ernst nehmen und damit rechnen,
"die Details nach den ersten Erfahrungen schon noch zurechtbiegen
zu können". Genau das muss bei automatisierten Verfahren vermieden
werden.

Es hat sich als zweckmässig erwiesen, verschiedene Stufen von Aenderungen in einer laufenden Anwendung zu unterscheiden:

- Fehlerbehebung: ohne kompliziertes Genehmigungsverfahren, durch
  Unterhaltsprogrammierer, laufend nach Bedarf; die Aenderung muss
  bei den Akten festgehalten werden; es dürfen gleichzeitig keine
  anderen Aenderungen (vgl. unten) durchgeführt werden.

- Kleine Anpassungen an neue Bedürfnisse: mit einfachem Genehmigungsverfahren, möglichst mehrere solche Aenderungen zusammen-
  fassend; die Uebernahme in den Betrieb darf nur nach einer festgelegten Ueberprüfung und nach Anpassung der Dokumentation erfolgen.

- Grössere Aenderungen: als reguläres Projekt durchzuführen, das
  parallel zur laufenden Anwendung entwickelt wird; nach Projektende übernimmt es deren Funktion.

Auch Unterhaltsarbeiten benötigen Personal. Während für grössere
Aenderungen ein reguläres, der Aufgabe angemessenes Projekt-Team
(vgl. 10.3.1) eingesetzt wird, ist dies für Fehlerkorrekturen und
kleine Anpassungen kaum sinnvoll. Diese Arbeiten werden in geeigneter Form zusammengefasst und ständigen Unterhaltsprogrammierer-
Gruppen übertragen. Deren Tätigkeit hat zwar nicht den Reiz des
attraktiven "neuen Projekts", ist aber von grösster Bedeutung für
die Anwendungen und führt oft zu kontinuierlichen wesentlichen Verbesserungen bereits existierender EDV-Lösungen.

10.3 <u>Die EDV-Projekt-Organisation</u>

10.3.1 <u>Das EDV-Projekt-Team</u>

Zur Durchführung einer Entwicklungsaufgabe,wie sie ein EDV-Projekt
darstellt, ist für eine <u>beschränkte Zeit</u> eine bestimmte Arbeitska-
pazität nötig. In den vorangehenden Abschnitten haben wir dafür bereits den Begriff Projekt-Team verwendet. Jetzt, nachdem dessen
Aufgaben im Laufe der Projekt-Entwicklung und im Hinblick auf die
zu erarbeitende Anwendung vorgestellt worden sind, können wir über
das Projekt-Team selber einige Ueberlegungen anstellen.

Die <u>wichtigsten Tätigkeiten</u> der Mitarbeiter eines EDV-Projekt-Teams
sind folgende:
- <u>Problem-Analyse</u> (Ist-Zustand, Soll-Zustand) und <u>Entwurf</u> neuer
  Lösungen mit Computer-Einsatz und in dessen "Umgebung".
- <u>Realisierung</u> neuer Computerfunktionen.
- <u>Beschaffung</u> schlüsselfertig erhältlicher Hardware und Software.
- <u>Umstellungsarbeiten</u> beim Uebergang alte Lösung - neue Lösung.
- <u>Ausbildungs- und Einführungshilfe</u> für Umstellung.
- <u>Ueberwachung und Steuerung</u> des Projektablaufs selber (Projekt-
  Leiter).

Nicht enthalten in diesen Arbeiten sind die <u>generellen Entscheide</u>
(Projektbeginn, Variantenwahl, Projektübergabe und Betriebsaufnah-
me), welche einer übergeordneten Instanz vorbehalten sind
(vgl.10.3.2). Die Tätigkeiten des Projekt-Teams erfordern umfassende Kenntnisse sowohl auf <u>EDV-technischem Gebiet</u> als auch auf der
<u>Benutzerseite</u>. Daher ist das Team normalerweise zusammengesetzt aus
Mitarbeitern beider beteiligten Fachbereiche, welche in enger Part-
nerschaft die anfallenden Probleme lösen müssen. Die zentrale
Funktion innerhalb des Projekt-Teams liegt jedoch beim <u>Projekt-
Leiter</u>. Er ist verantwortlich für

- <u>Koordination</u> der Tätigkeiten des Projekt-Teams,
- <u>Termin</u>-Planung und Ueberwachung,
- <u>Vorbereitung und Ausführung der Entscheide</u> der übergeordneten
  Instanzen.

Für eine erfolgreiche Projektleitung ist vor allem die Persönlichkeit des Projektleiters ausschlaggebend, aktiv, zielstrebig, aber
auch vermittelnd und koordinationsfähig. Zweckmässige Lösungen
müssen nämlich nicht nur gefunden, sondern auch realisiert werden,
was oft von externen Stellen (vgl.10.3.2) und deren Zustimmung abhängig ist. Weil der Projektleiter EDV- und Anwenderseite sehr gut
kennen muss, wird diese Funktion übrigens oft auf zwei Personen
(EDV-Projektleiter, Anwender-Projektleiter) aufgeteilt.

Bei Beginn eines Projektes wird das EDV-Projekt-Team bezeichnet
(Projektleiter, übrige Mitarbeiter, eventuell weitere Kontaktper-
sonen). Im Verlauf der Projektentwicklung ist - insbesondere bei
grossen Projekten - oft bis kurz vor Projektende eine Zunahme der
Zahl der Mitarbeiter festzustellen, wobei die Qualifikationen der
zeitweisen Mitarbeiter je nach Projektphase ändern. Allerdings
besteht die Tendenz, qualifizierte Analytiker-Programmierer konti-
nuierlich während verschiedenen Phasen eines Projektes einzusetzen,
so dass für einen "Nur-Programmierer" in einem Projekt-Team nicht
mehr viel Platz ist. Die modernen Programmiersprachen, Datenbank-
Techniken und Programmgeneratoren erfordern Fachleute mit breitem
Verständnis für die Anwendung und für Gesamtsysteme. Solche Leute
bringen nach der Problemanalyse auch für die Programmierung die
besten Voraussetzungen mit.

Ein zentrales Problem der EDV-Projekt-Organisation besteht im Festlegen und Durchhalten gewisser einheitlicher Konzepte in Analyse,
Programmierung und Dokumentation. Die Ausbildung des EDV-Fachper-
sonals geschieht noch wenig systematisch, oft direkt an der Arbeit, und es fehlen auch allgemein anerkannte Regeln, die über
ganz generelle Prinzipien (wie strukturierte Programmierung, Verwendung höherer Programmiersprachen etc.) hinausgehen. Daher sind
in verschiedenen Firmen interne Normen oder wenigstens Richtlinien
eingeführt worden, für deren Beachtung in allen Projekt-Teams ein
Chef-Programmierer verantwortlich ist.

Der Hauptnutzen solcher Normierungen liegt in der erleichterten
Dokumentation (vgl. 10.1.3) sowie darin, dass bei grösseren Projek-

ten die Koordination zwischen verschiedenen Programmen einfacher wird und dass die Programmierer einen verständlichen Programmierstil pflegen, der auch von einer anderen Person notfalls weitergeführt werden kann. Der Haupteinwand gegen Programmierrichtlinien lautet, dass damit besonders raffinierte und effiziente Programmiertechniken oder -tricks verhindert werden. Dieser Nachteil wird aber auf die Dauer mehr als aufgewogen durch die Vorteile des einfacheren Unterhalts und der geringeren Fehlergefahr.

Die Koordinations- und Dokumentationsprobleme nehmen in Grossprojekten derartige Ausmasse an, dass dafür eigene <u>Organisationssysteme</u> entwickelt worden sind. Eine "normierte Projekt-Organisation" ist von Beratungsfirmen samt Ausbildung käuflich und umfasst Standard-Formulare, Normierungsrichtlinien, Check-Listen und andere Hilfen für die verschiedensten Arbeitsphasen des EDV-Projekts. Selbstverständlich erhöht das Ausfüllen von Formularen, die Beachtung von Programmiernormen etc., die primäre Arbeitszeit der Projektmitarbeiter. Wenn aber mit dieser Organisationshilfe nachträgliche Anpassungen, zusätzliche Dokumentationsarbeiten und verlorene Uebersicht vermieden werden können, wird der Mehraufwand an Organisationsarbeiten rasch ausgeglichen.

In der Praxis haben sich solche Organisationssysteme noch keineswegs überall durchgesetzt. Die verwendeten Koordinationsmethoden variieren in einem breiten Bereich zwischen eigentlicher normierter Programmierung und viel freieren Konzepten, die auf der Tätigkeit des Chef-Programmierers, auf Programmier-Team-Arbeit und auf der Disziplin des Einzelnen beruhen. Alle Verfahren haben - besonders in ihrer spezifischen Umgebung - ihre Vorzüge.

Der interessierte Leser findet zu diesen Problemen nicht ohne weiteres Literatur. Während <u>einzelne</u> Fragenkreise, wie strukturiertes Programmieren [WIRTH 73], Darstellungstechniken [JAEGER 77] oder Systemanalyse [WEDEKIND 73] gut zugänglich dokumentiert sind, ist die <u>Gesamt</u>organisation von Projekten ein Tätigkeitsfeld von kommerziellen Beratungsfirmen. Beispiele findet man am ehesten direkt bei grösseren Anwendern, für Kleinprojekte auch in [BUERKLER/ ZEHNDER 80].

10.3.2 Entscheidungskompetenzen

Mehrfach ist bisher die Bedeutung von Entscheiden im Laufe einer
Projektentwicklung sichtbar geworden. Dabei gibt es natürlich Entscheide auf verschiedenen Ebenen, hohe (Projekt ja/nein) und untergeordnete (Disketten- oder Magnetband-Datenerfassung). Die generellen Entscheide, aber auch viele untergeordnete werden formell
gefasst (mit schriftlicher Aktennotiz), während andere Entscheide
ganz informell im Laufe der Entwicklungsarbeit durch einen Mitarbeiter getroffen und ausgeführt werden (z.B. Art der Programmierung
eines bestimmten Problems).

Innerhalb des Projekt-Teams ist es relativ einfach, eine Ordnung
für die Entscheidungskompetenzen festzulegen und durchzuhalten,
insbesondere wenn die Zusammenarbeit zwischen den Mitarbeitern gut
ist. Probleme können frühzeitig diskutiert werden, jeder kennt die
Arbeitsweise des andern,und auch der Vorgesetzte bis zum Projektleiter wird in die Diskussionen formlos einbezogen. Damit werden
die internen formellen Angelegenheiten (Termin- und Arbeitsfort-
schritts-Meldungen etc.) zu einer selbstverständlichen Aktennotiz,
die keinerlei Ueberraschungen oder Rivalitäten auslöst. Innerhalb
des Projekt-Teams sind die gleichen Führungs- und Zusammenarbeits-
probleme und -methoden vorhanden wie in jeder Gruppe, welche eine
gemeinsame Leistung erbringen muss; wir wollen diese Probleme hier
nicht weiter diskutieren.

Anders verhält es sich ausserhalb des Projekt-Teams. Wir betrachten
dazu ein grobes Organigramm einer Unternehmung (Fig. 10.4).

Die Hauptabteilungen A, B, ... (die Linien-Abteilungen) sind die
direkten Träger der Unternehmung mit Produktion, Verkauf etc. Solange sie gut arbeiten, ist das äussere Bild der Unternehmung gut.
Demgegenüber haben Stabsabteilungen - "EDV und Organisation" gehört meist zu diesen - Funktionen, die sich indirekt auswirken,
indem sie beispielsweise die Leistungsfähigkeit der Linienabteilun-
gen verbessern sollen. Und damit ist die Quelle eines möglichen
Konflikts bereits sichtbar:

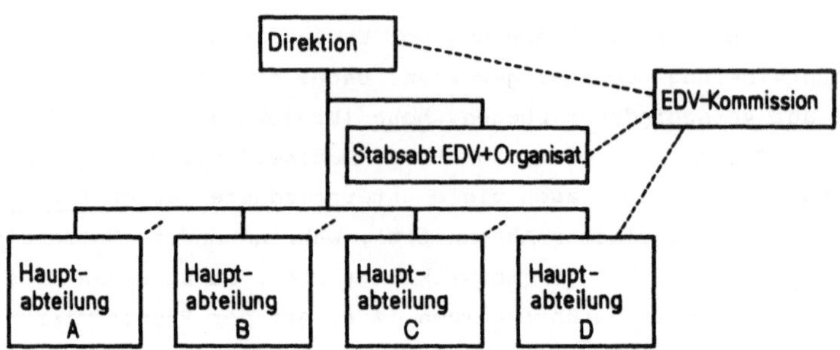

Fig. 10.4 Organigramm mit EDV-Funktionen

- Die <u>Linienabteilungen</u> werden durch ein EDV-Projekt in ihrem Bereich <u>betroffen</u>, sie müssen Umstellungen in Kauf nehmen und wollen daher das EDV-Projekt in ihrer Hand halten.

- Die Fachleute aus <u>"EDV und Organisation"</u> müssen das EDV-Projekt <u>durchführen</u> und möchten daher seinen Ablauf steuern.

Eine erste Entschärfung dieses Konfliktes ist, wie wir gesehen haben, dadurch gegeben, dass im Projekt-Team bereits Leute von beiden Seiten sitzen, Anwender und EDV- bzw. Organisations-Fachleute. Und wir haben einen konzilianten und trotzdem zielstrebigen Projektleiter verlangt. Aber wem ist dieser Projektleiter unterstellt? Mit seiner Unterstellung muss der oben beschriebene Konflikt entschieden werden.

In der Praxis hat sich gezeigt, dass beide Seiten, Anwender und EDV-Spezialisten, mit Recht eine Mitsprache bei wesentlichen Entscheiden beanspruchen. Daher wird bei der Unterstellung der Projektgruppe diese Mitsprache meist auf geeignete Art berücksichtigt.

In Fig. 10.5 sind fünf Typen von Gewichtsverteilungen zwischen zwei Entscheidungspartnern aufgezeigt. Die Typen 1 und 5 sind dabei absolut einseitig und für unseren Fall zu verwerfen. Welcher der Typen 2,3 und 4 der beste ist, kann nicht allgemein festgelegt werden, sondern hängt von verschiedenen Faktoren ab, besonders

- von der Persönlichkeit der Beteiligten (Chef im Bereich Anwendung, Chef im Bereich "EDV und Organisation", Projektleiter);

- von der Projektphase (während der Grobanalyse kann Typ 2, während
  der Programmierung und Testphase Typ 4 angemessener sein);

- von der Gesamtorganisation der Unternehmung.

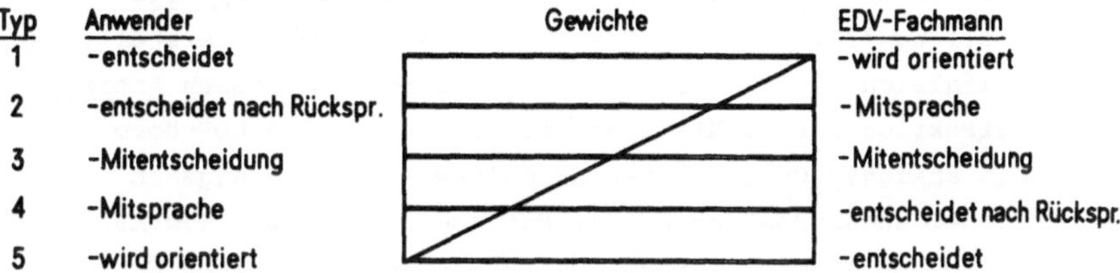

<u>Fig. 10.5</u> Gewichtsverteilung in Entscheidungen

Mit all diesen Lösungen lässt sich leben; wichtig ist, dass klare
Entscheidungskompetenzen festgelegt werden, <u>bevor</u> Konflikte auftreten. Solange alles gut läuft, klingen Diskussionen um Kompetenz-
ordnungen leicht lächerlich. Zeigen sich aber Schwierigkeiten,
z.B. bei unerwarteten Fehlern während der Ausprüfphase oder bei
Terminverschiebungen, so schafft eine klare Abgrenzung von Verantwortung und Kompetenzen die beste Voraussetzung für rasche Behe-
bung der Probleme.

Auch die <u>einzelnen Mitarbeiter</u> eines Projekt-Teams erleben das
Spannungsfeld Anwendung - EDV-Fachbereich. Wem sind sie verpflich-
tet? Sollen sie im Konfliktsfall die Wünsche des Anwenders oder
die Richtlinien der EDV-Abteilung höher einstufen? Wer beurteilt
ihre Arbeit, beantragt Lohnerhöhungen und Beförderungen, ist also
ihr administrativer Vorgesetzter? Da niemand zwei Herren dienen
kann, muss auch hier sichergestellt werden, dass auftretende
Konflikte rasch aufgedeckt und ausgeräumt werden, was wiederum nur
in einer offenen Gruppe möglich ist. Dann kann jeder Mitarbeiter
mit voller Kraft an der gemeinsamen Entwicklung weiter arbeiten,
ohne dabei gegenüber einzelnen Partnern ein schlechtes Gewissen zu

haben.

Zum Abschluss dieser Organisations-Ueberlegungen sei noch ein Gremium erwähnt, das auf einer höheren Ebene innerhalb einer Unternehmung EDV-Projekte beurteilt: die EDV-Kommission. In Fig. 10.4 ist sie als beratendes Organ eingezeichnet, in welchem alle mit EDV-Fragen konfrontierten Teile der Unternehmung vertreten sind. Die EDV-Kommission ist ein Koordinationsorgan, das die Entwicklungs- und Produktions-Bedürfnisse aller Anwender und die Kapazität der Stabsabteilung "EDV und Organisation" einander gegenüberstellt, zuweist, ausgleicht und bei Schwierigkeiten oder Engpässen Anträge an die Direktion für zusätzliche Mittel stellt. Die EDV-Kommission (oder ein analoges Gremium) hat normalerweise keine eigenen direkten Entscheidungskompetenzen; sie hat aber dank ihrer Sachkenntnis und Ausgewogenheit ein grosses Gewicht bei einschlägigen Entscheiden auf der Ebene der Geschäftsleitung.

Die Einführung und Anwendung von EDV-Verfahren in einer Unternehmung bedeutet übrigens noch keineswegs, dass Projektentwicklung und/oder Computerverarbeitung ebenfalls innerhalb der gleichen Unternehmung geschehen müssen. Externe Rechenzentren und Programmierfirmen übernehmen sowohl Standardarbeiten wie auch Spitzenbelastungen "ausser Haus". Daher muss die Kapazitätsplanung im EDV-Bereich die verschiedensten Möglichkeiten berücksichtigen. Die Arbeit ausser Haus hat einige attraktive Vorteile, indem die Sachkompetenz von Spezialisten beigezogen werden kann, während der eigene Betrieb sich möglichst wenig mit dem "Fremdkörper EDV" belasten muss.

Allerdings wäre es eine Illusion, Datenverarbeitung gleichsam ohne fundiertes eigenes Verständnis "einkaufen" zu wollen. Der Computer erfordert organisatorische Voraussetzungen, und er kann seinerseits die ganze betriebliche Organisation beeinflussen. Daher braucht es EDV-Verständnis im eigenen Betrieb, besonders für diese Zusammenhänge zwischen Organisation und Computer. Die technischen Spezialkenntnisse und die Geräte können intern oder extern vorhanden sein. Ihre Konsequenzen für das Unternehmen jedoch müssen von den eigenen Mitarbeitern verstanden werden. Wenn dieses Verständnis auf höchster Ebene vorhanden ist, um so besser.

Verzeichnis der wichtigsten Masseinheiten der Informatik

In der Informatik werden - zum Teil bedingt durch die nicht-metrische Tradition der USA - Masseinheiten noch oft uneinheitlich oder gar unkorrekt verwendet. Die nachfolgenden Hinweise sollen mithelfen, die Vorteile des metrischen Systems ("Internationales Einheitensystem", gesetzlich geregelt) auch für die Informatik nutzbar zu machen. In der folgenden Tabelle und den zugehörigen Anmerkungen (nächste Seite) werden nur jene Einheiten behandelt, welche für die Datenverarbeitung/Informatik wichtig sind.

Grösse	Name der Einheit: d/e	Einheiten-zeichen	typische Vorsätze:	durch Grundein-heiten dargestellt:
A. Grundeinheiten				
Zeit	Sekunde second	s	ms, µs, ns	
Information	Bit bit	bit	kbit, Mbit (siehe Anmerkung: K, M)	
B. Einheiten, die gemeinsam mit den Grundeinheiten benützt werden				
Speichergrösse (Byte-Organisation)	Byte byte	Byte	kByte,MByte	8 bit, gelegentlich auch 5,6,7 oder 9 bit (siehe Anmerkung: K, M, MB)
Speichergrösse (Wortorganisation)	Wort(n) word(n)	Wort(n) word(n)	kWort,MWort kword,Mword	n bit
Datenmenge	Zeichen character	Zeichen character	-	(bei grösseren Mengen meist durch Byte ersetzt)
Zeit	Minute	min	-	60 s
C. Abgeleitete Einheiten				
Uebertragungsrate	Bit pro Sekunde bits per second	bit/s	kbit/s, Mbit/s	bit/s (siehe Anmerkung: "Baud")
Druckleistung (Zeichendrucker)	Zeichen pro Sekunde characters per second	-		
Druckleistung (Zeilendrucker)	Zeilen pro Minute lines per minute			
D. Einheiten, die nicht metrisch sind, aber technischen Massen <u>entsprechen und daher in entsprechenden Fällen zu verwenden sind</u>				
Aufzeichnungsdichte (magn.)	Bit pro Zoll bits per inch	bpi	Vorsätze nicht zulässig	0.3937 bit/cm

<u>Grundregeln des Internationalen Einheitensystems</u>: Ausgangspunkt sind <u>Grundeinheiten</u>, welche zuerst definiert werden und von denen sich alle anderen Einheiten <u>ableiten</u> lassen. Alle Einheiten erhalten eine <u>Bezeichnung</u>. Mit <u>Vorsätzen</u> können direkt andere Grössenordnungen dargestellt werden (k, M, G und m, μ, n etc. für Kilo-, Mega-, Giga- und Milli-, Mikro-, Nano- etc.). Die Grundeinheiten werden nicht dekliniert (kein Mehrzahl-s).

<u>Umgang mit grossen Zahlen</u>: Bei der Angabe von Speichergrössen liest man noch häufig Angaben wie K, Kb, KB, M, Mb, MB. Oft ist es nur für Kenner der entsprechenden Anlagen möglich, sofort zu sagen, ob hier Bits, Bytes oder Wörter gemeint sind. Auch wird gelegentlich K für 1024 ($=2^{10}$) verwendet. Gerade mit den immer grösser werdenden Speichern ist diese Doppeldeutigkeit 1000/1024 nicht länger erträglich. k und M sollen konsequent nur als Vorsätze und für 1000 bzw. 1000000 gebraucht werden. Und B ist als Bezeichnung ungenügend.

<u>Umgang mit amerikanischen Massen und Abkürzungen</u>: In der nicht-metrischen bisherigen Schreibweise sind in allen Arbeitsgebieten entsprechende Abkürzungen entstanden, wie bpi, bps und ips (= inches per second). Im metrischen System muss hier in jedem Einzelfall überlegt werden, ob diese Einheit
- direkt übersetzt werden kann: statt bps heisst es bit/s;
- übernommen werden muss (weil die technischen Masse Vielfache von Zoll und nicht von Metern sind): bpi bleibt die Masseinheit für Aufzeichnungsdichte, solange die Magnetbänder nicht für bit/m konstruiert werden;
- umgerechnet werden muss: statt ips werden 0.0254 m/s eingesetzt.

<u>Umgang mit Begriffen, die sich nicht auf die Informatik beziehen</u>: Die Informatik hat viele interdisziplinäre Beziehungen , insbesondere zur Elektrotechnik. Daher besteht die Gefahr, dass "bequeme" Masseinheiten mitbenützt werden, obwohl wesentliche Definitionsunterschiede bestehen. Wichtigstes Beispiel ist hier die <u>Uebertragungsrate</u>, wo für die Datenverarbeitung ausschliesslich die bit/s zählen. Die gelegentlich gehörten "Baud" messen etwas anderes, nämlich die Modulationsrate (in Elementarcodes/s), wie sie der Nachrichtentechniker braucht. Die beiden Raten können für die gleiche Leitung um Faktoren verschieden sein. Der Informatiker muss sich daher auf die für ihn wichtigen Einheiten ausrichten.

LITERATURVERZEICHNIS

[ANSI/SPARC 75] Interim Report of the Study Committee on Data Base Management Systems. ACM SIGMOD Newsletter, 1975.

[BAUKNECHT/FORSTMOSER/ ZEHNDER 78] Bauknecht K., Forstmoser P., Zehnder C.A. (Hrsg.): Computer und Privatsphäre. Computer und Recht, Band 6. Schulthess Polygraphischer Verlag, Zürich 1978.

[BUERKLER/ZEHNDER 80] Bürkler H., Zehnder C.A.: EDV-Projektentwicklung - Ein Arbeitsheft für Informatik-Studenten. Bericht Nr. 37 des Instituts für Informatik ETH Zürich, Zürich 1980.

[BUNDESDATENSCHUTZ- GESETZ] Gesetz zum Schutz vor Missbrauch personenbezogener Daten bei der Datenverarbeitung. Deutsches Bundesgesetz, Bonn 1977.

[CODASYL 71] CODASYL Data Base Task Group (DBTG) Report. IFIP Administrative Data Processing Group, Amsterdam 1971.

[DAVIES 78] Davies D.W., et al.: Computer Networks and their protocols. Wiley, New York 1979.

[DENERT 79] Denert E.: Software Modularisierung. Informatik Spektrum, Band 2, Heft 4, 1979.

[ENDRESS 78] Endress A.: Methoden der Programm- und Systemkonstruktion. In: Informatik-Fachberichte Nr. 16, Springer, Berlin 1978.

[FAGAN 76] Fagan M.E.: Design and code inspections to reduce errors in program development. In: IBM Systems Journal, Vol. 15, No. 3, 1976.

[FERRARI 78] Ferrari D.: Computer Systems Performance Evaluation. Prentice Hall, Englewood Cliffs 1978.

[GEWALD 79] Gewald K., Haake G. und Pfadler W.: Software Engineering. Oldenbourg, München Wien 1979.

[GROSSENBACHER 81] Grossenbacher J.M.: Verteilung der EDV. Verlag Industrielle Organisation, Zürich 1981.

[HAERDER 78] Härder T.: Implementierung von Datenbanksystemen. Carl-Hanser-Verlag, München Wien 1978.

[HELLMANN 79] Hellmann M.E.: Die Mathematik neuer Verschlüsselungssysteme. In: Spektrum der Wissenschaft, Heft 10, 1979, p. 93-101.

[HORVATH/KARGL/
 MUELLER-MERBACH 75]   Horvath P., Kargl H., Müller-Merbach H.:
                        Controlling und automatisierte Datenverar-
                        beitung. Betriebswirtschaftlicher Verlag
                        Th. Gabler, Wiesbaden 1975.

[JACKSON 75]   Jackson M.: Principles of Program Design.
                        Academic Press, New York London 1975.

[JAEGER 77]   Jäger H.: Techniken der Darstellung computer-
                        gestützter Informationssysteme. Diss., Ver-
                        lag Industrielle Organisation, Zürich 1977.

[KAESTNER 78]   Kästner H.: Architektur und Organisation
                        digitaler Rechenanlagen, Teubner,
                        Stuttgart 1978.

[KERNER 81]   Kerner H., Bruckner G.: Rechnernetzwerke,
                        Springer, Wien New York 1981.

[KIMM 79]   Kimm R., Koch W., Simonsmeier W. und
                        Tontsch F.: Einführung in Software Enginee-
                        ring. De Gruyter, Berlin New York 1979.

[NIEVERGELT/
 VENTURA 83]   Nievergelt J., Ventura A.: Die Gestaltung
                        interaktiver Programme (mit Anwendungsbei-
                        spielen für den Unterricht). Teubner,
                        Stuttgart 1983.

[ROHNER 76]   Rohner L.: Computerkriminalität. Computer und
                        Recht, Band 1. Schulthess Polygraphischer
                        Verlag, Zürich 1976.

[SALTON 75]   Salton G.: Dynamic Information and Library
                        Processing. Prentice Hall, Englewood Cliffs
                        1975.

[SCHICKER 83]   Schicker P.: Datenübertragung und Rechner-
                        netze. Teubner, Stuttgart 1983.

[SCHIEFERDECKER 77]   Schieferdecker E.: Strukturierte Ueberprü-
                        fung in der Programm-Entwicklung. DV Aktuell,
                        SRA, 1977.

[SCHLAGETER/
 STUCKY 77]   Schlageter G., Stucky W.: Datenbanksysteme:
                        Konzepte und Modelle. Teubner, Stuttgart 1977.

[SCHNUPP 76]   Schnupp P. und Floyd Ch.: Software Programm-
                        entwicklung und Projektorganisation.
                        De Gruyter, Berlin 1976.

[SIGGRAPH]   Special Interest Group on Graphics of the
                        Association for Computing Machinery,
                        New York. Vierteljahresschrift Computer
                        Graphics, seit 1966 laufend.

[STONE 75]   Stone H. (ed.): Introduction to computer
                        architecture. Science Research Associates
                        Inc., Chicago 1975.

[TANENBAUM 81]   Tanenbaum A.S.: Computer networks.
                      Prentice Hall, Englewood Cliffs 1981.

[VETTER 77]   Vetter M.: Hierarchische, netzwerkförmige
                      und relationenartige Datenbankstrukturen
                      (mit ausgewählten Beispielen aus einem
                      Fertigungsunternehmen). Diss., Juris Verlag,
                      Zürich 1977.

[VETTER 83]   Vetter M.: Aufbau unternehmensweiter Infor-
                      mationssysteme. Teubner, Stuttgart 1983.

[WEDEKIND 73]   Wedekind H.: Systemanalyse. Carl-Hanser-Ver-
                      lag, München 1973.

[WEDEKIND 82]   Wedekind H.: Datenbanksysteme I. 2. Aufl.,
                      BI-Wissenschaftsverlag, Mannheim 1982.

[WIRTH 72]   Wirth N.: Systematisches Programmieren.
                      Teubner, Stuttgart 1972.

[WIRTH 75]   Wirth N.: Algorithmen und Datenstrukturen.
                      Teubner, Stuttgart 1975.

[WISSKIRCHEN 83]   Wisskirchen P. et al.: Informationstechnik
                      und Bürosysteme. Teubner, Stuttgart 1983.

[ZEHNDER 83]   Zehnder C.A.: Informationssysteme und Daten-
                      banken. 2. Aufl., Verlag der Fachvereine,
                      Zürich 1983.

SACHVERZEICHNIS

Teubner Studienbücher

Informatik

Berstel: **Transductions and Context-Free Languages**
278 Seiten. DM 38,– (LAMM)

Bolch/Akyildiz: **Analyse von Rechensystemen**
Analytische Methoden zur Leistungsbewertung und Leistungsvorhersage
269 Seiten. DM 28,80

Dal Cin: **Fehlertolerante Systeme**
206 Seiten. DM 24,80 (LAMM)

Ehrig et al.: **Universal Theory of Automata**
A Categorical Approach. 240 Seiten. DM 24,80

Giloi: **Principles of Continuous System Simulation**
Analog, Digital and Hybrid Simulation in a Computer Science Perspective
172 Seiten. DM 25,80 (LAMM)

Hotz: **Informatik: Rechenanlagen**
Struktur und Entwurf. 136 Seiten. DM 17,80 (LAMM)

Kandzia/Langmaack: **Informatik: Programmierung**
234 Seiten. DM 24,80 (LAMM)

Kupka/Wilsing: **Dialogsprachen**
168 Seiten. DM 21,80 (LAMM)

Maurer: **Datenstrukturen und Programmierverfahren**
222 Seiten. DM 26,80 (LAMM)

Mehlhorn: **Effiziente Algorithmen**
240 Seiten. DM 26,80 (LAMM)

Oberschelp/Wille: **Mathematischer Einführungskurs für Informatiker**
Diskrete Strukturen. 236 Seiten. DM 24,80 (LAMM)

Paul: **Komplexitätstheorie**
247 Seiten. DM 26,80 (LAMM)

Richter: **Betriebssysteme**
Eine Einführung. 152 Seiten. DM 24,80 (LAMM)

Richter: **Logikkalküle**
232 Seiten. DM 24,80 (LAMM)

Schlageter/Stucky: **Datenbanksysteme: Konzepte und Modelle**
261 Seiten. DM 24,80 (LAMM)

Schnorr: **Rekursive Funktionen und ihre Komplexität**
191 Seiten. DM 25,80 (LAMM)

Spaniol: **Arithmetik in Rechenanlagen**
Logik und Entwurf. 208 Seiten. DM 24,80 (LAMM)

Vollmar: **Algorithmen in Zellularautomaten**
Eine Einführung. 192 Seiten. DM 23,80 (LAMM)

Weck: **Prinzipien und Realisierung von Betriebssystemen**
299 Seiten. DM 29,80 (LAMM)

Wirth: **Algorithmen und Datenstrukturen**
2. Aufl. 376 Seiten. DM 28,80 (LAMM)

Wirth: **Compilerbau**
Eine Einführung. 2. Aufl. 94 Seiten. DM 16,80 (LAMM)

Wirth: **Systematisches Programmieren**
Eine Einführung. 4. Aufl. 160 Seiten. DM 22,80 (LAMM)